주차관련 법규 & 운영

(사)한국주차협회 주관편성

집필위원
강순봉
오병섭
안성희
박형준
김세연

★ 불법복사는 지적재산을 훔치는 범죄행위입니다.
저작권법 제97조의 5(권리의 침해죄)에 따라 위반자는 5년 이하의 징역 또는 5천만원 이하의 벌금에 처하거나 이를 병과할 수 있습니다.

발행에 즈음하여

우리나라 자동차 보유대수가 곧 2000만대를 육박한다는 보도를 접합니다. 자동차란 이제 우리들의 삶 속에 단순 이동수단을 넘어 필수품이자 문화로 정착된 지 오래지만, 때로는 애물단지로 전락되어 생활 속에 또 다른 폐해를 낳기도 하지요.

자동차는 이동수단으로서 도로 등 각종 시설과 이동중에 발생하는 제반 문제들을 해소하기 위한 제도가 지속되어야 하고, 이동기능을 정지한 채 일정한 장소에 머물러 있을 때나 이동을 위한 대기에 필요한 시설과 관련된 여러 규정들도 반드시 필요하다 할 것입니다.

그러나 자동차의 경우 이동과 관련된 도로교통법 등 관련제도와 원활한 통행을 위한 인프라 구축 등에 많은 노력을 기울여 온 반면에 「주차」에 관련해서는 시설이나 제도 등이 매우 미흡한 것은 현실입니다.

따라서 주차에 대한 시민의식 결여, 행정지원의 부족 등으로 무질서한 주차문화, 주차서비스 저하 등을 초래하게 되었으며 이제는 주차에 대한 선진된 의식과 발전적인 변화를 반드시 꽤해야 할 것입니다.

여기에 (사)한국주차협회에서는 급증하는 주차수요와 변화하는 교통 환경에 능동적으로 대처하고 주차관련 종사자들의 기본소양과 서비스의식을 겸비한 전문인을 육성하고자 그 목표를 두고 있습니다. 이를 위해 주차관리사자격을 신설하고자 이에 필요한 기본교육 교재를 편찬하게 되었습니다.

아무쪼록 이 교재가 선진 주차문화와 주차관련 산업발전에 굳건한 디딤돌이 되기를 바라며 그동안 이 책의 발간을 위해 열과 성을 다해 오신 오병섭 교수님 외 네분과 국내 독보적인 자동차전문 출판 골든벨 대표 김길현님과 그 담당자들에게 깊은 감사를 드립니다.

(사)한국주차협회
이사장 오 웅 준

주차문화 환경 조성을 위해…

현대사회에서 자동차는 필요 그 이상의 수단으로 자리매김하고 있다. 이는 자동차가 가지고 있는 편리성 및 기동성에 의한 것으로, 자동차 대수는 꾸준히 증가하고 있다.

차량의 증가는 도로 곳곳에서 교통정체 현상을 초래하고 주택가나 이면도로에는 주차공간의 한계성으로 말미암아 이웃한 사람들과 커다란 시시비비가 일어나는 실정이다.

그 중에서도 일상의 부득불 주차일 경우 류시균(교통연구실장)의 「불법주차문제의 해법」 설문조사에 의하면 '당사자가 불법주차임을 인지함에도 불구하고 응답자 절반이 어느 정도 용인하고 있다는 현실은 상호간 피해자인 동시에 가해자라는 양면성을 보여주고 있다는 것이다.'

단순한 불법주차의 폐해는 원활한 교통소통의 방해뿐만 아니라 화재 발생 등 긴급사태 시에 장애물이 되어 너무나 큰 사회적 비용이 지불되고 있다.

이러한 실정에도 불법주차단속을 담당하는 지방자치단체에서는 이런저런 연유로 단속에 소극적으로 대처하고 있어 무질서와 탈법적인 주차환경은 개선되지 않고 있다.

그렇다면 주차장 실정은 어떠한가?

대부분의 주차장은 소규모적이고 영세하여 주차장 이용고객에게 최적의 서비스를 제공하지 못하고 있다.

예를 들면, 차량주차 시 발생하는 사고수습 방안을 위한 보험에 가입하지 않아 고객의 불만을 사는가 하면, 보험회사 역시 빈발하는 사고 때문에 주차장보험 가입을 꺼리고 있는 것이다.

주차 관련 종사자들도 전문지식과 서비스 의식의 부족하고 또한 차량소유자들도 불법주차 만행으로 바로 옆에 주차장을 두고도 아무 곳에 주차하는 실정이다.

(사)한국주차협회에서는 일본의 주차감시원제도를 참고하여 주차관리사 자격제도를 추진하고 있으며 주차관리사는 주차와 관련된 모든 업무에서 전문성을 습득하여 주차질서를 향상시키고 주차장 운영에 있어서도 효율적인 운영을 할 수 있는 관련법과 실무지식을 학습함을 목표로 하고 있다.

전국에 100만여 주차장이 산재되어 있고 주차장 또한 전문화되어 가는 등 주차관련 환경 또한 한국주차협회도 선진 주차문화 환경을 꿈꾸고 있다.

협회는 앞으로 주차와 관련된 전문적인 소양을 갖춘 이들의 일자리 창출에 대비하여 주차관리사 제도를 신설하고 이 자격을 취득하기 위한 수험생들에게 좌표가 되기를 희망한다. 끝으로 졸고를 와중에 가장 우선으로 발행해 주신 대표님과 편집부에 깊은 감사를 표한다.

편저자 일동

시험안내 주차관리사 양성과정

❖ 주차관리사란
주차장관련법규 및 운영에 대한 교육과정을 이수하고, 주차시설의 안전관리와 이용 고객들에 대해 만족한 서비스를 제공할 수 있으며 그 능력을 인증받은 주차관리 자격 요건을 지닌 전문가입니다.

❖ 주차관리사의 목적 및 필요성
'2014년 현재 차량대수 2,000만대 주차장 110만개'

차량 증가 및 대수에 비해 주차공간이 턱없이 부족한 실정입니다.

또한, 주차장관련 종사자 역시 고용의 질적 향상과 전문지식이 필요한 현실입니다. 하지만, 이런 전문적인 교육을 이수할 수 있는 교육기관 또한 전무한 상태입니다.

이에 한국주차협회에서는 안전하고 쾌적한 주차문화를 형성하고 종사자의 전문성을 확보하기 위하여 주차관리사 자격제도를 신설하게 되었습니다.

❖ 교육 및 시험 일정

	교육일정	원서접수	시험	합격자 발표
2014년	12. 1~12. 31	11월 중	1월 중	시험 후 한달 후
2015년	2. 1~2. 28	1월 중	3월 중	〃
	4. 1~4. 30	3월 중	5월 중	〃
	6. 1~6. 30	5월 중	7월 중	〃
	8. 1~8. 30	7월 중	9월 중	〃
	10. 1~10. 31	9월 중	11월 중	〃
	12. 1~12. 31	11월 중	1월 중	〃

※ 상기 일정은 변경될 수 있음.

❖ 교육과정 : 본 교재의 목차와 같음
❖ 교육시간 : 40시간
❖ 시   험 : 교육 과목 전체에서 평균 60점 이상 합격

교육인증 및 문의 : (사)한국주차협회 ☎(02)842-8383

제1장 주차장 법령

chapter 01 주차장법 ·· 3
제1절_ 주차장의 목적 및 용어의 정의 ······································· 3
제2절_ 주차장의 형태 ··· 5
제3절_ 주차장 수급실태의 조사 ··· 8

chapter 02 노상주차장 ·· 9
제1절_ 노상주차장의 설치 및 폐지 ··· 9
제2절_ 노상주차장의 관리 ··· 10

chapter 03 노외주차장 ·· 15
제1절_ 노외주차장의 설치 ··· 15
제2절_ 노외주차장의 관리 ··· 23

chapter 04 부설주차장 ·· 25
제1절_ 부설주차장의 설치 ··· 25

chapter 05 기계식 주차장 ·· 37
제1절_ 기계식주차장의 설치기준 및 안전기준 ······················· 37

chapter 06 보 칙 ··· 47

chapter 07 벌 칙 ··· 53

제2장 주차장 관련 법령

chapter 01 도로교통법 ·· 59

    제1절_ 도로교통법의 용어정리 및 신호 ································ 59
    제2절_ 주정차위반의 조치 및 단속 ···································· 65
    제3절_ 과태료 및 범칙행위의 처리 ···································· 74
    제4절_ 범칙행위의 처리에 관한 특례 ·································· 82

chapter 02 교통사고처리특례법 ···································· 89

    제1절_ 교통사고처리 특례법의 목적 및 정의 ··························· 89

chapter 03 교통약자의 이동편의 증진법 ····························· 92

    제1절_ 총칙 및 용어 정의 ·· 92
    제2절_ 교통약자 이동편의 증진계획 ··································· 94
    제3절_ 이동편의시설 설치기준 등 ····································· 98

chapter 04 도시교통정비 촉진법 ···································· 102

    제1절_ 목적 및 정의 ··· 102
    제2절_ 도시교통정비계획 ··· 103

제3장 주차장의 관리

chapter 01 주차장 관리 요령 ······································· 111

    제1절_ 직원의 업무 ·· 111

chapter 02 주차장 관리 기법 ··········· 116
　　제1절_ 주차관제 시스템 ··········· 116

chapter 03 주차장 배상책임보험 ··········· 128
　　제1절_ 배상책임보험[賠償責任保險] ··········· 128
　　제2절_ 주차장 배상책임보험의 단체계약 ··········· 134

chapter 04 주차장 관련 각종 사고사례 ··········· 135

제4장 주차장의 경영

chapter 01 인사노무관리 및 노동법의 이해 ··········· 149
　　제1절_ 노동법의 특징 ··········· 149

chapter 02 주차장 회계와 경영분석 ··········· 189
　　제1절_ 재무관리 ··········· 189
　　제2절_ 재무제표 분석 ··········· 205

chapter 03 basic 세금 ··········· 213
　　제1절_ 세금의 종류 ··········· 213
　　제2절_ 부가가치세 ··········· 216
　　제3절_ 조회 서비스 ··········· 219
　　제4절_ 가산세 ··········· 221
　　제5절_ 종합소득세 ··········· 225
　　제6절_ 사업자등록 및 폐업 ··········· 229

제5장 안전관리와 예방

chapter 01 직장과 근로자의 건강관리 ········· 239

제1절_ 개인생활과 재해 ········· 241
제2절_ 근로자의 건강관리 ········· 243

chapter 02 주차장 비상상황 시 대응 매뉴얼 ········· 248

제1절_ 안전관리 추진방향 및 추진목표
제2절_ 재난·재해 유형별 수습 복구 ········· 253

chapter 03 비상상황 발생 시 보고체계 ········· 263

제1절_ 유관기관 비상연락 ········· 263

제6장 주차장의 운영

chapter 01 고객만족 서비스 ········· 267

제1절_ 고객의 이해 ········· 267

chapter 02 고객응대 요령 ········· 275

제1절_ 고객응대의 기본자세 ········· 275
제2절_ 고객응대 요령 ········· 280
제3절_ 전화응대 요령 ········· 283
제4절_ 불만고객 응대요령 ········· 287

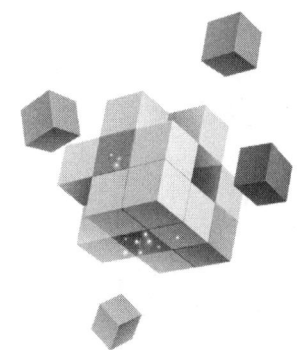

주차관련법규 & 운영

제1장 | 주차장 법령

01 주차장법

02 노상주차장

03 노외주차장

04 부설주차장

05 기계식 주차장

06 보칙

07 벌칙

주차장법

제1절 주차장의 목적 및 용어의 정의

1. 주차장법의 목적

주차장의 설치·정비 및 관리에 필요한 사항을 규정함으로써 자동차교통을 원활하게 하여 공중(公衆)의 편의를 도모함을 목적으로 한다.

2. 주차장법의 용어 정의

1) "주차장"이란 자동차의 주차를 위한 시설로서 다음 각 목의 어느 하나에 해당하는 종류의 것을 말한다.
   ① 노상주차장 : 도로의 노면 또는 교통광장의 일정한 구역에 설치된 주차장
   ② 노외주차장 : 도로의 노면 및 교통광장 외의 장소에 설치된 주차장
   ③ 부설주차장 : 건축물, 골프연습장, 그 밖에 주차수요를 유발하는 시설에 부대하여 설치된 주차장
2) "기계식주차장치"란 노외주차장 및 부설주차장에 설치하는 주차설비로서 기계장치에 의하여 자동차를 주차할 장소로 이동시키는 설비를 말한다.
3) "기계식주차장"이란 기계식주차장치를 설치한 노외주차장 및 부설주차장을 말한다.
4) "도로"란 보행과 자동차 통행이 가능한 너비 4미터 이상의 도로로서 건축허가 또는 신고 시에 특별시장·광역시장·특별자치시장·도지사·특별자치도지사(이하 "시·도지사"라 한다) 또는 시장·군수·구청장(자치구의 구청장을 말한다. 이하

주차관련법규 & 운영

같다)이 위치를 지정하여 공고한 도로 또는 「국토의 계획 및 이용에 관한 법률」, 「도로법」, 「사도법」, 그 밖의 관계 법령에 따라 신설 또는 변경에 관한 고시가 된 도로에 해당하는 도로나 그 예정도로를 말한다.

5) "자동차"란 철길이나 가설된 선을 이용하지 아니하고 원동기를 사용하여 운전되는 차(견인되는 자동차도 자동차의 일부로 본다)로서 승용자동차, 승합자동차, 화물자동차, 특수자동차, 이륜자동차, 건설기계를 말한다. (다만, 「자동차관리법」 제3조에 따른 다음의 자동차. 다만, 원동기장치자전거는 제외한다.) ① "원동기장치자전거"란 「자동차관리법」 제3조에 따른 이륜자동차 가운데 배기량 125시시 이하의 이륜자동차 이거나 배기량 50시시 미만(전기를 동력으로 하는 경우에는 정격출력 0.59킬로와트 미만)의 원동기를 단 차를 말한다.

6) "주차"란 운전자가 승객을 기다리거나 화물을 싣거나 차가 고장 나거나 그 밖의 사유로 차를 계속 정지 상태에 두는 것 또는 운전자가 차에서 떠나서 즉시 그 차를 운전할 수 없는 상태에 두는 것을 말한다.

7) "주차단위구획"이란 자동차 1대를 주차할 수 있는 구획을 말한다.

8) "주차구획"이란 하나 이상의 주차단위구획으로 이루어진 구획 전체를 말한다.

9) "전용주차구획"이란 주차장의 구조·설비기준 등에 관하여 필요한 사항은 국토교통부령으로 정한다. 이 경우 「자동차관리법」에 따른 배기량 1천시시 미만의 자동차(이하 "경형자동차"라 한다)에 대하여는 전용주차구획을 일정 비율 이상 정할 수 있다.

10) "건축물"이란 토지에 정착(定着)하는 공작물 중 지붕과 기둥 또는 벽이 있는 것과 이에 딸린 시설물, 지하나 고가(高架)의 공작물에 설치하는 사무소·공연장·점포·차고·창고, 그 밖에 대통령령으로 정하는 것을 말한다.

11) "주차전용건축물"이란 건축물의 연면적 중 대통령령으로 정하는 비율 이상이 주차장으로 사용되는 건축물을 말한다.

12) "건축"이란 건축물을 신축·증축·개축·재축(再築)하거나 건축물을 이전하는 것을 말하며 용도변경을 포함한다.

13) "기계식주차장치 보수업"이란 기계식주차장치의 고장을 수리하거나 고장을 예방하기 위하여 정비를 하는 사업을 말한다.

주차장의 형태 — 제2절

1. 운전자가 자동차를 직접 운전하여 주차장으로 들어가는 주차장(이하 "자주식주차장"이라 한다)과 기계식주차장(이하 "기계식주차장"이라 한다)으로 구분하되, 이를 다시 다음과 같이 세분한다.

   1) **자주식주차장** : 지하식 · 지평식(地平式) 또는 건축물식(공작물식을 포함한다. 이하 같다.)

   2) **기계식주차장** : 지하식 · 건축물식

2. **주차장의 주차구획 및 설비기준**

   1) 주차장의 구차구획

   가. 법 제6조제1항에 따른 주차장의 주차단위구획은 다음 각 호와 같다.
   ① 평행주차형식의 경우

구 분	너 비	길 이
경형	1.7m 이상	4.5m 이상
일반형	2.0m 이상	6.0m 이상
보도와 차도의 구분이 없는 주거지역의 도로	2.0m 이상	5.0m 이상
이륜자동차 전용	1.0m 이상	2.3m 이상

② 평행주차형식 외의 경우

구 분	너 비	길 이
경형	2.0m 이상	3.6m 이상
일반형	2.3m 이상	5.0m 이상
확장형	2.5m 이상	5.1m 이상
장애인전용	3.3m 이상	5.0m 이상
이륜자동차 전용	1.0m 이상	2.3m 이상

　나. 주차단위구획은 흰색 실선(경형자동차 전용주차구획의 주차단위구획은 파란색 실선)으로 표시하여야 한다.

2) 주차장설비기준 등

　가. **주차장의 설비기준**

　　① 주차장의 구조·설비기준 등에 관하여 필요한 사항은 국토교통부령으로 정한다. 이 경우 「자동차관리법」에 따른 배기량 1천cc 미만의 자동차(이하 "경형자동차"라 한다)에 대하여는 전용주차구획을 일정 비율 이상 정할 수 있다.

　　② 특별시·광역시·특별자치도·시·군 또는 자치구는 해당 지역의 주차장 실태 등을 고려하여 필요하다고 인정하는 경우에는 제1항 전단에도 불구하고 주차장의 구조·설비기준 등에 관하여 필요한 사항을 해당 지방자치단체의 조례로 달리 정할 수 있다.

　　③ 특별시장·광역시장, 시장·군수 또는 구청장은 노상주차장 또는 노외주차장을 설치하는 경우에는 도시·군관리계획과 「도시교통정비 촉진법」에 따른 도시교통정비 기본계획에 따라야 하며, 노상주차장을 설치하는 경우에는 미리 관할 경찰서장의 의견을 들어야 한다.

　나. **주차장전용 건축물의 주차면적 비율**

　　① "대통령령으로 정하는 비율 이상이 주차장으로 사용되는 건축물"이란 건축물의 연면적 중 주차장으로 사용되는 부분의 비율이 95% 이상인 것을 말한다. 다만, 주차장 외의 용도로 사용되는 부분이 「건축법 시행령」 별표 1에 따른 제1종 근린생활시설, 제2종 근린생활시설, 문화

및 집회시설, 종교시설, 판매시설, 운수시설, 운동시설, 업무시설 또는 자동차 관련 시설인 경우에는 주차장으로 사용되는 부분의 비율이 70% 이상인 것을 말한다.
② 제1항에 따른 건축물의 연면적의 산정방법은 「건축법」에 따른다. 다만, 기계식주차장의 연면적은 기계식주차장치에 의하여 자동차를 주차할 수 있는 면적과 기계실, 관리사무소 등의 면적을 합하여 계산한다.
③ 특별시장·광역시장·특별자치도지사 또는 시장은 법 제12조제6항 또는 제19조제10항에 따라 노외주차장 또는 부설주차장의 설치를 제한하는 지역의 주차전용건축물의 경우에는 제1항 단서에도 불구하고 해당 지방자치단체의 조례로 정하는 바에 따라 주차장 외의 용도로 사용되는 부분에 설치할 수 있는 시설의 종류를 해당 지역의 구역별로 제한할 수 있다.

다. 이륜자동차 주차관리대상구역지정
① 특별시장·광역시장·시장·군수 또는 구청장은 이륜자동차(「도로교통법」 제2조제18호가목에 따른 이륜자동차 및 같은 법 제2조제19호에 따른 원동기장치자전거를 말한다. 이하 이 조에서 같다)의 주차 관리가 필요한 지역을 이륜자동차 주차관리대상구역으로 지정할 수 있다.
② 특별시장·광역시장·시장·군수 또는 구청장은 제1항에 따라 이륜자동차 주차관리대상구역을 지정할 때 해당 지역 주차장의 이륜자동차 전용주차구획을 일정 비율 이상 정하여야 한다.
③ 특별시장·광역시장·시장·군수 또는 구청장은 제1항에 따라 주차관리대상구역을 지정한 때에는 그 사실을 고시하여야 한다.

주차관련법규 & 운영

주차장 수급실태의 조사　　제3절

1. 특별자치도지사·시장·군수 또는 구청장(구청장은 자치구의 구청장을 말한다. 이하 "시장·군수 또는 구청장"이라 한다)은 주차장의 설치 및 관리를 위한 기초자료로 활용하기 위하여 행정구역·용도지역·용도지구 등을 종합적으로 고려한 조사구역을 정하여 정기적으로 조사구역별 주차장 수급(需給) 실태를 조사하여야 한다.

2. 실태조사의 방법·주기 및 조사구역 설정방법 등에 관하여 필요한 사항은 국토교통부령으로 정한다.

　　① 사각형 또는 삼각형 형태로 조사구역을 설정하되 조사구역 바깥 경계선의 최대거리가 300미터를 넘지 아니하도록 한다.
　　② 각 조사구역은 「건축법」 제2조제1항제11호에 따른 도로를 경계로 구분한다.
　　③ 아파트단지와 단독주택단지가 섞여 있는 지역 또는 주거기능과 상업·업무기능이 섞여 있는 지역의 경우에는 주차시설 수급의 적정성, 지역적 특성 등을 고려하여 같은 특성을 가진 지역별로 조사구역을 설정한다.
　　④ 실태조사의 주기는 3년으로 한다.

노상주차장

제1절 노상주차장의 설치 및 폐지

1. 노상주차장의 설치

노상주차장은 특별시장 광역시장 시장 군수 또는 구청장이 설치한다. 이 경우 지상·수상·공중·수중 또는 지하에 기반시설을 설치하려면 그 시설의 종류·명칭·위치·규모 등을 미리 도시·군관리계획으로 결정하여야 한다. (다만, 용도지역·기반시설의 특성 등을 고려하여 대통령령으로 정하는 경우에는 그러하지 아니하다.)

2. 노상주차장의 폐지

특별시장·광역시장, 시장·군수 또는 구청장은 다음 각 호의 어느 하나에 해당하는 경우에는 지체 없이 해당 노상주차장을 폐지하여야 한다.

① 노상주차장에의 주차로 인하여 대중교통수단의 운행이나 그 밖의 교통소통에 장애를 주는 경우
② 노상주차장을 대신하는 노외주차장의 설치 등으로 인하여 노상주차장이 필요 없게 된 경우

3. 하역주차구획의 지정 및 금지

특별시장·광역시장, 시장·군수 또는 구청장은 노상주차장 중 해당 지역의 교통여건을 고려하여 화물의 하역(荷役)을 위한 주차구획을 지정할 수 있다. 이 경우

주차관련법규 & 운영

특별시장·광역시장, 시장·군수 또는 구청장은 해당 지방자치단체의 조례로 정하는 바에 따라 하역주차구획에 화물자동차 외의 자동차의 주차를 금지할 수 있다. (단, 긴급자동차인 소방차, 구급차, 혈액 공급차, 그밖에 대통령령으로 정하는 자동차는 제외한다.)

노상주차장의 관리 — 제2절

1. 노상주차장의 관리

① 노상주차장은 특별시장·광역시장, 시장·군수 또는 구청장이 관리하거나 특별시장·광역시장, 시장·군수 또는 구청장으로부터 그 관리를 위탁받은 자가 관리한다.
② 노상주차장관리 수탁자의 자격과 그 밖에 노상주차장의 관리에 관하여 필요한 사항은 해당 지방자치단체의 조례로 정한다.
③ 노상주차장관리 수탁자와 그 관리를 직접 담당하는 사람은 「형법」 129조부터 132조까지인 수뢰, 사전수뢰, 제삼자뇌물제공, 수뢰 후 부정처사, 사후수뢰, 알선수뢰 규정을 적용할 때에는 공무원으로 본다.

2. 노상주차장에서의 주차행위 제한 등

1) 특별시장·광역시장, 시장·군수 또는 구청장은 다음 각 호의 어느 하나에 해당하는 경우에는 해당 자동차의 운전자 또는 관리책임이 있는 자에게 주차방법을 변경하거나 자동차를 그 곳으로부터 다른 장소로 이동시킬 것을 명할 수 있다. 다만, 「도로교통법」 제2조제22호에 따른 긴급자동차(소방차, 구급차, 혈액 공급차, 그밖에 대통령령으로 정하는 자동차)의 경우에는 그러하지 아니하다.

① 하역주차구획에 화물자동차가 아닌 자동차를 주차하는 경우
② 제9조1항에 따른 삭제
③ 노상주차장의 전부나 일부에 대한 일시적인 사용 제한하거나, 자동차별 주차시간의 제한, 노상주차장의 일부에 대하여 국토교통부령으로 정하는 자동차와 경형자동차를 위한 전용주차구획의 설치 등으로 인하여 제한조치를 위반하여 주차하는 경우
④ 주차장의 지정된 주차구획 외의 곳에 주차하는 경우
⑤ 주차장을 주차장 외의 목적으로 이용하는 경우

2) 특별시장·광역시장, 시장·군수 또는 구청장은 제1항 각 호의 어느 하나에 해당하는 경우 해당 자동차의 운전자 또는 관리책임이 있는 자가 현장에 없을 때에는 주차장의 효율적인 이용과 도로의 원활한 소통을 위하여 필요한 범위에서 스스로 그 자동차의 주차방법을 변경하거나 변경에 필요한 조치를 할 수 있으며, 부득이한 경우에는 미리 지정한 다른 장소로 그 자동차를 이동시키거나 그 자동차에 이동을 제한하는 장치를 설치할 수 있다.

3. 노상주차장의 주차요금 징수

① 노상주차장을 관리하는 특별시장·광역시장, 시장·군수 또는 구청장이나 노상주차장관리 수탁자(이하 이들을 합하여 "노상주차장관리자"라 한다)는 주차장에 자동차를 주차하는 사람으로부터 주차요금을 받을 수 있다. 다만, 「도로교통법」 제2조제22호에 따른 긴급자동차에 대하여는 주차요금을 받지 아니하고, 경형자동차에 대하여는 주차요금의 100분의 50 이상을 감면한다.
② 주차요금의 요율 및 징수방법 등은 해당 지방자치단체의 조례로 정한다. 이 경우 노상주차장의 효율적인 이용을 위하여 필요한 경우에는 주차요금을 그 이용시간 등에 따라 달리 정할 수 있다.
③ 노상주차장관리자는 하역주차구획에 화물자동차가 아닌 자동차를 주차하거나, 정당한 사유 없이 주차요금을 내지 아니하고 주차하는 경우 또는 제한조치를 위반하여 주차하는 경우, 주차장의 지정된 주차구획 외의 곳에 주차하는 경우, 주차장을 주차장 외의 목적으로 이용하는 경우 해당 자동차의 운전자 또는 관리책임이 있는 자로부터 제1항에 따른 주차요금 외에 해

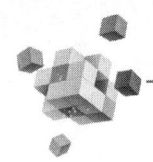
주차관련법규 & 운영

　　당 지방자치단체의 조례로 정하는 바에 따라 그 주차요금의 4배 이내의 금액에 해당하는 가산금을 받을 수 있다.

④ 특별시장·광역시장, 시장·군수 또는 구청장인 노상주차장관리자는 제1항에 따른 주차요금이나 제3항에 따른 가산금을 내지 아니한 자에 대하여는 지방세 체납처분의 예에 따라 그 주차요금 등을 징수할 수 있다.

⑤ 노상주차장관리 수탁자인 노상주차장관리자는 주차요금 등을 내지 아니한 자에 대한 주차요금 등의 징수를 특별시장·광역시장, 시장·군수 또는 구청장에게 위탁할 수 있으며, 특별시장·광역시장, 시장·군수 또는 구청장은 그 징수를 위탁받은 경우에는 제4항에 준하여 그 주차요금 등을 징수할 수 있다.

4. 노상주차장의 사용 제한

1) 특별시장·광역시장, 시장·군수 또는 구청장은 교통의 원활한 소통과 노상주차장의 효율적인 이용을 위하여 필요한 경우에는 다음 각 호의 제한조치를 할 수 있다. 다만, 「도로교통법」 제2조제22호에 따른 긴급자동차는 제한조치에 관계없이 주차할 수 있다.

　　① 노상주차장의 전부나 일부에 대한 일시적인 사용 제한
　　② 자동차별 주차시간의 제한
　　③ 노상주차장의 일부에 대하여 국토교통부령으로 정하는 자동차와 경형자동차를 위한 전용주차구획의 설치

2) 제1항에 따른 제한조치를 하려는 경우에는 그 내용을 미리 공고하거나 게시하여야 한다.

5. 노상주차장관리자의 책임

1) 노상주차장관리자는 해당 지방자치단체의 조례로 정하는 바에 따라 주차장을 성실히 관리·운영하여야 한다.

2) 노상주차장관리자는 해당 주차장에 주차하는 자동차에 대하여 선량한 관리자의 주의의무를 게을리 하지 아니하였음을 증명한 경우를 제외하고는 그 자동차의

멸실 또는 훼손으로 인한 손해배상의 책임을 면하지 못한다. 다만, 노상주차장관리자가 상주(常駐)하지 아니하는 노상주차장의 경우는 그러하지 아니하다.

6. 노상주차장의 표지

① 노상주차장관리자는 노상주차장에 주차장 표지(전용주차구획의 표지를 포함한다)와 구획선을 설치하여야 한다.
② 노상차장관리자는 제1항에 따른 표지 외에 해당 지방자치단체의 조례로 정하는 바에 따라 주차요금과 그 밖에 노상주차장의 이용에 관한 표지를 설치하여야 한다.

7. 노상주차장의 구조. 설비기준

1) 노상주차장을 설치하려는 지역에서의 주차수요와 노외주차장 또는 그 밖에 자동차의 주차에 사용되는 시설 또는 장소와의 연관성을 고려하여 유기적으로 대응할 수 있도록 적정하게 분포되어야 한다.
2) 주간선도로에 설치하여서는 아니 된다. 다만, 분리대나 그 밖에 도로의 부분으로서 도로교통에 크게 지장을 주지 아니하는 부분에 대해서는 그러하지 아니하다.
3) 너비 6m 미만의 도로에 설치하여서는 아니 된다. 다만, 보행자의 통행이나 연도(沿道)의 이용에 지장이 없는 경우로서 해당 지방자치단체의 조례로 따로 정하는 경우에는 그러하지 아니하다.
4) 종단경사도(자동차 진행방향의 기울기를 말한다)가 4%를 초과하는 도로에 설치하여서는 아니 된다. 다만, 다음 각 목의 경우에는 그러하지 아니하다.
   ① 종단경사도가 6% 이하인 도로로서 보도와 차도가 구별되어 있고, 그 차도의 너비가 13미터 이상인 도로에 설치하는 경우
   ② 이륜자동차의 주차 관리가 필요한 지역을 이륜자동차 주차관리대상구역으로 지정 후 해당하는 노상주차장을 설치하는 경우
5) 고속도로, 자동차전용도로 또는 고가도로에 설치하여서는 아니 된다.
6) 아래 각호의 어느 하나에 해당하는 도로의 부분에 설치하여서는 안된다.
   ① 교차로·횡단보도·건널목이나 보도와 차도가 구분된 도로의 보도(「주차장법」

주차관련법규 & 운영

에 따라 차도와 보도에 걸쳐서 설치된 노상주차장은 제외한다)
② 교차로의 가장자리나 도로의 모퉁이로부터 5미터 이내인 곳
③ 안전지대가 설치된 도로에서는 그 안전지대의 사방으로부터 각각 10미터 이내인 곳
④ 버스여객자동차의 정류지(停留地)임을 표시하는 기둥이나 표지판 또는 선이 설치된 곳으로부터 10미터 이내인 곳. 다만, 버스여객자동차의 운전자가 그 버스여객자동차의 운행시간 중에 운행노선에 따르는 정류장에서 승객을 태우거나 내리기 위하여 차를 정차하거나 주차하는 경우에는 그러하지 아니하다.
⑤ 건널목의 가장자리 또는 횡단보도로부터 10미터 이내인 곳
⑥ 지방경찰청장이 도로에서의 위험을 방지하고 교통의 안전과 원활한 소통을 확보하기 위하여 필요하다고 인정하여 지정한 곳
⑦ 터널 안 및 다리 위
⑧ 화재경보기로부터 3미터 이내인 곳
⑨ 다음 각 목의 곳으로부터 5미터 이내인 곳
    가. 소방용 기계·기구가 설치된 곳
    나. 소방용 방화(防火) 물통
    다. 소화전(消火栓) 또는 소화용 방화 물통의 흡수구나 흡수관(吸水管)을 넣는 구멍
    라. 도로공사를 하고 있는 경우에는 그 공사 구역의 양쪽 가장자리

7) 도로의 너비 또는 교통 상황 등을 고려하여 그 도로를 이용하는 자동차의 통행에 지장이 없도록 설치하여야 한다.
8) 노상주차장에는 다음 각 목의 구분에 따라 장애인 전용주차구획을 설치하여야 한다.
    ① 주차대수 규모가 20대 이상 50대 미만인 경우 : 한 면 이상
    ② 주차대수 규모가 50대 이상인 경우 : 주차대수의 2퍼센트부터 4퍼센트까지의 범위에서 장애인의 주차수요를 고려하여 해당 지방자치단체의 조례로 정하는 비율 이상
9) 노상주차장의 주차구획 설치에 필요한 사항은 해당 지방자치단체의 조례로 정할 수 있다.

chapter 03 노외주차장

제1절 노외주차장의 설치

1. 노외주차장의 설치

① 노외주차장을 설치 또는 폐지한 자는 국토교통부령으로 정하는 바에 따라 시장·군수 또는 구청장에게 통보하여야 한다. 설치 통보한 사항이 변경된 경우에도 또한 같다.
② 특별시장·광역시장, 시장·군수 또는 구청장은 노외주차장을 설치한 경우, 해당 노외주차장에 화물자동차의 주차공간이 필요하다고 인정하면 지방자치단체의 조례로 정하는 바에 따라 화물자동차의 주차를 위한 구역을 지정할 수 있다. 이 경우 그 지정구역의 규모, 지정의 방법 및 절차 등은 해당 지방자치단체의 조례로 정한다.
③ 특별시장·광역시장·특별자치도지사 또는 시장은 노외주차장을 설치하면 교통 혼잡이 가중될 우려가 있는 지역에 대하여는 노외주차장의 설치를 제한할 수 있다. 이 경우 제한지역의 지정 및 설치 제한의 기준은 국토교통부령으로 정하는 바에 따라 해당 지방자치단체의 조례로 정한다.

2. 노외주차장의 다른 법률과의 관계

노외주차장인 주차전용건축물의 건폐율, 용적률, 대지면적의 최소한도 및 높이 제한 등 건축 제한에 대하여는 「국토의 계획 및 이용에 관한 법률」 제76조부터

제78조까지, 「건축법」 제57조 및 제60조에도 불구하고 다음 각 호의 기준에 따른다.

1) 건폐율 : 100분의 90 이하
2) 용적률 : 1천500퍼센트 이하
3) 대지면적의 최소한도 : 45제곱미터 이상
4) 높이 제한 : 다음 각 목의 배율 이하

① 대지가 너비 12m미만의 도로에 접하는 경우 : 건축물의 각 부분의 높이는 그 부분으로부터 대지에 접한 도로(대지가 둘 이상의 도로에 접하는 경우에는 가장 넓은 도로를 말한다. 이하 이 호에서 같다)의 반대쪽 경계선까지의 수평거리의 3배

② 대지가 너비 12m 이상의 도로에 접하는 경우 : 건축물의 각 부분의 높이는 그 부분으로부터 대지에 접한 도로의 반대쪽 경계선까지의 수평거리의 36/도로의 너비(미터를 단위로 한다)배. 다만, 배율이 1.8배 미만인 경우에는 1.8배로 한다.

3. 노외주차장의 설치 기준

1) 노외주차장의 유치권은 노외주차장을 설치하려는 지역에서의 토지이용 현황, 노외주차장 이용자의 보행거리 및 보행자를 위한 도로 상황 등을 고려하여 이용자의 편의를 도모할 수 있도록 정하여야 한다.

2) 노외주차장의 규모는 유치권 안에서의 전반적인 주차수요와 이미 설치되었거나 장래에 설치할 계획인 자동차 주차에 사용하는 시설 또는 장소와의 연관성을 고려하여 적정한 규모로 하여야 한다.

3) 노외주차장을 설치하는 지역은 녹지지역이 아닌 지역이어야 한다. 다만, 자연녹지지역으로서 다음 각 목의 어느 하나에 해당하는 지역의 경우에는 그러하지 아니하다.

① 하천구역 및 공유수면으로서 주차장이 설치되어도 해당 하천 및 공유수면의 관리에 지장을 주지 아니하는 지역
② 토지의 형질변경 없이 주차장 설치가 가능한 지역

③ 주차장 설치를 목적으로 토지의 형질변경 허가를 받은 지역
④ 특별시장·광역시장, 시장·군수 또는 구청장이 특히 주차장의 설치가 필요하다고 인정하는 지역

4) 단지조성사업 등에 따른 노외주차장은 주차수요가 많은 곳에 설치하여야 하며 될 수 있으면 공원·광장·큰길가·도시철도역 및 상가인접지역 등에 접하여 배치하여야 한다.

5) 노외주차장의 출구 및 입구(노외주차장의 차로의 노면이 도로의 노면에 접하는 부분을 말한다. 이하 같다)는 다음 각 목의 어느 하나에 해당하는 장소에 설치하여서는 아니 된다.
   ① 아래 규정에 해당하는 도로의 부분.
      가. 교차로·횡단보도·건널목이나 보도와 차도가 구분된 도로의 보도(「주차장법」에 따라 차도와 보도에 걸쳐서 설치된 노상주차장은 제외한다)
      나. 교차로의 가장자리나 도로의 모퉁이로부터 5미터 이내인 곳
      다. 안전지대가 설치된 도로에서는 그 안전지대의 사방으로부터 각각 10미터 이내인 곳
      라. 버스여객자동차의 정류지(停留地)임을 표시하는 기둥이나 표지판 또는 선이 설치된 곳으로부터 10미터 이내인 곳. 다만, 버스여객자동차의 운전자가 그 버스여객자동차의 운행시간 중에 운행노선에 따르는 정류장에서 승객을 태우거나 내리기 위하여 차를 정차하거나 주차하는 경우에는 그러하지 아니하다.
      마. 건널목의 가장자리 또는 횡단보도로부터 10미터 이내인 곳
      바. 터널 안 및 다리 위
      사. 화재경보기로부터 3미터 이내인 곳
      아. 다음 각 목의 곳으로부터 5미터 이내인 곳
         (소방용 기계·기구가 설치된 곳, 소방용 방화(防火) 물통, 소화전(消火栓) 또는 소화용 방화 물통의 흡수구나 흡수관(吸水管)을 넣는 구멍, 도로공사를 하고 있는 경우에는 그 공사 구역의 양쪽 가장자리)
   ② 횡단보도(육교 및 지하횡단보도를 포함)로부터 5m 이내에 있는 도로의 부분
   ③ 너비 4m 미만의 도로(주차대수 200대 이상인 경우에는 너비 10m 미만의

주차관련법규 & 운영

　　도로)와 종단 기울기가 10%를 초과하는 도로

　　④ 유아원, 유치원, 초등학교, 특수학교, 노인복지시설, 장애인복지시설 및 아동전용시설 등의 출입구로부터 20m 이내에 있는 도로의 부분

6) 노외주차장과 연결되는 도로가 둘 이상인 경우에는 자동차교통에 미치는 지장이 적은 도로에 노외주차장의 출구와 입구를 설치하여야 한다. 다만, 보행자의 교통에 지장을 가져올 우려가 있거나 그 밖의 특별한 이유가 있는 경우에는 그러하지 아니하다.

7) 주차대수 400대를 초과하는 규모의 노외주차장의 경우에는 노외주차장의 출구와 입구를 각각 따로 설치하여야 한다. 다만, 출입구의 너비의 합이 5.5미터 이상으로서 출구와 입구가 차선 등으로 분리되는 경우에는 함께 설치할 수 있다.

8) 특별시장·광역시장, 시장·군수 또는 구청장이 설치하는 노외주차장의 주차대수 규모가 50대 이상인 경우에는 주차대수의 2%부터 4%까지의 범위에서 장애인의 주차수요를 고려하여 지방자치단체의 조례로 정하는 비율 이상의 장애인 전용주차구획을 설치하여야 한다.

4. 노외주차장의 구조·설비기준

1) 노외주차장의 구조 및 설비기준

　　① 노외주차장의 출구와 입구에서 자동차의 회전을 쉽게 하기 위하여 필요한 경우에는 차로와 도로가 접하는 부분을 곡선형으로 하여야 한다.

　　② 노외주차장의 출구 부근의 구조는 해당 출구로부터 2m(이륜자동차전용 출구의 경우에는 1.3m)를 후퇴한 노외주차장의 차로의 중심선상 1.4m의 높이에서 도로의 중심선에 직각으로 향한 왼쪽·오른쪽 각각 60도의 범위에서 해당 도로를 통행하는 자를 확인할 수 있도록 하여야 한다.

　　③ 노외주차장에는 자동차의 안전하고 원활한 통행을 확보하기 위하여 다음 각 목에서 정하는 바에 따라 차로를 설치하여야 한다.

　　　　가. 주차구획선의 긴 변과 짧은 변 중 한 변 이상이 차로에 접하여야 한다.

　　　　나. 차로의 너비는 주차형식 및 출입구(지하식 또는 건축물식 주차장의 출입구를 포함한다. 제4호에서 또한 같다)의 개수에 따라 다음 구분에 따

른 기준 이상으로 하여야 한다.

다. 이륜자동차전용 노외주차장

주차형식	차로의 너비	
	출입구가 2개 이상인 경우	출입구가 1개인 경우
평행주차	2.25m	3.5m
직각주차	4.0m	4.0m
45도 대향주차	2.3m	3.5m

라. 이륜자동차전용 노외주차장 외의 노외주차장

주차형식	차로의 너비	
	출입구가 2개 이상인 경우	출입구가 1개인 경우
평행주차	3.3m	5.0m
직각주차	6.0m	6.0m
60도 대향주차	4.5m	5.5m
45도 대향주차	3.5m	5.0m
교차주차	3.5m	5.0m

④ 노외주차장의 출입구 너비는 3.5m 이상으로 하여야 하며, 주차대수 규모가 50대 이상인 경우에는 출구와 입구를 분리하거나 너비 5.5m 이상의 출입구를 설치하여 소통이 원활하도록 하여야 한다.

⑤ 지하식 또는 건축물식 노외주차장의 차로는 제3호의 기준에 따르는 외에 다음 각 목에서 정하는 바에 따른다.

가. 높이는 주차바닥면으로부터 2.3m 이상으로 하여야 한다.

나. 곡선 부분은 자동차가 6m(같은 경사로를 이용하는 주차장의 총주차대수가 50대 이하인 경우에는 5m, 이륜자동차전용 노외주차장의 경우에는 3m) 이상의 내변 반경으로 회전할 수 있도록 하여야 한다.

다. 경사로의 차로 너비는 직선형인 경우에는 3.3m 이상(2차로의 경우에는 6m 이상)으로 하고, 곡선형인 경우에는 3.6m 이상(2차로의 경우에는 6.5m 이상)으로 하며, 경사로의 양쪽 벽면으로부터 30cm 이상의 지점에 높이 10cm 이상 15cm 미만의 연석(沿石)을 설치하여야 한다. 이 경

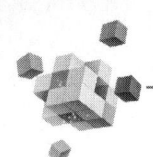

우 연석 부분은 차로의 너비에 포함되는 것으로 본다.
라. 경사로의 종단경사도는 직선 부분에서는 17%를 초과하여서는 아니 되며, 곡선 부분에서는 14%를 초과하여서는 아니 된다.
마. 경사로의 노면은 거친 면으로 하여야 한다.
바. 주차대수 규모가 50대 이상인 경우의 경사로는 너비 6m 이상인 2차로를 확보하거나 진입차로와 진출차로를 분리하여야 한다.

⑥ 자동차용 승강기로 운반된 자동차가 주차구획까지 자주식으로 들어가는 노외주차장의 경우에는 주차대수 30대마다 1대의 자동차용 승강기를 설치하여야 한다. 자동차용 승강기의 출구와 입구가 따로 설치되어 있거나 주차장의 내부에서 자동차가 방향전환을 할 수 있을 때에는 기계식주차장의 설치기준에 따른 진입로를 설치하고 전면공지 또는 방향전환장치를 설치하지 아니할 수 있다.

⑦ 노외주차장에서 주차에 사용되는 부분의 높이는 주차바닥면으로부터 2.1m 이상으로 하여야 한다.

⑧ 노외주차장 내부 공간의 일산화탄소 농도는 주차장을 이용하는 차량이 가장 빈번한 시각의 앞뒤 8시간의 평균치가 50ppm 이하(실내주차장은 25ppm 이하)로 유지되어야 한다.

⑨ 자주식주차장으로서 지하식 또는 건축물식 노외주차장에는 벽면에서부터 50cm 이내를 제외한 바닥면의 최소 조도(照度)와 최대 조도를 다음 각 목과 같이 한다.

가. 주차구획 및 차로 : 최소 조도는 10럭스 이상, 최대 조도는 최소조도의 10배 이내
나. 주차장 출구 및 입구 : 최소 조도는 300럭스 이상, 최대 조도는 없음
다. 사람이 출입하는 통로 : 최소 조도는 50럭스 이상, 최대 조도는 없음

⑩ 노외주차장에는 자동차의 출입 또는 도로교통의 안전을 확보하기 위하여 필요한 경보장치를 설치하여야 한다.

⑪ 주차대수 30대를 초과하는 규모의 자주식주차장으로서 지하식 또는 건축물식 노외주차장에는 관리사무소에서 주차장 내부 전체를 볼 수 있는 폐쇄회로 텔레비전 및 녹화장치를 포함하는 방범설비를 설치·관리하여야 하되,

다음 각 목의 사항을 준수하여야 한다.

  가. 방범설비는 주차장의 바닥면으로부터 170cm의 높이에 있는 사물을 알아볼 수 있도록 설치하여야 한다.
  나. 폐쇄회로 텔레비전과 녹화장치의 모니터 수가 같아야 한다.
  다. 선명한 화질이 유지될 수 있도록 관리하여야 한다.
  라. 촬영된 자료는 컴퓨터보안시스템을 설치하여 1개월 이상 보관하여야 한다.

⑫ 2층 이상의 건축물식 주차장 및 특별시장·광역시장·특별자치도지사·시장·군수가 정하여 고시하는 주차장에는 다음 각 목의 어느 하나에 해당하는 추락방지 안전시설을 설치하여야 한다.

  가. 2톤 차량이 시속 20km의 주행속도로 정면충돌하는 경우에 견딜 수 있는 강도의 구조물로서 구조계산에 의하여 안전하다고 확인된 구조물
  나. 「도로법」 제2조제1항제4호나목에 따른 방호(防護) 울타리
  다. 2톤 차량이 시속 20km의 주행속도로 정면충돌하는 경우에 견딜 수 있는 강도의 구조물로서 한국도로공사, 교통안전공단, 그 밖에 국토교통부장관이 정하여 고시하는 전문연구기관에서 인정하는 제품
  라. 그 밖에 국토교통부장관이 정하여 고시하는 추락방지 안전시설

⑬ 노외주차장의 주차단위구획은 평평한 장소에 설치하여야 한다. 다만, 경사도가 7% 이하인 경우로서 시장·군수 또는 구청장이 안전에 지장이 없다고 인정하는 경우에는 그러하지 아니하다.

⑭ 노외주차장에는 주자장의 주차구획 평행주차형식외의 경우인 확장형주차장인 너비 2.5m 이상, 길이 5.1m미터 이상으로 주차단위구획을 구획 총수의 30%이상 설치하여야 한다.

2) 시장·군수 또는 구청장은 준수사항에 대하여 매년 한 번 이상 지도점검을 실시하여야 한다.

3) 노외주차장에 설치할 수 있는 부대시설은 다음 각 호와 같다. 다만, 그 설치하는 부대시설의 총면적은 주차장 총시설 면적의 20%를 초과하여서는 아니 된다.

  ① 관리사무소, 휴게소 및 공중화장실

주차관련법규 & 운영

② 간이매점, 자동차 장식품 판매점 및 전기자동차 충전시설(특별시장·광역시장, 시장·군수 또는 구청장이 설치한 노외주차장만 해당한다) 주유소(특별시장·광역시장, 시장·군수 또는 구청장이 설치한 노외주차장만 해당한다)
③ 노외주차장의 관리·운영상 필요한 편의시설
④ 특별자치도·시·군 또는 자치구의 조례로 정하는 이용자 편의시설

4) 노외주차장에 설치할 수 있는 부대시설의 종류 및 주차장 총 시설 면적 중 부대시설이 차지하는 비율에 대해서는 제3항에도 불구하고 특별시·광역시, 시·군 또는 구의 조례로 정할 수 있다. 이 경우 부대시설이 차지하는 면적의 비율은 주차장 총시설면적의 40%를 초과할 수 없다.

5) 시장·군수 또는 구청장이 노외주차장 안에 도시·군계획시설을 부대시설로서 중복하여 설치하려는 경우에는 노외주차장 외의 용도로 사용하려는 도시·군계획시설이 차지하는 비율은 부대시설을 포함하여 주차장 총시설면적의 40%를 초과할 수 없다.

6) ⑫에 따른 추락방지 안전시설의 설계 및 설치 등에 관한 세부적인 사항은 국토교통부장관이 정하여 고시한다.

5. 단지조성사업등에 따른 노외주차장

① 택지개발사업, 산업단지개발사업, 도시재개발사업, 도시철도건설사업, 그 밖에 단지 조성 등을 목적으로 하는 사업(이하 "단지조성사업등"이라 한다)을 시행할 때에는 일정 규모 이상의 노외주차장을 설치하여야 한다.
② 단지조성사업등의 종류와 규모, 노외주차장의 규모와 관리방법은 해당 지방자치단체의 조례로 정한다.
③ 제1항에 따라 단지조성사업등으로 설치되는 노외주차장에는 경형자동차를 위한 전용주차구획을 대통령령으로 정하는 비율 이상 설치하여야 한다.

노외주차장의 관리 　　　　　　　　　　　　　　　　　　　제2절

1. 노외주차장의 관리

① 노외주차장은 그 노외주차장을 설치한 자가 관리한다.
② 특별시장·광역시장, 시장·군수 또는 구청장은 노외주차장을 설치한 경우 그 관리를 특별시장·광역시장, 시장·군수 또는 구청장 외의 자에게 위탁할 수 있다.
③ 제2항에 따라 특별시장·광역시장, 시장·군수 또는 구청장의 위탁을 받아 노외주차장을 관리할 수 있는 자의 자격은 해당 지방자치단체의 조례로 정한다.
④ 제2항에 따라 노외주차장관리를 위탁받은 자에 대하여는 노상주차장 관리 3항을 준용한다. 이 경우 "노상주차장관리 수탁자"는 "노외주차장관리를 위탁받은 자"로 본다.

2. 노외주차장의 관리방법

① 특별시장·광역시장, 시장·군수 또는 구청장이 설치한 노외주차장의 관리·운영에 필요한 사항은 해당 지방자치단체의 조례로 정한다.
② 노외주차장의 지정된 주차구획 외의 곳에 주차하는 경우에는 노상주차장의 사용제한을 준용한다.

3. 노외주차장관리자의 책임

① 노외주차장관리자는 조례로 정하는 바에 따라 주차장을 성실히 관리·운영하여야 하며, 시설의 적정한 유지관리에 노력하여야 한다.
② 노외주차장관리자는 주차장의 공용기간(供用期間)에 정당한 사유 없이 그 이용을 거절할 수 없다.
③ 노외주차장관리자는 주차장에 주차하는 자동차의 보관에 관하여 선량한 관리자의 주의의무를 게을리 하지 아니하였음을 증명한 경우를 제외하고는

그 자동차의 멸실 또는 훼손으로 인한 손해배상의 책임을 면하지 못한다.

4. 노외주차장의 주차요금 징수

① 노외주차장을 관리하는 자(이하 "노외주차장관리자"라 한다)는 주차장에 자동차를 주차하는 사람으로부터 주차요금을 받을 수 있다.

② 특별시장·광역시장, 시장·군수 또는 구청장이 설치한 노외주차장의 주차요금의 요율과 징수방법에 관하여 필요한 사항은 해당 지방자치단체의 조례로 정한다. 다만, 경형자동차에 대하여는 주차요금의 100분의 50 이상을 감면한다.

5. 노외주차장의 표지

① 노외주차장(특별시장·광역시장, 시장·군수 또는 구청장이 설치한 노외주차장만 해당한다)의 관리자는 주차장 이용자의 편의를 도모하기 위하여 필요한 표지(전용주차구획의 표지를 포함한다)를 설치하여야 한다.

② 제1항에 따른 표지의 종류·서식과 그 밖에 표지의 설치에 필요한 사항은 해당 지방자치단체의 조례로 정한다.

chapter 04 부설주차장

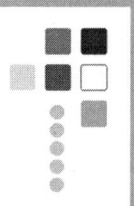

제1절 부설주차장의 설치

1. 부설주차장의 설치

① 「국토의 계획 및 이용에 관한 법률」에 따른 도시지역, 같은 법 제51조제3항에 따른 지구단위계획구역 및 지방자치단체의 조례로 정하는 관리지역에서 건축물, 골프연습장, 그 밖에 주차수요를 유발하는 시설(이하 "시설물"이라 한다)을 건축하거나 설치하려는 자는 그 시설물의 내부 또는 그 부지에 부설주차장을 설치하여야 한다.

② 부설주차장은 해당 시설물의 이용자 또는 일반의 이용에 제공할 수 있다.

③ 제1항에 따른 시설물의 종류와 부설주차장의 설치기준은 대통령령으로 정한다.

④ 제1항의 경우에 부설주차장이 대통령령으로 정하는 규모 이하이면 같은 항에도 불구하고 시설물의 부지 인근에 단독 또는 공동으로 부설주차장을 설치할 수 있다. 이 경우 시설물의 부지 인근의 범위는 대통령령으로 정하는 범위에서 지방자치단체의 조례로 정한다.

⑤ 제1항의 경우에 시설물의 위치·용도·규모 및 부설주차장의 규모 등이 대통령령으로 정하는 기준에 해당할 때에는 해당 주차장의 설치에 드는 비용을 시장·군수 또는 구청장에게 납부하는 것으로 부설주차장의 설치를 갈음할 수 있다. 이 경우 부설주차장의 설치를 갈음하여 납부된 비용은 노외

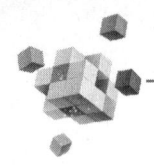
주차관련법규 & 운영

주차장의 설치 외의 목적으로 사용할 수 없다.

⑥ 시장·군수 또는 구청장은 제5항에 따라 주차장의 설치비용을 납부한 자에게 대통령령으로 정하는 바에 따라 납부한 설치비용에 상응하는 범위에서 노외주차장(특별시장·광역시장, 시장·군수 또는 구청장이 설치한 노외주차장만 해당한다)을 무상으로 사용할 수 있는 권리(이하 이 조에서 "노외주차장 무상사용권"이라 한다)를 주어야 한다. 다만, 시설물의 부지로부터 제4항 후단에 따른 범위에 노외주차장 무상사용권을 줄 수 있는 노외주차장이 없는 경우에는 그러하지 아니하다.

⑦ 시장·군수 또는 구청장은 제6항 단서에 따라 노외주차장 무상사용권을 줄 수 없는 경우에는 제5항에 따른 주차장 설치비용을 줄여 줄 수 있다.

⑧ 시설물의 소유자가 변경되는 경우에는 노외주차장 무상사용권은 새로운 소유자가 승계한다.

⑨ 제5항과 제7항에 따른 설치비용의 산정기준 및 감액기준 등에 관하여 필요한 사항은 해당 지방자치단체의 조례로 정한다.

⑩ 특별시장·광역시장·특별자치도지사 또는 시장은 부설주차장을 설치하면 교통 혼잡이 가중될 우려가 있는 지역에 대하여는 제1항 및 제3항에도 불구하고 부설주차장의 설치를 제한할 수 있다. 이 경우 제한지역의 지정 및 설치 제한의 기준은 국토교통부령으로 정하는 바에 따라 해당 지방자치단체의 조례로 정한다.

⑪ 시장·군수 또는 구청장은 설치기준에 적합한 부설주차장이 제3항에 따른 부설주차장 설치기준의 개정으로 인하여 설치기준에 미달하게 된 기존 시설물 중 대통령령으로 정하는 시설물에 대하여는 그 소유자에게 개정된 설치기준에 맞게 부설주차장을 설치하도록 권고할 수 있다.

⑫ 시장·군수 또는 구청장은 제11항에 따라 부설주차장의 설치권고를 받은 자가 부설주차장을 설치하려는 경우 주차장특별회계의 설치에서 적립한 부과 징수한 과태료로 부설주차장의 설치비용을 우선적으로 보조할 수 있다.

2. 부설주차장 설치계획서

부설주차장을 설치하는 자는 시설물의 건축 또는 설치에 관한 허가를 신청하거나 신고를 할 때에는 국토교통부령으로 정하는 바에 따라 부설주차장 설치계획서를 제출하여야 한다. 다만, 시설물의 용도변경으로 인하여 부설주차장을 설치하여야 하는 경우에는 용도변경을 신고하는 때(용도변경 신고의 대상이 아닌 경우에는 그 용도변경을 하기 전을 말한다)에 부설주차장 설치계획서를 제출하여야 한다.

3. 부설주차장의 설치기준

1) 부설주차장을 설치하여야 할 시설물의 종류와 부설주차장의 설치기준은 별표 1과 같다. 다만, 다음 각 호의 경우에는 특별시·광역시·특별자치도·시 또는 군(광역시의 군은 제외한다. 이하 이 조에서 같다)의 조례로 시설물의 종류를 세분하거나 부설주차장의 설치기준을 따로 정할 수 있다.

  ① 오지·벽지·섬 지역, 도심지의 간선도로변이나 그 밖에 해당 지역의 특수성으로 인하여 별표 1의 기준을 적용하는 것이 현저히 부적합한 경우
  ② 도시지역의 인구와 산업을 수용하기 위하여 도시지역에 준하여 체계적으로 관리하거나 농림업의 진흥, 자연환경 또는 산림의 보전을 위하여 농림지역 또는 자연환경보전지역에 준하여 관리할 필요가 있는 지역인 관리지역으로서 주차난이 발생할 우려가 없는 경우
  ③ 단독주택·공동주택의 부설주차장 설치기준을 세대별로 정하거나 업무시설 중 오피스텔의 부설주차장 설치기준을 호실별로 정하려는 경우
  ④ 기계식주차장을 설치하는 경우로서 해당 지역의 주차장 확보율, 주차장 이용 실태, 교통 여건 등을 고려하여 별표 1의 부설주차장 설치기준과 다르게 정하려는 경우
  ⑤ 대한민국 주재 외국공관 안의 외교관 또는 그 가족이 거주하는 구역 등 일반인의 출입이 통제되는 구역에 주택 등의 시설물을 건축하는 경우
  ⑥ 시설면적이 1만제곱미터 이상인 공장을 건축하는 경우

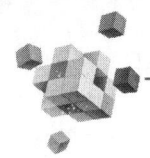

2) 특별시·광역시·특별자치도·시 또는 군은 주차수요의 특성 또는 증감에 효율적으로 대처하기 위하여 필요하다고 인정하는 경우에는 별표 1의 부설주차장 설치기준의 2분의 1의 범위에서 그 설치기준을 해당 지방자치단체의 조례로 강화하거나 완화할 수 있다. 이 경우 별표 1의 시설물의 종류·규모를 세분하여 각 시설물의 종류·규모별로 강화 또는 완화의 정도를 다르게 정할 수 있다.

3) 제1항 단서 및 제2항에 따라 부설주차장의 설치기준을 조례로 정하는 경우 해당 지방자치단체는 해당 지역의 구역별로 부설주차장 설치기준을 각각 다르게 정할 수 있다.

4) 건축물의 용도를 변경하는 경우에는 용도변경 시점의 주차장 설치기준에 따라 변경 후 용도의 주차대수와 변경 전 용도의 주차대수를 산정하여 그 차이에 해당하는 부설주차장을 추가로 확보하여야 한다. 다만, 다음 각 호의 어느 하나에 해당하는 경우에는 부설주차장을 추가로 확보하지 아니하고 건축물의 용도를 변경할 수 있다.

① 사용승인 후 5년이 지난 연면적 1천제곱미터 미만의 건축물의 용도를 변경하는 경우. 다만, 문화 및 집회시설 중 공연장·집회장·관람장, 위락시설 및 주택 중 다세대주택·다가구주택의 용도로 변경하는 경우는 제외한다.

② 해당 건축물 안에서 용도 상호간의 변경을 하는 경우. 다만, 부설주차장 설치기준이 높은 용도의 면적이 증가하는 경우는 제외한다.

【별표 1】 부설주차장의 설치대상 시설물 종류 및 설치기준

시설물	설치기준
1. 위락시설	• 시설면적 100㎡당 1대(시설면적/100㎡)
2. 문화 및 집회시설(관람장은 제외한다), 종교시설, 판매시설, 운수시설, 의료시설(정신병원·요양병원 및 격리병원은 제외한다), 운동시설(골프장·골프연습장 및 옥외수영장은 제외한다), 업무시설(외국공관 및 오피스텔은 제외한다), 방송통신시설 중 방송국, 장례식장	• 시설면적 150㎡당 1대(시설면적/150㎡)
3. 제1종 근린생활시설[「건축법 시행령」 별표 1 제3호바목 및 사목(공중화장실, 대피소, 지역아동센터는 제외한다)은 제외한다], 제2종 근린생활시설, 숙박시설	• 시설면적 200㎡당 1대(시설면적/200㎡)
4. 단독주택(다가구주택은 제외한다)	• 시설면적 50㎡ 초과 150㎡ 이하 : 1대 • 시설면적 150㎡ 초과 : 1대에 150㎡를 초과하는 100㎡당 1대를 더한 대수[1+{(시설면적−150㎡)/100㎡}]
5. 다가구주택, 공동주택(기숙사는 제외한다), 업무시설 중 오피스텔	• 「주택건설기준 등에 관한 규정」 제27조제1항에 따라 산정된 주차대수. 이 경우 다가구주택 및 오피스텔의 전용면적은 공동주택의 전용면적 산정방법을 따른다.
6. 골프장, 골프연습장, 옥외수영장, 관람장	• 골프장 : 1홀당 10대(홀의 수×10) • 골프연습장 : 1타석당 1대(타석의 수×1) • 옥외수영장 : 정원 15명당 1대(정원/15명) • 관람장 : 정원 100명당 1대(정원/100명)
7. 수련시설, 공장(아파트형은 제외한다), 발전시설	• 시설면적 350㎡당 1대(시설면적/350㎡)
8. 창고시설	• 시설면적 400㎡당 1대(시설면적/400㎡)
9. 학생용 기숙사	• 시설면적 400㎡당 1대(시설면적/400㎡)
10. 그 밖의 건축물	• 시설면적 300㎡당 1대(시설면적/300㎡)

주차관련법규 & 운영

4. 부설주차장의 구조·설비기준

1) 다음 각 호의 부설주차장에 대해서는 제6조제1항제9호 및 제11호를 준용한다.

   ① 주차대수 30대를 초과하는 지하식 또는 건축물식 형태의 자주식주차장으로서 판매시설, 숙박시설, 운동시설, 위락시설, 문화 및 집회시설, 종교시설 또는 업무시설(이하 이 항에서 "판매시설등"이라 한다)의 용도로 이용되는 건축물의 부설주차장

   ② 제1호에 따른 규모의 주차장을 설치한 판매시설등과 다른 용도의 시설이 복합적으로 설치된 건축물의 부설주차장으로서 각각의 시설에 대한 부설주차장을 구분하여 사용·관리하는 것이 곤란한 건축물의 부설주차장

2) 제2항에 따른 건축물 외의 건축물(단독주택 및 다세대주택은 제외한다)의 부설주차장으로서 지하식 또는 건축물식 형태의 자주식주차장에는 벽면에서부터 50cm 이내를 제외한 바닥면의 최소 조도와 최대 조도를 제6조제1항제9호 각 목과 같이 하여야 한다.

3) 주차대수 50대 이상의 부설주차장에 설치되는 확장형 주차단위구역에 관하여는 주자장의 주차구획 평행주차형식외의 경우인 확장형주차장인 너비 2.5m 이상, 길이 5.1m미터 이상으로 주차단위구획을 구획 총수의 30%이상 설치하여야 하는 규정을 준용한다.

4) 부설주차장의 총주차대수 규모가 8대 이하인 자주식주차장(지평식 및 건축물식 중 필로티 구조만 해당한다)의 구조 및 설비기준은 제1항 본문에도 불구하고 다음 각 호에 따른다.

   ① 차로의 너비는 2.5m 이상으로 한다. 다만, 주차단위구획과 접하여 있는 차로의 너비는 주차형식에 따라 우측 상단 표에 따른 기준 이상으로 하여야 한다.

주차형식	차로의 너비
평행주차	3.0m
직각주차	6.0m
60도 주차	4.5m
45도 주차	3.5m
교차주차	3.5m

② 보도와 차도의 구분이 없는 너비 12m 미만의 도로에 접하여 있는 부설주차장은 그 도로를 차로로 하여 주차단위구획을 배치할 수 있다. 이 경우 차로의 너비는 도로를 포함하여 6m 이상(평행주차형식인 경우에는 도로를 포함하여 4m 이상)으로 하며, 도로의 포함 범위는 중앙선까지로 하되, 중앙선이 없는 경우에는 도로 반대쪽 경계선까지로 한다.

③ 보도와 차도의 구분이 있는 12m 이상의 도로에 접하여 있고 주차대수가 5대 이하인 부설주차장은 그 주차장의 이용에 지장이 없는 경우만 그 도로를 차로로 하여 직각주차형식으로 주차단위구획을 배치할 수 있다.

④ 주차대수 5대 이하의 주차단위구획은 차로를 기준으로 하여 세로로 2대까지 접하여 배치할 수 있다.

⑤ 출입구의 너비는 3m 이상으로 한다. 다만, 막다른 도로에 접하여 있는 부설주차장으로서 시장·군수 또는 구청장이 차량의 소통에 지장이 없다고 인정하는 경우에는 2.5m 이상으로 할 수 있다.

⑥ 보행인의 통행로가 필요한 경우에는 시설물과 주차단위구획 사이에 0.5m 이상의 거리를 두어야 한다.

⑦ 제1항 및 제5항에 따라 도로를 차로로 하여 설치한 부설주차장의 경우 도로와 주차구획선 사이에는 담장 등 주차장의 이용을 곤란하게 하는 장애물을 설치할 수 없다.

5. 부설주차장의 인근 설치

1) 부설주차장의 설치에서 말하는 "대통령령으로 정하는 "대통령령으로 정하는 규모"란 주차대수 300대의 규모를 말한다. 다만, 다음 각 호의 어느 하나에 해당하는 경우에는 별표 1의 부설주차장 설치기준에 따라 산정한 주차대수에 상당하는 규모를 말한다.

　① 도로교통법 통행의 금지 및 제한 조항에 따른 차량통행이 금지된 장소의 시설물인 경우
　② 시설물의 부지에 접한 대지나 시설물의 부지와 통로로 연결된 대지에 부설주차장을 설치하는 경우
　③ 시설물의 부지가 너비 12m 이하인 도로에 접해 있는 경우 도로의 맞은편 토지(시설물의 부지에 접한 도로의 건너편에 있는 시설물 정면의 필지와 그 좌우에 위치한 필지를 말한다)에 부설주차장을 그 도로에 접하도록 설치하는 경우

2) 시설물의 부지 인근의 범위는 다음 각 호의 어느 하나의 범위에서 특별자치도·시·군 또는 자치구의 조례로 정한다.

　① 해당 부지의 경계선으로부터 부설주차장의 경계선까지의 직선거리 30m 이내 또는 도보거리 600m 이내
　② 해당 시설물이 있는 동·리 및 그 시설물과의 통행 여건이 편리하다고 인정되는 인접 동·리

6. 부설주차장 설치의무 면제

1) 부설주차장의 설치의무가 면제되는 시설물의 위치·용도·규모 및 부설주차장의 규모는 다음 각 호와 같다.

가. 시설물의 위치

　①「도로교통법」제6조에 따른 차량통행의 금지 또는 주변의 토지이용 상황으로 인하여 제6조 및 제7조에 따른 부설주차장의 설치가 곤란하다고 특별자치도지사·시장·군수 또는 자치구의 구청장(이하 "시장·군수 또는 구청장"이라 한다)이 인정하는 장소

② 부설주차장의 출입구가 도심지 등의 간선도로변에 위치하게 되어 자동차교통의 혼잡을 가중시킬 우려가 있다고 시장·군수 또는 구청장이 인정하는 장소

나. 시설물의 용도 및 규모 : 연면적 1만제곱미터 이상의 판매시설 및 운수시설에 해당하지 아니하거나 연면적 1만 5천제곱미터 이상의 문화 및 집회시설(공연장·집회장 및 관람장만을 말한다), 위락시설, 숙박시설 또는 업무시설에 해당하지 아니하는 시설물(「도로교통법」 제6조에 따라 차량통행이 금지된 장소의 시설물인 경우에는 「건축법」에서 정하는 용도별 건축허용 연면적의 범위에서 설치하는 시설물을 말한다)

다. 부설주차장의 규모 : 주차대수 300대 이하의 규모(「도로교통법」 제6조에 따라 차량통행이 금지된 장소의 경우에는 별표 1의 부설주차장 설치기준에 따라 산정한 주차대수에 상당하는 규모를 말한다)

2) 부설주차장의 설치의무를 면제받으려는 자는 다음 각 호의 사항을 적은 주차장 설치의무 면제신청서를 시장·군수 또는 구청장에게 제출하여야 한다.
① 시설물의 위치·용도 및 규모
② 설치하여야 할 부설주차장의 규모
③ 부설주차장의 설치에 필요한 비용 및 주차장 설치의무가 면제되는 경우의 해당 비용의 납부에 관한 사항
④ 신청인의 성명(법인인 경우에는 명칭 및 대표자의 성명) 및 주소

3) 부설주차장의 출입구가 도심지 등의 간선도로변에 위치하게 되어 자동차교통의 혼잡을 가중시킬 우려가 있다고 시장·군수 또는 구청장이 인정하는 장소에 있는 시설물의 경우에는 화물의 하역과 그 밖에 해당 시설물의 기능 유지에 필요한 부설주차장은 설치하고 이를 제외한 규모의 부설주차장에 대해서만 설치의무 면제 신청을 할 수 있다. 이 경우 시설물의 기능 유지에 필요한 부설주차장의 규모는 시·군 또는 구의 조례로 정한다.

주차관련법규 & 운영

도로교통법

제6조(통행의 금지 및 제한)
① 지방경찰청장은 도로에서의 위험을 방지하고 교통의 안전과 원활한 소통을 확보하기 위하여 필요하다고 인정할 때에는 구간(區間)을 정하여 보행자나 차마의 통행을 금지하거나 제한할 수 있다. 이 경우 지방경찰청장은 보행자나 차마의 통행을 금지하거나 제한한 도로의 관리청에 그 사실을 알려야 한다.
② 경찰서장은 도로에서의 위험을 방지하고 교통의 안전과 원활한 소통을 확보하기 위하여 필요하다고 인정할 때에는 우선 보행자나 차마의 통행을 금지하거나 제한한 후 그 도로관리자와 협의하여 금지 또는 제한의 대상과 구간 및 기간을 정하여 도로의 통행을 금지하거나 제한할 수 있다.
③ 지방경찰청장이나 경찰서장은 제1항이나 제2항에 따른 금지 또는 제한을 하려는 경우에는 안전행정부령으로 정하는 바에 따라 그 사실을 공고하여야 한다. 〈개정 2013.3.23.〉
④ 경찰공무원은 도로의 파손, 화재의 발생이나 그 밖의 사정으로 인한 도로에서의 위험을 방지하기 위하여 긴급히 조치할 필요가 있을 때에는 필요한 범위에서 보행자나 차마의 통행을 일시 금지하거나 제한할 수 있다.

제7조(교통 혼잡을 완화시키기 위한 조치) 경찰공무원은 보행자나 차마의 통행이 밀려서 교통 혼잡이 뚜렷하게 우려될 때에는 혼잡을 덜기 위하여 필요한 조치를 할 수 있다

7. 주차장 설치비용의 납부

부설주차장의 설치의무를 면제받으려는 자는 해당 지방자치단체의 조례로 정하는 바에 따라 부설주차장의 설치에 필요한 비용을 다음 각 호의 구분에 따라 시장·군수 또는 구청장에게 내야 한다.

① 해당 시설물의 건축 또는 설치에 대한 허가·인가 등을 받기 전까지 : 그 설치에 필요한 비용의 50%
② 해당 시설물의 준공검사(건축물인 경우에는 「건축법」 제22조에 따른 사용승인 또는 임시사용승인을 말한다) 신청 전까지 : 그 설치에 필요한 비용의 50%

8. 주차장 설치비용 납부자의 주차장 무상사용

① 시장·군수 또는 구청장은 제9조에 따라 시설물의 소유자로부터 부설주차장의 설치에 필요한 비용을 받은 경우에는 시설물 준공검사확인증(건축물인 경우에는 「건축법」 제22조에 따른 사용승인서 또는 임시사용승인서를 말한다. 이하 같다)을 발급할 때에 특별시장·광역시장, 시장·군수 또는 구청장이 설치한 노외주차장 중 해당 시설물의 소유자가 무상으로 사용할 수 있는 주차장을 지정하여야 한다.

② 제1항 본문에 따라 주차장을 무상으로 사용할 수 있는 기간은 납부된 주차장 설치비용을 해당 지방자치단체의 조례로 정하는 방법에 따라 시설물 준공검사확인증을 발급할 때의 해당 주차장의 주차요금 징수기준에 따른 징수요금으로 나누어 산정한다.

③ 시장·군수 또는 구청장은 제1항 본문에 따라 시설물의 소유자가 무상으로 사용할 수 있는 노외주차장을 지정할 때에는 해당 시설물로부터 가장 가까운 거리에 있는 주차장을 지정하여야 한다.

④ 구청장은 제1항 본문에 따라 무상사용 주차장으로 지정하려는 노외주차장이 특별시장 또는 광역시장이 설치한 노외주차장인 경우에는 미리 해당 특별시장 또는 광역시장과 협의하여야 한다.

9. 부설주차장의 용도변경

1) 부설주차장의 용도를 변경할 수 있는 경우는 다음 각 호의 어느 하나와 같다.

① 차량통행의 금지 또는 주변의 토지이용 상황 등으로 인하여 시장·군수 또는 구청장이 해당 주차장의 이용이 사실상 불가능하다고 인정한 경우. 이 경우 변경 후의 용도는 주차장으로 이용할 수 없는 사유가 소멸되었을 때에 즉시 주차장으로 환원하는 데에 지장이 없는 경우로 한정하고, 변경된 용도로의 사용기간은 주차장으로 이용이 불가능한 기간으로 한정한다.

② 시설물의 내부 또는 그 부지 안에서 주차장의 위치를 변경하는 경우로서 시장·군수 또는 구청장이 주차장의 이용에 지장이 없다고 인정하는 경우

③ 해당 시설물의 부설주차장의 설치기준 또는 설치제한기준(시설물을 설치한 후 법령·조례의 개정 등으로 설치기준 또는 설치제한기준이 변경된 경우에

는 그 변경된 설치기준 또는 설치제한기준을 말한다)을 초과하는 주차장으로서 그 초과 부분에 대하여 시장·군수 또는 구청장의 확인을 받은 경우

④ 「국토의 계획 및 이용에 관한 법률」 제2조제10호에 따른 도시·군계획시설사업으로 인하여 그 전부 또는 일부를 사용할 수 없게 된 주차장으로서 시장·군수 또는 구청장의 확인을 받은 경우

⑤ 시설물의 부지 인근에 설치한 부설주차장을 그 부지 인근의 범위에서 이전(移轉)하여 설치하는 경우

⑥ 「산업입지 및 개발에 관한 법률」 제2조제8호에 따른 산업단지 안에 있는 공장의 부설주차장을 법 제19조제4항 후단에 따른 시설물 부지 인근의 범위에서 이전하여 설치하는 경우

2) 종전의 부설주차장은 새로운 부설주차장의 사용이 시작된 후에 용도변경하여야 한다. 다만, 기존 주차장 부지에 증축되는 건축물 안에 주차장을 설치하는 경우에는 그러하지 아니하다.

3) 부설주차장 본래의 기능을 유지하지 아니하여도 되는 경우는 제1항 제1호·제3호 또는 제4호에 해당하는 경우와 기존 주차장을 보수 또는 증축하는 경우로 한다.

10. 부설주차장의 용도변경 금지

① 부설주차장은 주차장 외의 용도로 사용할 수 없다.

② 시설물의 소유자 또는 부설주차장의 관리책임이 있는 자는 해당 시설물의 이용자가 부설주차장을 이용하는 데에 지장이 없도록 부설주차장 본래의 기능을 유지하여야 한다.

③ 시장·군수 또는 구청장은 제1항 또는 제2항을 위반하여 부설주차장을 다른 용도로 사용하거나 부설주차장 본래의 기능을 유지하지 아니하는 경우에는 해당 시설물의 소유자 또는 부설주차장의 관리책임이 있는 자에게 지체 없이 원상회복을 명하여야 한다. 이 경우 시설물의 소유자 또는 부설주차장의 관리책임이 있는 자가 그 명령에 따르지 아니할 때에는 「행정대집행법」에 따라 원상회복을 대집행(代執行)할 수 있다.

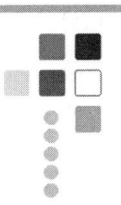

기계식 주차장

기계식주차장의 설치기준 및 안전기준 — 제1절

1. 기계식주차장의 설치기준

1) 기계식주차장치 출입구의 앞면에는 다음 각 목에 따라 자동차의 회전을 위한 공지(空地) 또는 자동차의 방향을 전환하기 위한 기계장치(방향전환장치를 설치하여야 한다.

① 중형 기계식주차장(길이 5.05m 이하, 너비 1.85m 이하, 높이 1.55m 이하, 무게 1,850kg 이하인 자동차를 주차할 수 있는 기계식주차장을 말한다.) : 너비 8.1m 이상, 길이 9.5m 이상의 전면공지 또는 지름 4m 이상의 방향전환장치와 그 방향전환장치에 접한 너비 1m 이상의 여유 공지

② 대형 기계식주차장(길이 5.75m 이하, 너비 2.15m 이하, 높이 1.85m 이하, 무게 2,200kg 이하인 자동차를 주차할 수 있는 기계식주차장을 말한다.)
: 너비 10m 이상, 길이 11m 이상의 전면공지 또는 지름 4.5m 이상의 방향전환장치와 그 방향전환장치에 접한 너비 1m 이상의 여유 공지

2) 기계식주차장치의 내부에 방향전환장치를 설치한 경우와 2층 이상으로 주차구획이 배치되어 있고 출입구가 있는 층의 모든 주차구획을 기계식주차장치 출입구로 사용할 수 있는 기계식주차장의 경우에는 제1호에도 불구하고 노외주차장의 구조 및 설비기준 또는 부설주차장의 구조 및 설비기준을 준용한다.

주차관련법규 & 운영

3) 기계식주차장에는 도로에서 기계식주차장치 출입구까지의 차로(이하 "진입로"라 한다) 또는 전면공지와 접하는 장소에 자동차가 대기할 수 있는 장소(이하 "정류장"이라 한다)를 설치하여야 한다. 이 경우 주차대수 20대를 초과하는 20대마다 한 대분의 정류장을 확보하여야 하며, 정류장의 규모는 다음 각 목과 같다. 다만, 주차장의 출구와 입구가 따로 설치되어 있거나 진입로의 너비가 6m 이상인 경우에는 종단경사도가 6% 이하인 진입로의 길이 6m마다 한 대분의 정류장을 확보한 것으로 본다.
① 중형 기계식주차장 : 길이 5.05m 이상, 너비 1.85m 이상
② 대형 기계식주차장 : 길이 5.3m 이상, 너비 2.15m 이상

2. 기계식주차장치의 안전기준

1) 기계식주차장치의 안전기준은 다음 각 호와 같다.
① 「산업표준화법」 제12조에 따른 한국산업표준(KS) 또는 그 이상으로 하여야 한다.
② 기계식주차장치 출입구의 크기는 중형 기계식주차장의 경우에는 너비 2.3m 이상, 높이 1.6m 이상으로 하여야 하고, 대형 기계식주차장의 경우에는 너비 2.4m 이상, 높이 1.9m 이상으로 하여야 한다. 다만, 사람이 통행하는 기계식주차장치 출입구의 높이는 1.8m 이상으로 한다.
③ 주차구획의 크기는 중형 기계식주차장의 경우에는 너비 2.15m 이상, 높이 1.6m 이상, 길이 5.15m 이상으로 하여야 하고, 대형 기계식주차장의 경우에는 너비 2.3m 이상, 높이 1.9m 이상, 길이 5.3m 이상으로 하여야 한다. 다만, 차량의 길이가 5.1m 이상인 경우에는 주차구획의 길이는 차량의 길이보다 최소 0.2m 이상을 확보하여야 한다.
④ 운반기의 크기는 자동차가 들어가는 바닥의 너비를 중형 기계식주차장의 경우에는 1.85m 이상, 대형 기계식주차장의 경우에는 1.95m 이상으로 하여야 한다.
⑤ 기계식주차장치 안에서 자동차를 입출고하는 사람이 출입하는 통로의 크기는 너비 50cm 이상, 높이 1.8m 이상으로 하여야 한다.
⑥ 기계식주차장치 출입구에는 출입문을 설치하거나 기계식주차장치가 작동하

고 있을 때 기계식주차장치 출입구로 사람 또는 자동차가 접근할 경우 즉시 그 작동을 멈추게 할 수 있는 장치를 설치하여야 한다.

⑦ 자동차가 주차구획 또는 운반기 안에서 제자리에 위치하지 아니한 경우에는 기계식주차장치의 작동을 불가능하게 하는 장치를 설치하여야 한다.

⑧ 기계식주차장치의 작동 중 위험한 상황이 발생하는 경우 즉시 그 작동을 멈추게 할 수 있는 안전장치를 설치하여야 한다.

⑨ 기계식주차장치의 안전기준에 관하여 이 규칙에 규정된 사항 외의 사항은 국토교통부장관이 정하여 고시한다.

2) 안전도인증을 받아야 하는 자는 누구든지 국토교통부장관에게 제1항에 따른 안전기준의 개정을 신청할 수 있다.

3) 제2항에 따라 안전기준의 개정신청을 받은 국토교통부장관은 신청일부터 30일 이내에 이를 검토하여 안전기준의 개정 여부를 신청인에게 통보하여야 한다.

3. 기계식주차장치의 안전도인증

1) 기계식주차장치를 제작·조립 또는 수입하여 양도·대여 또는 설치하려는 자(이하 "제작자등"이라 한다)는 대통령령으로 정하는 바에 따라 그 기계식주차장치의 안전도(安全度)에 관하여 시장·군수 또는 구청장의 인증(이하 "안전도인증"이라 한다)을 받아야 한다.

2) 제1항에 따라 안전도인증을 받으려는 자는 미리 해당 기계식주차장치의 조립도(組立圖), 안전장치의 도면(圖面), 그 밖에 국토교통부령으로 정하는 서류를 국토교통부장관이 지정하는 검사기관에 제출하여 안전도에 대한 심사를 받아야 한다.

4. 기계식주차장의 사용검사

1) 기계식주차장의 사용검사 또는 정기검사를 받으려는 자는 기계식주차장 검사신청서에 다음 각 호의 서류를 첨부하여 전문검사기관(이하 "검사대행기관"이라 한다)에 신청하여야 한다. 다만, 제1호부터 제5호까지의 서류는 사용검사

주차관련법규 & 운영

의 경우만 첨부하되, 제16조의4제1항에 따른 안전도심사 신청 시 제출된 주요 구조부의 강도계산서에 포함된 경우에는 첨부하지 아니할 수 있다.
① 와이어로프 · 체인 시험성적서
② 전동기 시험성적서
③ 감속기 시험성적서
④ 제동기 시험성적서
⑤ 운반기 계량증명서
⑥ 설치장소 약도

2) 검사신청을 받은 검사대행기관은 검사신청을 받은 날부터 20일 이내에 검사를 마치고 항목별 검사결과를 기계식주차장관리자등(이하 "기계식주차장관리자등"이라 한다)에게 통보하여야 한다.

3) 제2항에 따른 검사결과를 통보받은 기계식주차장관리자등은 부적합판정을 받은 검사항목에 대해서는 그 통보를 받은 날부터 3개월 이내에 해당 항목을 보완한 후 재검사를 신청하여야 한다. 이 경우 검사대행기관은 검사신청을 받은 날부터 10일 이내에 검사를 마치고 그 결과를 기계식주차장관리자등에게 통보하여야 한다.

4) 검사대행기관은 제3항에 따른 보완항목에 대한 검사를 할 때 사진, 시험성적서, 그 밖의 증명서류 등으로 보완된 사실을 확인할 수 있는 경우에는 사진 등의 확인으로 검사를 할 수 있다. 이 경우 검사대행기관은 제3항에 따른 검사신청을 받은 날부터 5일 이내에 그 결과를 기계식주차장관리자등에게 통보하여야 한다.

5) 검사대행기관은 제2항부터 제4항까지의 규정에 따라 검사결과를 기계식주차장관리자등에게 통보할 때에는 검사확인증 또는 사용금지 표지를 함께 발급하고, 해당 기계식주차장의 소재지를 관할하는 시장 · 군수 또는 구청장에게 그 사실을 통보하여야 한다.

6) 제5항에 따라 검사확인증 또는 사용금지 표지를 발급받은 기계식주차장관리자등은 해당 기계식주차장의 보기 쉬운 곳에 이를 부착하여야 한다.

7) 기계식주차장의 정기검사를 연기하려는 자는 그 연기 사유를 확인할 수 있는

서류를 첨부하여 해당 기계식주차장의 소재지를 관할하는 시장·군수 또는 구청장에게 연기신청을 하여야 한다.

5. 안전도인증서의 발급

시장·군수 또는 구청장은 기계식주차장치가 국토교통부령으로 정하는 안전기준에 적합하다고 인정되는 경우에는 제작자등에게 국토교통부령으로 정하는 바에 따라 기계식주차장치의 안전도인증서를 발급하여야 한다.

6. 안전도인증의 취소

1) 시장·군수 또는 구청장은 제작자등이 다음 각 호의 어느 하나에 해당하는 경우에는 안전도인증을 취소할 수 있다.
   ① 거짓이나 그 밖의 부정한 방법으로 안전도인증을 받은 경우
   ② 안전도인증을 받은 내용과 다른 기계식주차장치를 제작·조립 또는 수입하여 양도·대여 또는 설치한 경우
   ③ 기계식주차장의 안전기준에 따른 기준에 적합하지 아니하게 된 경우
2) 제작자등은 안전도인증이 취소된 경우에는 제19조의7에 따른 안전도인증서를 반납하여야 한다.

7. 기계식주차장의 사용검사

1) 기계식주차장을 설치하려는 경우에는 안전도인증을 받은 기계식주차장치를 사용하여야 한다.
2) 기계식주차장을 설치한 자 또는 해당 기계식주차장의 관리자는 그 기계식주차장에 대하여 국토교통부령으로 정하는 바에 따라 시장·군수 또는 구청장이 실시하는 다음 각 호의 검사를 받아야 한다.
   ① 사용검사 : 기계식주차장의 설치를 마치고 이를 사용하기 전에 실시하는 검사로 유효기간은 3년으로 한다.

② 정기검사 : 사용검사의 유효기간이 지난 후 계속하여 사용하려는 경우에 주기적으로 실시하는 검사로 유효기간은 2년으로 한다.

3) 사용검사 및 정기검사의 연기

① 기계식주차장이 설치된 건축물의 흠으로 인하여 그 건축물과 기계식주차장의 사용이 불가능하게 된 경우
② 기계식주차장(법 제19조에 따라 설치가 의무화된 부설주차장의 경우는 제외한다)의 사용을 중지한 경우
③ 천재지변이나 그 밖에 정기검사를 받지 못할 부득이한 사유가 발생한 경우
④ 정기검사를 연기 받으려는 자는 국토교통부령으로 정하는 바에 따라 사용검사 또는 정기검사의 유효기간이 만료되기 전에 연기신청을 하여야 한다.
⑤ 정기검사를 연기 받은 자는 해당 사유가 없어졌을 때에는 그때부터 1개월 이내에 정기검사를 신청하여야 한다.

8. 검사대행자의 지정 및 취소

1) 검사업무를 대행할 수 있는 전문검사기관으로 지정받으려는 자는 국토교통부령으로 정하는 바에 따라 국토교통부장관에게 지정을 신청하여야 한다.

2) 전문검사기관으로 지정받으려는 자가 갖추어야 할 지정요건

① 비영리법인으로서 수도권에 하나 이상의 사무소를 두고, 수도권을 제외한 광역시·도 또는 특별자치도에 넷 이상의 사무소를 두고 있어야 한다.
② 국가기술자격법에 따른 기계. 전기 분야, 그 밖에 이와 유사한 분야의 산업기사 이상의 자격소지자 15명 이상을 상시 보유하고 있어야 한다.

3) 검사대행자의 취소요건

① 별표 2의 지정요건을 갖추지 못하게 된 경우
② 부정한 방법으로 지정을 받은 경우
③ 검사업무를 현저히 게을리 한 경우

9. 검사확인증의 발급

1) 시장·군수 또는 구청장은 검사에 합격한 자에게는 검사확인증을 발급하고, 불합격한 자에게는 사용을 금지하는 표지를 내주어야 한다.
2) 기계식주차장관리자등은 제1항에 따라 받은 검사확인증이나 기계식주차장의 사용을 금지하는 표지를 국토교통부령으로 정하는 바에 따라 기계식주차장에 부착하여야 한다.
3) 검사에 불합격한 기계식주차장은 사용할 수 없다.

10. 기계식 주차장치의 철거

1) 기계식주차장관리자등은 부설주차장에 설치된 기계식주차장치가 다음 각 호의 어느 하나에 해당하면 철거할 수 있다.
   ① 기계식주차장치가 노후·고장 등의 이유로 작동이 불가능한 경우(설치한 날부터 5년 이상이 지난 경우)
   ② 시설물의 구조상 또는 안전상 철거가 불가피한 경우
2) 부설주차장을 설치하여야 할 시설물의 소유자는 제1항에 따라 기계식주차장치를 철거함으로써 부설주차장의 설치기준에 미달하게 되는 경우에는 시설물의 부지 인근에 부설주차장을 설치하거나, 주차장의 설치에 드는 비용을 내야 한다. 이 경우 기계식주차장치가 설치되었던 바닥면적에 해당하는 주차장을 해당 시설물 또는 그 부지에 확보하여야 한다.
3) 제1항에 따라 기계식주차장치를 철거하려는 자는 국토교통부령으로 정하는 바에 따라 시장·군수 또는 구청장에게 신고하여야 한다.

11. 기계식주차장치 보수업의 등록

1) 기계식주차장치 보수업을 하려는 자는 국토교통부령으로 정하는 바에 따라 시장·군수 또는 구청장에게 등록하여야 한다.
2) 제1항에 따라 보수업의 등록을 하려는 자는 대통령령으로 정하는 기술인력과 설비를 갖추어야 한다.

주차관련법규 & 운영

구 분	등 록 기 준
보수설비	• 갭게이지 1대 이상　　• 속도계 1대 이상 • 절연저항계 1대 이상　• 체인블록 1대 이상 • 소음계 1대 이상　　　• 진동계 1대 이상 • 용접기 1대 이상　　　• 노트북 1대 이상 • 멀티테스터 1대 이상　• 버니어캘리퍼스 1대 이상 • 경도측정기 1대 이상　• 유압잭 1대 이상 • 내외경퍼스 1대 이상
기술인력	• 보수책임자 : 「국가기술자격법」에 따른 기계·전기 분야, 그 밖에 이와 유사한 분야의 산업기사 이상의 자격 소지자로서 실무경력 2년 이상인 사람 또는 기능사자격 소지자로서 실무경력 5년 이상인 사람 1명 이상을 상시 보유하고 있을 것 • 실무기술인력 : 「국가기술자격법」에 따른 기계·전기 분야, 그 밖에 이와 유사한 분야의 기능사 이상의 자격 소지자 2명 이상을 상시 보유하고 있을 것

【별표 2】 〈신설 2010.10.21〉
전문검사기관의 지정요건(제12조의4제2항 관련)

구 분	지 정 요 건
법인형태 및 사무소	비영리법인으로서 수도권(서울특별시·인천광역시·경기도를 말한다. 이하 "수도권"이라 한다)에 하나 이상의 사무소를 두고, 수도권을 제외한 광역시·도 또는 특별자치도에 넷 이상의 사무소를 두고 있을 것
기술인력	「국가기술자격법」에 따른 기계·전기 분야, 그 밖에 이와 유사한 분야의 산업기사 이상의 자격 소지자 15명 이상을 상시 보유하고 있을 것
설비기준	가. 전류계 5대 이상　　　나. 멀티미터 5대 이상 다. RPM미터 5대 이상　　라. 접지저항계 5대 이상 마. 절연저항계 5대 이상　바. 초시계 5대 이상 사. 버니어캘리퍼스(200㎜) 5대 이상 아. 버니어캘리퍼스(300㎜) 5대 이상 자. 경도측정기 5대 이상 차. 내외경퍼스 1대 이상 카. 줄자 5대 이상

12. 결격사유

다음 각 호의 어느 하나에 해당하는 자는 보수업의 등록을 할 수 없다.

① 피성년후견인
② 파산선고를 받고 복권되지 아니한 자
③ 이 법을 위반하여 징역 이상의 실형을 선고받고 그 집행이 끝나거나(집행이 끝난 것으로 보는 경우를 포함한다) 집행이 면제된 날부터 2년이 지나지 아니한 사람
④ 이 법을 위반하여 징역 이상의 형의 집행유예를 선고받고 그 유예기간이 지나지 아니한 사람
⑤ 등록의 취소 요건에 따라 등록이 취소된 후 2년이 지나지 아니한 자
⑥ 임원 중에 제1호부터 제5호까지의 어느 하나에 해당하는 사람이 있는 법인

13. 보험 가입

1) 보수업의 등록을 한 자는 그 업무를 수행하면서 고의 또는 과실로 타인에게 손해를 입힐 경우 그 손해에 대한 배상을 보장하기 위하여 보험에 가입하여야 한다.

① 사고당 배상한도액이 1억원 이상일 것
② 피해자 1인당 배상한도액이 1억원 이상일 것

2) 보수업자는 보수업을 시작하여 최초로 보수계약을 체결하는 날 이전에 제1항에 따른 보험에 가입하여야 한다.

3) 보수업자는 보험계약을 체결하였을 때에는 보험계약 체결일부터 30일 이내에 보험계약의 체결을 증명하는 서류를 관할 시장·군수 또는 구청장에게 제출하여야 한다. 보험계약이 변경된 경우에도 또한 같다.

14. 등록사항의 변경 등의 신고

보수업자는 다음 각 호의 어느 하나에 해당하는 경우에는 국토교통부령으로 정하는 바에 따라 시장·군수 또는 구청장에게 신고하여야 한다.

1) 등록한 사항 중 대통령령으로 정하는 중요 사항을 변경한 경우

① 업체의 명칭 또는 대표자의 성명
② 사업장 소재지

2) 그 영업을 휴업·폐업 또는 재개업(再開業)한 경우

15. 시정명령

시장·군수 또는 구청장은 보수업자가 다음 각 호의 어느 하나에 해당하는 경우에는 기간을 정하여 그 시정을 명할 수 있다.

① 보수업의 등록을 하려는 자는 대통령령으로 정하는 기술인력과 설비를 갖추어야 함에도 불구하고 보수업의 등록기준에 미달하게 된 경우
② 보험에 가입하지 아니한 경우

16. 등록의 취소

1) 시장·군수 또는 구청장은 보수업자가 다음 각 호의 어느 하나에 해당하는 경우에는 보수업의 등록을 취소하거나 6개월 이내의 기간을 정하여 그 영업의 정지를 명할 수 있다. 다만, 제1호·제2호·제4호 및 제6호에 해당하는 경우에는 그 등록을 취소하여야 한다.

① 거짓이나 그 밖의 부정한 방법으로 보수업의 등록을 한 경우
② 결격사유 각 호의 어느 하나에 해당하는 경우
③ 등록사항의 변경 등의 신고에 따른 신고를 하지 아니한 경우
④ 시정명령의 조항에 따른 시정명령을 이행하지 아니한 경우
⑤ 보수의 흠으로 인하여 기계식주차장치의 이용자를 사망하게 하거나 다치게 한 경우 또는 자동차를 파손시킨 경우
⑥ 영업정지명령을 위반하여 그 영업정지기간에 영업을 한 경우

2) 제1항에 따른 등록취소 및 영업정지의 기준은 대통령령으로 정한다.

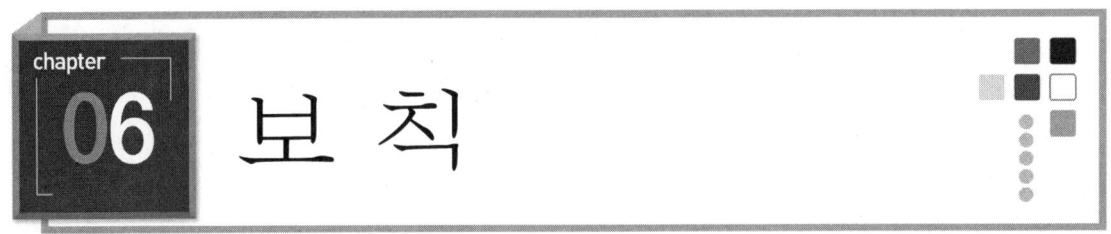

1. 부기등기

① 부설주차장의 설치기준에 따라 시설물 부지 인근에 설치된 부설주차장 및 부설주차장의 용도변경금지사항에 따라 위치 변경된 부설주차장은 「부동산등기법」에 따라 시설물과 그에 부대하여 설치된 부설주차장 관계임을 표시하는 내용을 각각 부기등기하여야 한다.

② 부설주차장의 설치기준에 따라 시설물 부지 인근에 설치된 부설주차장은 부설주차장의 용도변경금지에 따라 용도변경이 인정되어 부설주차장으로서 의무가 면제되지 아니한 경우에는 부기등기를 말소할 수 없다.

③ 제1항에 따른 부기등기의 내용 및 말소에 관한 사항은 대통령령으로 정한다.

2. 국유재산·공유재산의 처분 제한

① 국가 또는 지방자치단체 소유의 토지로서 노외주차장 설치계획에 따라 노외주차장을 설치하는 데에 필요한 토지는 다른 목적으로 매각(賣却)하거나 양도할 수 없으며, 관계 행정청은 노외주차장의 설치에 적극 협조하여야 한다.

② 도로, 광장, 공원, 그 밖에 대통령령으로 정하는 학교 등 공공시설의 지하에 노외주차장을 설치하기 위하여 「국토의 계획 및 이용에 관한 법률」 제88조에 따른 도시·군계획시설사업의 실시계획인가를 받은 경우에는 「도로법」, 「도시공원 및 녹지 등에 관한 법률」, 「학교시설사업 촉진법」, 그 밖에 대통령령으로 정하는 관계 법령에 따른 점용허가를 받거나 토지형질변경에

대한 협의 등을 한 것으로 보며, 노외주차장으로 사용되는 토지 및 시설물에 대하여는 대통령령으로 정하는 바에 따라 그 점용료 및 사용료를 감면할 수 있다.

③ 대통령령으로 정하는 공공시설의 지상에 노외주차장을 설치하는 경우에도 제2항을 준용한다.

3. 보조 또는 융자

① 국가 또는 지방자치단체는 노외주차장의 설치를 촉진하기 위하여 특히 필요하다고 인정하는 경우에는 대통령령으로 정하는 바에 따라 노외주차장의 설치에 관한 비용의 전부 또는 일부를 보조할 수 있다.

② 국가 또는 지방자치단체는 노외주차장 또는 부설주차장의 설치를 위하여 필요한 경우에는 노외주차장 또는 부설주차장의 설치에 필요한 자금의 융자를 알선할 수 있다.

4. 주차장특별회계의 설치

1) 특별시장·광역시장, 시장·군수 또는 구청장은 주차장을 효율적으로 설치 및 관리·운영하기 위하여 주차장특별회계를 설치할 수 있다.

2) 제1항에 따라 특별시장·광역시장·특별자치도지사·시장 또는 군수가 설치하는 주차장특별회계는 다음 각 호의 재원(財源)으로 조성한다.

① 노상주차장의 주차요금 징수와 노외주차장의 주차요금 징수규정에 따른 주차요금등의 수입금과 부설주차장의 설치에 갈음하여 납부된 비용에 따른 노외주차장 설치를 위한 비용의 납부금
② 과징금의 징수금
③ 해당 지방자치단체의 일반회계로부터의 전입금
④ 정부의 보조금

⑤ 「지방세법」 제112조(같은 조 제1항제1호는 제외한다)에 따른 재산세 징수액 중 대통령령으로 정하는 일정 비율에 해당하는 금액

⑥ 「도로교통법」 제161조제1항제2호 및 제3호에 따라 제주특별자치도지사 또는 시장등이 부과·징수한 과태료

⑦ 제32조에 따른 이행강제금의 징수금

⑧ 「지방세기본법」 제8조제1항제1호에 따른 보통세 징수액의 100분의 1의 범위에서 광역시의 조례로 정하는 비율에 해당하는 금액(광역시에 한한다)

3) 제1항에 따라 구청장이 설치하는 주차장특별회계는 다음 각 호의 재원으로 조성한다.

① 제2항제1호의 수입금 및 납부금 중 해당 구청장이 설치·관리하는 노상주차장 및 노외주차장의 주차요금과 대통령령으로 정하는 납부금

② 제24조의2에 따른 과징금의 징수금

③ 해당 지방자치단체의 일반회계로부터의 전입금

④ 특별시 또는 광역시의 보조금

⑤ 「도로교통법」 제161조제1항제3호에 따라 시장등이 부과·징수한 과태료

⑥ 제32조에 따른 이행강제금의 징수금

4) 제1항에 따른 주차장특별회계의 설치 및 운용·관리에 필요한 사항은 해당 지방자치단체의 조례로 정한다.

5) 특별시장·광역시장, 시장·군수 또는 구청장은 노상주차장 또는 노외주차장의 관리를 위탁한 경우 그 위탁을 받은 자에게 위탁수수료 외에 노상주차장 또는 노외주차장의 관리·운영비용의 일부를 보조할 수 있다. 다만, 주차장특별회계가 설치된 경우에는 그 회계로부터 보조할 수 있다.

6) 특별시장·광역시장, 시장·군수 또는 구청장은 노외주차장 또는 부설주차장의 설치자에게 주차장특별회계로부터 노외주차장 또는 부설주차장의 설치비용의 일부를 보조하거나 융자할 수 있다. 이 경우 보조 또는 융자의 대상·방법 및 융자금의 상환 등에 관하여 필요한 사항은 해당 지방자치단체의 조례로 정한다.

7) 특별시장·광역시장·특별자치도지사 또는 시장은 해당 지방자치단체에「도시교통정비 촉진법」에 따른 지방도시교통사업 특별회계가 설치되어 있는 경우에는 그 회계에 이 법에 따른 주차장특별회계를 통합하여 운용할 수 있다. 이 경우 계정(計定)은 분리하여야 한다.

5. 주차관리 전담기구의 설치

특별시장·광역시장, 시장·군수 또는 구청장은 주차장의 설치 및 효율적인 관리·운영을 위하여 필요한 경우에는「지방공기업법」에 따른 지방공기업을 설치·경영할 수 있다.

6. 주차요금 등의 사용 제한

특별시장·광역시장, 시장·군수 또는 구청장이 노상주차장의 주차요금징수 및 노외주차장의 주차요금징수 등에 따라 받는 주차요금 등은 주차장의 설치·관리 및 운영 외의 용도에 사용할 수 없다.

7. 자료의 요청

① 국토교통부장관은 주차장의 구조·설치기준 등의 제정, 기계식주차장의 안전기준의 제정, 그 밖에 주차장의 설치·정비 및 관리에 관한 정책의 수립을 위하여 필요한 경우에는 노상주차장관리자·노외주차장관리자·기계식주차장관리자 등에게 노상주차장·노외주차장·부설주차장의 설치 현황 및 운영 실태 등에 관한 자료를 요청할 수 있다.
② 제1항에 따른 자료 요청을 받은 자는 특별한 사유가 없으면 이에 따라야 한다.

8 감독

① 특별시장·광역시장 또는 도지사는 주차장이 공익상 현저히 유해하거나 자동차교통에 현저한 지장을 준다고 인정할 때에는 시장·군수 또는 구청장

(특별자치도지사는 제외한다. 이하 이 항에서 같다)에게 해당 주차장에 대한 시설의 개선, 공용의 제한 등 필요한 조치를 할 것을 명할 수 있으며, 그 명령을 받은 시장·군수 또는 구청장은 필요한 조치를 하여야 한다.

② 시장·군수 또는 구청장은 노외주차장이 공익상 현저히 유해하거나 자동차 교통에 현저한 지장을 준다고 인정할 때에는 해당 노외주차장관리자에게 대통령령으로 정하는 바에 따라 시설의 개선, 공용의 제한 등 필요한 조치를 할 것을 명할 수 있다.

9. 영업정지

시장·군수 또는 구청장은 노외주차장관리자 또는 부설주차장의 주차요금 징수에 따른 부설주차장의 관리자가 다음 각 호의 어느 하나에 해당하는 경우에는 6개월 이내의 기간을 정하여 해당 주차장을 일반의 이용에 제공하는 것을 금지하거나 300만원 이하의 과징금을 부과할 수 있다.

① 주차장의 설비기준 또는 이륜자동차 주차관리대상구역지정에 따른 주차장의 구조·설비기준 등을 위반한 경우
② 노외주차장의 관리자의 책임을 위반하여 주차장에 대한 일반의 이용을 거절한 경우
③ 감독에 따른 시장·군수 또는 구청장의 명령에 따르지 아니한 경우(노외주차장관리자만 해당한다)
④ 보고 및 검사에 따른 검사를 거부·기피 또는 방해한 경우(노외주차장관리자만 해당한다)

10. 과징금처분

① 영업정지등에 따른 과징금을 부과하는 위반행위의 종류 및 위반 정도에 따른 과징금의 금액과 그 밖에 필요한 사항은 대통령령으로 정한다.
② 영업정지등에 따른 과징금은 시장·군수 또는 구청장이 조례로 정하는 바에 따라 지방세 징수의 예에 따라 징수한다.

주차관련법규 & 운영

11. 청문

시장·군수 또는 구청장은 다음 각 호의 어느 하나에 해당하는 처분을 하려면 청문을 하여야 한다.

① 거짓이나 그 밖의 부정한 방법으로 안전도인증을 받은 경우, 안전도인증을 받은 내용과 다른 기계식 주차장치를 제작·조립 또는 수입하여 양도·대여 또는 설치한 경우, 안정도 인정서 발급기준에 따른 안전기준에 적합하지 아니하게 된 경우에 따른 안전도인증의 취소.

② 등록업의 취소에 따른 보수업 등록의 취소

12. 보고 및 검사

① 특별시장·광역시장, 시장·군수 또는 구청장은 필요하다고 인정하는 경우에는 노외주차장관리자 또는 검사업무 대행에 따른 전문검사기관에 대하여 감독상 필요한 보고를 하게 하거나 자료의 제출을 명할 수 있으며, 소속 공무원으로 하여금 주차장·검사장 또는 그 업무와 관계있는 장소에서 주차시설·검사시설 또는 그 업무에 관하여 검사를 하게 할 수 있다.

② 제1항에 따라 검사를 하는 공무원은 그 권한을 표시하는 증표를 지니고 이를 관계인에게 보여주어야 한다.

③ 제2항에 따른 증표에 관하여 필요한 사항은 국토교통부령으로 정한다.

13. 수수료

기계식주차장의 보수업의 등록에 따른 등록신청을 하는 자는 국토교통부령으로 정하는 바에 따라 수수료를 관할 시장·군수 또는 구청장에게 내야 한다.

제1장 주차장법

chapter 07 벌칙

1. 벌금

1) 다음 각 호의 어느 하나에 해당하는 자는 3년 이하의 징역 또는 5천만원 이하의 벌금에 처한다.

   ① 부설주차장의 설치기준을 위반하여 부설주차장을 설치하지 아니하고 시설물을 건축하거나 설치한 자
   ② 부설주차장의 용도변경 금지사항을 위반하여 부설주차장을 주차장 외의 용도로 사용한 자

2) 다음 각 호의 어느 하나에 해당하는 자는 1년 이하의 징역 또는 1천만원 이하의 벌금에 처한다.

   ① 노외주차장인 주차장 전용건축물을 건축물의 연면적 중 대통령령으로 정하는 비율을 위반하여 사용한자
   ② 시설물의 소유자 또는 부설주차장의 관리책임이 있는 자는 해당 시설물의 이용자가 부설주차장을 이용하는 데에 지장이 없도록 부설주차장 본래의 기능을 유지하여야 한다. 다만, 대통령령으로 정하는 기준에 해당하는 경우에는 그러하지 아니하다.
   ③ 거짓이나 그 밖의 부정한 방법으로 기계식주차장의 안전도인증에 따른 안전도 인증을 받은 자
   ④ 안전도인증을 받지 아니하고 기계식주차장치를 제작·조립 또는 수입하여 양도·대여 또는 설치한 자

⑤ 기계식주차장치의 안전도에 대한 심사를 하는 자로서 부정한 심사를 한 자
⑥ 거짓이나 그 밖의 부정한 방법으로 기계식 주차장의 사용검사 각 호의 검사를 받은 자
⑦ 기계식 주차장의 사용검사 및 정기검사를 받지 아니하고 기계식주차장을 사용에 제공한 자
⑧ 검사확인증의 발급사항을 위반하여 검사에 불합격한 기계식주차장을 사용에 제공한 자
⑨ 검사업무의 대행기준에 따라 기계식 주차장의 검사대행을 지정받은 자 또는 그 종사원으로서 부정한 검사를 한 자
⑩ 기계식주차장치 보수업의 등록 사항을 위반하여 등록을 하지 아니하고 보수업을 한 자
⑪ 거짓이나 그 밖의 부정한 방법으로 기계식주차장치의 보수업의 등록기준으로 보수업의 등록을 한 자
⑫ 영업정지에 따른 금지기간에 주차장을 일반의 이용에 제공한 자

2. 과태료

1) 다음 각 호의 어느 하나에 해당하는 자에게는 50만원 이하의 과태료를 부과한다.

① 노외주차장관리자의 책임인 주차장의공용기간에 정당한 사유없이 그 이용을 거절한 자
② 검사확인증의 발급의무를 위반하여 검사확인증이나 기계식주차장의 사용을 금지하는 표지를 부착하지 아니한 자
③ 등록사항의 변경 등의 신고를 위반하여 신고를 하지 아니한 자
④ 보고 및 검사에 따른 검사를 거부·기피 또는 방해한 자

2) 제2항에 따른 과태료는 대통령령으로 정하는 바에 따라 시장·군수 또는 구청장이 부과·징수한다.

3. 양벌규정

법인의 대표자나 법인 또는 개인의 대리인, 사용인, 그 밖의 종업원이 그 법인 또는 개인의 업무에 관하여 위반행위를 하면 그 행위자를 벌하는 외에 그 법인 또는 개인에게도 해당 조문의 벌금형을 과(科)한다. 다만, 법인 또는 개인이 그 위반행위를 방지하기 위하여 해당 업무에 관하여 상당한 주의와 감독을 게을리하지 아니한 경우에는 그러하지 아니하다.

4. 이행강제금

1) 시장·군수 또는 구청장은 원상회복명령을 받은 후 그 시정기간 이내에 그 원상회복명령을 이행하지 아니한 시설물의 소유자 또는 부설주차장의 관리책임이 있는 자에게 다음 각 호의 한도에서 이행강제금을 부과할 수 있다.

    ① 다음 각 항목을 이반하여 부설주창을 주차장 외의 용도로 사용하는 경우 설치비용의 산정기준 및 감액기준 등에 관하여 필요한 사항은 해당 지방자치단체의 조례로 산정된 위반 주차구의 설치 비용의 20%.

    　가. 시설물의 내부 또는 그 부지(제19조제4항에 따라 해당 시설물의 부지 인근에 부설주차장을 설치하는 경우에는 그 인근 부지를 말한다) 안에서 주차장의 위치를 변경하는 경우로서 시장·군수 또는 구청장이 주차장의 이용에 지장이 없다고 인정하는 경우
    　나. 시설물의 내부에 설치된 주차장을 추후 확보된 인근 부지로 위치를 변경하는 경우로서 시장·군수 또는 구청장이 주차장의 이용에 지장이 없다고 인정하는 경우
    　다. 그 밖에 대통령령으로 정하는 기준에 해당하는 경우

    ② 시설물의 소유자 또는 부설주차장의 관리책임이 있는 자는 해당 시설물의 이용자가 부설주차장을 이용하는 데에 지장이 없도록 부설주차장 본래의 기능을 유지하여야 한다. 다만, 대통령령으로 정하는 기준에 해당하는 경우에는 그러하지 아니하다. 이 규정을 위반하는 경우 설치비용의 산정기준 및 감액기준 등에 관하여 필요한 사항은 해당 지방자치단체의 조례로 산정된 위반 주차구의 설치 비용의 10%.

주차관련법규 & 운영

2) 시장·군수 또는 구청장은 제1항에 따른 이행강제금을 부과하기 전에 상당한 이행기간을 정하여 해당 명령이 그 기한까지 이행되지 아니한 경우에는 이행강제금을 부과·징수한다는 뜻을 미리 문서로 계고(戒告)하여야 한다.

3) 시장·군수 또는 구청장은 제1항에 따른 이행강제금을 부과할 때에는 이행강제금의 금액, 부과 사유, 납부기한, 수납기관, 이의제기방법 및 이의제기기관 등을 명확하게 적은 문서로 하여야 한다.

4) 시장·군수 또는 구청장은 최초의 원상회복명령이 있었던 날을 기준으로 하여 1년에 2회 이내의 범위에서 원상회복명령이 이행될 때까지 반복하여 제1항에 따른 이행강제금을 부과·징수할 수 있다. 다만, 이행강제금의 총 부과 횟수는 해당 시설물의 소유자 또는 부설주차장의 관리책임이 있는 자의 변경 여부와 관계없이 5회를 초과할 수 없다.

5) 시장·군수 또는 구청장은 원상회복명령을 받은 자가 그 명령을 이행하는 경우에는 새로운 이행강제금의 부과를 중지하되, 이미 부과된 이행강제금은 징수하여야 한다.

6) 시장·군수 또는 구청장은 제3항에 따라 이행강제금 부과처분을 받은 자가 이행강제금을 기한까지 내지 아니하면 「지방세외수입금의 징수 등에 관한 법률」에 따라 징수한다.

7) 이행강제금의 징수금은 주차장의 설치·관리 및 운영 외의 용도에 사용할 수 없다.

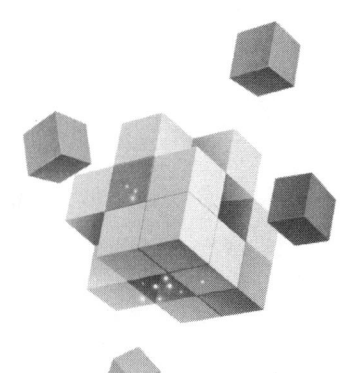

주차관련법규 & 운영

제2장 | 주차장 관련 법령

01 도로교통법

02 교통사고처리 특례법

03 교통약자의 이동편의 증진법

04 도시교통정비 촉진법

도로교통법

제1절 도로교통법의 용어정리 및 신호

1. 도로교통법의 용어

1) "도로"란 다음 각 목에 해당하는 곳을 말한다.

   ① 「도로법」에 따른 도로
   ② 「유료도로법」에 따른 유료도로
   ③ 「농어촌도로 정비법」에 따른 농어촌도로
   ④ 그 밖에 현실적으로 불특정 다수의 사람 또는 차마(車馬)가 통행할 수 있도록 공개된 장소로서 안전하고 원활한 교통을 확보할 필요가 있는 장소

2) "자동차전용도로"란 자동차만 다닐 수 있도록 설치된 도로를 말한다.

3) "고속도로"란 자동차의 고속 운행에만 사용하기 위하여 지정된 도로를 말한다.

4) "차도"(車道)란 연석선(차도와 보도를 구분하는 돌 등으로 이어진 선을 말한다. 이하 같다), 안전표지 또는 그와 비슷한 인공구조물을 이용하여 경계(境界)를 표시하여 모든 차가 통행할 수 있도록 설치된 도로의 부분을 말한다.

5) "중앙선"이란 차마의 통행 방향을 명확하게 구분하기 위하여 도로에 황색 실선(實線)이나 황색 점선 등의 안전표지로 표시한 선 또는 중앙분리대나 울타리 등으로 설치한 시설물을 말한다. 다만, 제14조제1항 후단에 따라 가변차로(可變車路)가 설치된 경우에는 신호기가 지시하는 진행방향의 가장 왼쪽에 있는 황색 점선을 말한다.

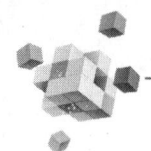

6) "차로"란 차마가 한 줄로 도로의 정하여진 부분을 통행하도록 차선(車線)으로 구분한 차도의 부분을 말한다.

7) "차선"이란 차로와 차로를 구분하기 위하여 그 경계지점을 안전표지로 표시한 선을 말한다.

8) "자전거도로"란 안전표지, 위험방지용 울타리나 그와 비슷한 인공구조물로 경계를 표시하여 자전거가 통행할 수 있도록 설치된 「자전거 이용 활성화에 관한 법률」 제3조 각 호의 도로를 말한다.

9) "자전거횡단도"란 자전거가 일반도로를 횡단할 수 있도록 안전표지로 표시한 도로의 부분을 말한다.

10) "보도"(步道)란 연석선, 안전표지나 그와 비슷한 인공구조물로 경계를 표시하여 보행자(유모차와 안전행정부령으로 정하는 보행보조용 의자차를 포함한다. 이하 같다)가 통행할 수 있도록 한 도로의 부분을 말한다.

11) "길가장자리구역"이란 보도와 차도가 구분되지 아니한 도로에서 보행자의 안전을 확보하기 위하여 안전표지 등으로 경계를 표시한 도로의 가장자리 부분을 말한다.

12) "횡단보도"란 보행자가 도로를 횡단할 수 있도록 안전표지로 표시한 도로의 부분을 말한다.

13) "교차로"란 '십'자로, 'T'자로나 그 밖에 둘 이상의 도로(보도와 차도가 구분되어 있는 도로에서는 차도를 말한다)가 교차하는 부분을 말한다.

14) "안전지대"란 도로를 횡단하는 보행자나 통행하는 차마의 안전을 위하여 안전표지나 이와 비슷한 인공구조물로 표시한 도로의 부분을 말한다.

15) "신호기"란 도로교통에서 문자·기호 또는 등화(燈火)를 사용하여 진행·정지·방향전환·주의 등의 신호를 표시하기 위하여 사람이나 전기의 힘으로 조작하는 장치를 말한다.

16) "안전표지"란 교통안전에 필요한 주의·규제·지시 등을 표시하는 표지판이나 도로의 바닥에 표시하는 기호·문자 또는 선 등을 말한다.

17) "차마"란 다음 각 목의 차와 우마를 말한다.

가. "차"란 다음의 어느 하나에 해당하는 것을 말한다.
　　① 자동차
　　② 건설기계
　　③ 원동기장치자전거
　　④ 자전거
　　⑤ 사람 또는 가축의 힘이나 그 밖의 동력(動力)으로 도로에서 운전되는 것. 다만, 철길이나 가설(架設)된 선을 이용하여 운전되는 것, 유모차와 안전행정부령으로 정하는 보행보조용 의자차는 제외한다.
나. "우마"란 교통이나 운수(運輸)에 사용되는 가축을 말한다.

18) "자동차"란 철길이나 가설된 선을 이용하지 아니하고 원동기를 사용하여 운전되는 차(견인되는 자동차도 자동차의 일부로 본다)로서 다음 각 목의 차를 말한다.

가. 「자동차관리법」 제3조에 따른 다음의 자동차. 다만, 원동기장치자전거는 제외한다.
　　① 승용자동차
　　② 승합자동차
　　③ 화물자동차
　　④ 특수자동차
　　⑤ 이륜자동차
나. 「건설기계관리법」 제26조제1항 단서에 따른 건설기계

19) "원동기장치자전거"란 다음 각 목의 어느 하나에 해당하는 차를 말한다.
　① 「자동차관리법」 제3조에 따른 이륜자동차 가운데 배기량 125cc 이하의 이륜자동차
　② 배기량 50cc 미만(전기를 동력으로 하는 경우에는 정격출력 0.59kw 미만)의 원동기를 단 차

20) "자전거"란 「자전거 이용 활성화에 관한 법률」 제2조제1호에 따른 자전거를 말한다.

21) "자동차등"이란 자동차와 원동기장치자전거를 말한다.

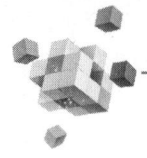 주차관련법규 & 운영

22) "긴급자동차"란 다음 각 목의 자동차로서 그 본래의 긴급한 용도로 사용되고 있는 자동차를 말한다.
   ① 소방차
   ② 구급차
   ③ 혈액 공급차량
   ④ 그 밖에 대통령령으로 정하는 자동차

23) "어린이통학버스"란 다음 각 목의 시설 가운데 어린이(13세 미만인 사람을 말한다. 이하 같다)를 교육 대상으로 하는 시설에서 어린이의 통학 등에 이용되는 자동차와 「여객자동차 운수사업법」 제4조제3항에 따른 여객자동차 운송사업의 한정면허를 받아 어린이를 여객대상으로 하여 운행되는 운송사업용 자동차를 말한다.
   ① 「유아교육법」에 따른 유치원, 「초·중등교육법」에 따른 초등학교 및 특수학교
   ② 「영유아보육법」에 따른 어린이집
   ③ 「학원의 설립·운영 및 과외교습에 관한 법률」에 따라 설립된 학원
   ④ 「체육시설의 설치·이용에 관한 법률」에 따라 설립된 체육시설

24) "주차"란 운전자가 승객을 기다리거나 화물을 싣거나 차가 고장 나거나 그 밖의 사유로 차를 계속 정지 상태에 두는 것 또는 운전자가 차에서 떠나서 즉시 그 차를 운전할 수 없는 상태에 두는 것을 말한다.

25) "정차"란 운전자가 5분을 초과하지 아니하고 차를 정지시키는 것으로서 주차 외의 정지 상태를 말한다.

26) "운전"이란 도로(제44조·제45조·제54조제1항·제148조 및 제148조의2의 경우에는 도로 외의 곳을 포함한다)에서 차마를 그 본래의 사용방법에 따라 사용하는 것(조종을 포함한다)을 말한다.

27) "초보운전자"란 처음 운전면허를 받은 날(처음 운전면허를 받은 날부터 2년이 지나기 전에 운전면허의 취소처분을 받은 경우에는 그 후 다시 운전면허를 받은 날을 말한다)부터 2년이 지나지 아니한 사람을 말한다. 이 경우 원

동기장치자전거면허만 받은 사람이 원동기장치자전거면허 외의 운전면허를 받은 경우에는 처음 운전면허를 받은 것으로 본다.
28) "서행"(徐行)이란 운전자가 차를 즉시 정지시킬 수 있는 정도의 느린 속도로 진행하는 것을 말한다.
29) "앞지르기"란 차의 운전자가 앞서가는 다른 차의 옆을 지나서 그 차의 앞으로 나가는 것을 말한다.
30) "일시정지"란 차의 운전자가 그 차의 바퀴를 일시적으로 완전히 정지시키는 것을 말한다.
31) "보행자전용도로"란 보행자만 다닐 수 있도록 안전표지나 그와 비슷한 인공구조물로 표시한 도로를 말한다.
32) "자동차운전학원"이란 자동차등의 운전에 관한 지식·기능을 교육하는 시설로서 다음 각 목의 시설 외의 시설을 말한다.
   ① 교육 관계 법령에 따른 학교에서 소속 학생 및 교직원의 연수를 위하여 설치한 시설
   ② 사업장 등의 시설로서 소속 직원의 연수를 위한 시설
   ③ 전산장치에 의한 모의운전 연습시설
   ④ 지방자치단체 등이 신체장애인의 운전교육을 위하여 설치하는 시설 가운데 지방경찰청장이 인정하는 시설
   ⑤ 대가(代價)를 받지 아니하고 운전교육을 하는 시설
   ⑥ 운전면허를 받은 사람을 대상으로 다양한 운전경험을 체험할 수 있도록 하기 위하여 도로가 아닌 장소에서 운전교육을 하는 시설
33) "모범운전자"란 제146조에 따라 무사고운전자 또는 유공운전자의 표시장을 받거나 2년 이상 사업용 자동차 운전에 종사하면서 교통사고를 일으킨 전력이 없는 사람으로서 경찰청장이 정하는 바에 따라 선발되어 교통안전 봉사활동에 종사하는 사람을 말한다.

주차관련법규 & 운영

2. 신호 또는 지시에 따를 의무

도로를 통행하는 보행자와 차마의 운전자는 교통안전시설이 표시하는 신호 또는 지시와 다음 각 호의 어느 하나에 해당하는 사람이 하는 신호 또는 지시를 따라야 한다.

① 교통정리를 하는 국가경찰공무원(전투경찰순경을 포함한다. 이하 같다) 및 제주특별자치도의 자치경찰공무원(이하 "자치경찰공무원"이라 한다)
② 국가경찰공무원 및 자치경찰공무원(이하 "경찰공무원"이라 한다)을 보조하는 사람으로서 대통령령으로 정하는 사람(이하 "경찰보조자"라 한다)
③ 도로를 통행하는 보행자와 모든 차마의 운전자는 제1항에 따른 교통안전시설이 표시하는 신호 또는 지시와 교통정리를 하는 국가경찰공무원·자치경찰공무원 또는 경찰보조자(이하 "경찰공무원등"이라 한다)의 신호 또는 지시가 서로 다른 경우에는 경찰공무원등의 신호 또는 지시에 따라야 한다.

3. 모범운전자연합회

모범운전자들의 상호협력을 증진하고 교통안전 봉사활동을 효율적으로 운영하기 위하여 모범운전자연합회를 설립할 수 있다.

4. 모범운전자에 대한 지원

① 국가는 예산의 범위에서 모범운전자에게 대통령령으로 정하는 바에 따라 교통정리 등의 업무를 수행하는 데 필요한 복장 및 장비를 지원할 수 있다.
② 국가는 모범운전자가 교통정리 등의 업무를 수행하는 도중 부상을 입거나 사망한 경우에 이를 보상할 수 있도록 보험에 가입할 수 있다.

5. 통행의 금지 및 제한

① 지방경찰청장은 도로에서의 위험을 방지하고 교통의 안전과 원활한 소통을 확보하기 위하여 필요하다고 인정할 때에는 구간(區間)을 정하여 보행자나 차마의 통행을 금지하거나 제한할 수 있다. 이 경우 지방경찰청장은 보행

자나 차마의 통행을 금지하거나 제한한 도로의 관리청에 그 사실을 알려야 한다.

② 경찰서장은 도로에서의 위험을 방지하고 교통의 안전과 원활한 소통을 확보하기 위하여 필요하다고 인정할 때에는 우선 보행자나 차마의 통행을 금지하거나 제한한 후 그 도로관리자와 협의하여 금지 또는 제한의 대상과 구간 및 기간을 정하여 도로의 통행을 금지하거나 제한할 수 있다.

③ 지방경찰청장이나 경찰서장은 제1항이나 제2항에 따른 금지 또는 제한을 하려는 경우에는 안전행정부령으로 정하는 바에 따라 그 사실을 공고하여야 한다.

④ 경찰공무원은 도로의 파손, 화재의 발생이나 그 밖의 사정으로 인한 도로에서의 위험을 방지하기 위하여 긴급히 조치할 필요가 있을 때에는 필요한 범위에서 보행자나 차마의 통행을 일시 금지하거나 제한할 수 있다.

6. 교통 혼잡을 완화시키기 위한 조치

경찰공무원은 보행자나 차마의 통행이 밀려서 교통 혼잡이 뚜렷하게 우려될 때에는 혼잡을 덜기 위하여 필요한 조치를 할 수 있다.

주정차위반의 조치 및 단속 — 제2절

1. 정차 및 주차의 금지

모든 차의 운전자는 다음 각 호의 어느 하나에 해당하는 곳에서는 차를 정차하거나 주차하여서는 아니 된다. 다만, 이 법이나 이 법에 따른 명령 또는 경찰공무원의 지시를 따르는 경우와 위험방지를 위하여 일시정지하는 경우에는 그러하지 아니하다.

① 교차로·횡단보도·건널목이나 보도와 차도가 구분된 도로의 보도(「주차장법」에 따라 차도와 보도에 걸쳐서 설치된 노상주차장은 제외한다)
② 교차로의 가장자리나 도로의 모퉁이로부터 5m 이내인 곳
③ 안전지대가 설치된 도로에서는 그 안전지대의 사방으로부터 각각 10미터 이내인 곳
④ 버스여객자동차의 정류지(停留地)임을 표시하는 기둥이나 표지판 또는 선이 설치된 곳으로부터 10m 이내인 곳. 다만, 버스여객자동차의 운전자가 그 버스여객자동차의 운행시간 중에 운행노선에 따르는 정류장에서 승객을 태우거나 내리기 위하여 차를 정차하거나 주차하는 경우에는 그러하지 아니하다.
⑤ 건널목의 가장자리 또는 횡단보도로부터 10m 이내인 곳
⑥ 지방경찰청장이 도로에서의 위험을 방지하고 교통의 안전과 원활한 소통을 확보하기 위하여 필요하다고 인정하여 지정한 곳

2. 주차금지의 장소

다음 각 호의 어느 하나에 해당하는 곳에 차를 주차하여서는 아니 된다.

1) 터널 안 및 다리 위
2) 화재경보기로부터 3m 이내인 곳
3) 다음 각 목의 곳으로부터 5m 이내인 곳

   ① 소방용 기계·기구가 설치된 곳
   ② 소방용 방화(防火) 물통
   ③ 소화전(消火栓) 또는 소화용 방화 물통의 흡수구나 흡수관(吸水管)을 넣는 구멍
   ④ 도로공사를 하고 있는 경우에는 그 공사 구역의 양쪽 가장자리

4) 지방경찰청장이 도로에서의 위험을 방지하고 교통의 안전과 원활한 소통을 확보하기 위하여 필요하다고 인정하여 지정한 곳

3. 정차 또는 주차의 방법 및 시간의 제한

도로 또는 노상주차장에 정차하거나 주차하려고 하는 차의 운전자는 차를 차도의 우측 가장자리에 정차하는 등 대통령령으로 정하는 정차 또는 주차의 방법·시간과 금지사항 등을 지켜야 한다.

1) 정차 또는 주차의 방법

① 모든 차의 운전자는 도로에서 정차할 때에는 차도의 오른쪽 가장자리에 정차할 것. 다만, 차도와 보도의 구별이 없는 도로의 경우에는 도로의 오른쪽 가장자리로부터 중앙으로 50cm 이상의 거리를 두어야 한다.

② 여객자동차의 운전자는 승객을 태우거나 내려주기 위하여 정류소 또는 이에 준하는 장소에서 정차하였을 때에는 승객이 타거나 내린 즉시 출발하여야 하며 뒤따르는 다른 차의 정차를 방해하지 아니할 것

③ 모든 차의 운전자는 도로에서 주차할 때에는 지방경찰청장이 정하는 주차의 장소·시간 및 방법에 따를 것

2) 모든 차의 운전자는 제1항에 따라 정차하거나 주차할 때에는 다른 교통에 방해가 되지 아니하도록 하여야 한다. 다만, 다음 각 호의 어느 하나에 해당하는 경우에는 그러하지 아니하다.

가. 안전표지 또는 다음 각 목의 어느 하나에 해당하는 사람의 지시에 따르는 경우

① 국가경찰공무원(전투경찰순경을 포함한다. 이하 같다)
② 제주특별자치도의 자치경찰공무원(이하 "자치경찰공무원"이라 한다)
③ 국가경찰공무원 또는 자치경찰공무원(이하 "경찰공무원"이라 한다)을 보조하는 사람(모범운전자 또는 군사훈련 및 작전에 동원되는 부대의 이동을 유도하는 헌병)

나. 고장으로 인하여 부득이하게 주차하는 경우

주차관련법규 & 운영

3) 정차 또는 주차를 금지하는 장소의 특례

정차 및 주차의 금지 또는 지방경찰청장이 도로에서의 위험을 방지하고 교통의 안전과 원활한 소통을 확보하기 위하여 필요하다고 인정하여 지정한 곳에 따른 정차나 주차가 금지된 장소 중 지방경찰청장이 안전표지로 구역 시간방법 및 차의 종류를 정하여 정차나 주차를 허용한 곳에서는 그럼에도 불구하고 정차하거나 주차할 수 있다.

4) 고속도로등에서의 정차 및 주차의 금지

자동차의 운전자는 고속도로등에서 차를 정차하거나 주차시켜서는 아니 된다. 다만, 다음 각 호의 어느 하나에 해당하는 경우에는 그러하지 아니하다.
① 법령의 규정 또는 경찰공무원(자치경찰공무원은 제외한다)의 지시에 따르거나 위험을 방지하기 위하여 일시 정차 또는 주차시키는 경우
② 정차 또는 주차할 수 있도록 안전표지를 설치한 곳이나 정류장에서 정차 또는 주차시키는 경우
③ 고장이나 그 밖의 부득이한 사유로 길가장자리구역(갓길을 포함한다)에 정차 또는 주차시키는 경우
④ 통행료를 내기 위하여 통행료를 받는 곳에서 정차하는 경우
⑤ 도로의 관리자가 고속도로등을 보수·유지 또는 순회하기 위하여 정차 또는 주차시키는 경우
⑥ 경찰용 긴급자동차가 고속도로등에서 범죄수사, 교통단속이나 그 밖의 경찰임무를 수행하기 위하여 정차 또는 주차시키는 경우
⑦ 교통이 밀리거나 그 밖의 부득이한 사유로 움직일 수 없을 때에 고속도로등의 차로에 일시 정차 또는 주차시키는 경우

4. 주차위반에 대한 조치

1) 다음 각 호의 어느 하나에 해당하는 사람은 주차하고 있는 차가 교통에 위험을 일으키게 하거나 방해될 우려가 있을 때에는 차의 운전자 또는 관리 책임이 있는 사람에게 주차 방법을 변경하거나 그 곳으로부터 이동할 것을 명할 수 있다.

① 경찰공무원

② 시장등(도지사를 포함한다. 이하 이 조에서 같다)이 대통령령으로 정하는 바에 따라 임명하는 공무원(이하 "시·군공무원"이라 한다)

2) 경찰서장이나 시장등은 제1항의 경우 차의 운전자나 관리 책임이 있는 사람이 현장에 없을 때에는 도로에서 일어나는 위험을 방지하고 교통의 안전과 원활한 소통을 확보하기 위하여 필요한 범위에서 그 차의 주차방법을 직접 변경하거나 변경에 필요한 조치를 할 수 있으며, 부득이한 경우에는 관할 경찰서나 경찰서장 또는 시장등이 지정하는 곳으로 이동하게 할 수 있다.

3) 경찰서장이나 시장등은 제2항에 따라 주차위반 차를 관할 경찰서나 경찰서장 또는 시장등이 지정하는 곳으로 이동시킨 경우에는 선량한 관리자로서의 주의 의무를 다하여 보관하여야 하며, 그 사실을 차의 사용자(소유자 또는 소유자로부터 차의 관리에 관한 위탁을 받은 사람을 말한다. 이하 같다)나 운전자에게 신속히 알리는 등 반환에 필요한 조치를 하여야 한다.

4) 제3항의 경우 차의 사용자나 운전자의 성명·주소를 알 수 없을 때에는 대통령령으로 정하는 방법에 따라 공고하여야 한다.

5) 경찰서장이나 시장등은 제3항과 제4항에 따라 차의 반환에 필요한 조치 또는 공고를 하였음에도 불구하고 그 차의 사용자나 운전자가 조치 또는 공고를 한 날부터 1개월 이내에 그 반환을 요구하지 아니할 때에는 대통령령으로 정하는 바에 따라 그 차를 매각하거나 폐차할 수 있다.

6) 제2항부터 제5항까지의 규정에 따른 주차위반 차의 이동·보관·공고·매각 또는 폐차 등에 들어간 비용은 그 차의 사용자가 부담한다. 이 경우 그 비용의 징수에 관하여는 「행정대집행법」 제5조 및 제6조를 적용한다.

7) 제5항에 따라 차를 매각하거나 폐차한 경우 그 차의 이동·보관·공고·매각 또는 폐차 등에 들어간 비용을 충당하고 남은 금액이 있는 경우에는 그 금액을 그 차의 사용자에게 지급하여야 한다. 다만, 그 차의 사용자에게 지급할 수 없는 경우에는 「공탁법」에 따라 그 금액을 공탁하여야 한다.

5. 권한의 위임에 따른 주차단속의 특례

1) 특별시장·광역시장은 주차위반 차에 대한 조치에도 불구하고 교통의 원활한 소통과 안전을 위하여 필요한 경우에는 주차위반 차에 대하여 직접 법 35조(주차위반에 대한 조치)에 따라 차의 운전자 또는 관리 책임이 있는 사람에게 주차방법을 변경하거나 그 곳으로부터 이동할 것을 명할 수 있다.

2) 특별시장·광역시장은 제1항에 따라 주차위반 사실을 직접 적발·단속한 경우에는 다음 각 호의 자료를 갖추어 위반장소를 관할하는 구청장 또는 군수에게 통보하여야 한다.

   ① 주차위반 차에 과태료부과대상차 표지를 붙인 후 해당 차를 촬영하거나 무인 교통단속용 장비로 주차위반 차를 촬영한 사진, 비디오테이프, 그 밖의 영상기록매체(이하 "사진증거"라 한다) 등의 증거자료
   ② 위반장소·위반내용 및 차량번호 등을 적은 서류

3) 특별시장·광역시장은 제1항에 따라 주차위반 사실을 직접 적발·단속한 경우에는 안전행정부령으로 정하는 단속대장에 그 사실을 기록하여야 한다. 이 경우 단속대장은 특별한 사유가 없으면 전자적 처리가 가능한 방법으로 작성·관리하여야 한다.

4) 특별시장·광역시장은 제2항에 따른 증거자료에 관련 번호를 매겨 보존하여야 한다.

6. 주차·정차 단속담당공무원의 교육

1) 주차·정차 단속담당공무원에 대한 교육은 연 1회 정기교육을 실시하되, 시장 등(도지사를 포함한다. 이하 이 조와 제22조에서 같다)이 필요하다고 인정하는 때에는 수시교육을 실시할 수 있다.

2) 제1항에 따른 정기교육은 8시간으로 하고, 그 내용과 방법은 다음과 같다.

교육과목	교육내용	교육방법
1. 교통관계법령	(1) 도로교통법 　· 제1장 : 총칙 　· 제3장 : 제32조 내지 제36조 　· 제4장 : 제56조 　· 제12장 : 제143조 　· 제13장 : 제160조 및 제161조 (2) 기타 교통관계 법령	강의, 시청각 및 분임토의
2. 주·정차위반 단속실무	(1) 주·정차위반 운전자의 단속요령 (2) 과태료 부과 및 징수절차 (3) 대행법인의 업무대행 (4) 주·정차 위반차의 조치	강의, 시청각 및 분임토의
3. 기타 필요한 사항	(1) 자동차에 관한 지식 (2) 안전수칙 (3) 기타 업무수행에 필요한 지식	강의, 시청각 및 분임토의

7. 주차위반차의 견인·보관 및 반환 등을 위한 조치

1) 경찰서장, 도지사 또는 시장등은 법 제35조제2항에 따라 차를 견인하려는 경우에는 안전행정부령으로 정하는 바에 따라 과태료 또는 범칙금 부과 및 견인대상 차임을 알리는 표지(이하 "과태료부과대상차표지"라 한다)를 그 차의 보기 쉬운 곳에 부착하여 견인 대상 차임을 알 수 있도록 하여야 한다.

2) 경찰서장, 도지사 또는 시장등은 법 제35조제2항에 따라 차를 견인한 경우에는 안전행정부령으로 정하는 바에 따라 그 차의 사용자(소유자나 소유자로부터 차의 관리를 위탁받은 사람을 말한다. 이하 같다) 또는 운전자가 그 차의 소재를 쉽게 알 수 있도록 조치하여야 한다.

3) 경찰서장, 도지사 또는 시장등은 차를 견인하였을 때부터 24시간이 경과되어도 이를 인수하지 아니하는 때에는 해당 차의 보관장소 등 안전행정부령이 정하는 사항을 해당 차의 사용자 또는 운전자에게 등기우편으로 통지하여야 한다.

4) 경찰서장, 도지사 또는 시장등은 견인하여 보관하고 있는 차의 사용자나 운전자를 알 수 없는 경우에는 법 제35조제4항에 따라 차를 견인한 날부터 14일간 해당 기관의 게시판에 다음 각 호의 사항을 공고하고, 안전행정부령으로

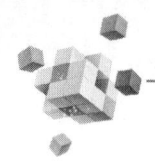

주차관련법규 & 운영

　　　정하는 바에 따라 열람부를 작성·비치하여 관계자가 열람할 수 있도록 하여야 한다.

　　　① 보관하고 있는 차의 종류 및 형상
　　　② 보관하고 있는 차가 있던 장소 및 그 차를 견인한 일시
　　　③ 차를 보관하고 있는 장소
　　　④ 그 밖에 차를 보관하기 위하여 필요하다고 인정되는 사항

　5) 경찰서장, 도지사 또는 시장등은 제4항에 따른 공고기간이 지나도 차의 사용자나 운전자를 알 수 없는 경우에는 일간신문에 제4항 각 호의 내용을 공고하여야 한다. 다만, 일간신문에 공고할 만한 재산적 가치가 없다고 인정되는 경우에는 그러하지 아니하다.

8. 차의 견인 및 보관업무 등의 대행

　　① 경찰서장이나 시장등은 제35조에 따라 견인하도록 한 차의 견인·보관 및 반환 업무의 전부 또는 일부를 그에 필요한 인력·시설·장비 등 자격요건을 갖춘 법인·단체 또는 개인(이하 "법인등"이라 한다)으로 하여금 대행하게 할 수 있다.
　　② 제1항에 따라 차의 견인·보관 및 반환 업무를 대행하는 법인등이 갖추어야 하는 인력·시설 및 장비 등의 요건과 그 밖에 업무의 대행에 필요한 사항은 대통령령으로 정한다.
　　③ 경찰서장이나 시장등은 제1항에 따라 차의 견인·보관 및 반환 업무를 대행하게 하는 경우에는 그 업무의 수행에 필요한 조치와 교육을 명할 수 있다.
　　④ 제1항에 따라 차의 견인·보관 및 반환 업무를 대행하는 법인등의 담당 임원 및 직원은 「형법」 제129조부터 제132조까지의 규정을 적용할 때에는 공무원으로 본다.

9. 견인등 대행법인의 요건

　　법 제36조제1항 및 제2항에 따라 차의 견인·보관 및 반환 업무를 대행하는 법인·단체 또는 개인(이하 "대행법인등"이라 한다)이 갖추어야 하는 요건은 다음

각 호와 같다.

1) 다음 각 목의 구분에 따른 주차대수 이상을 주차할 수 있는 주차시설 및 부대시설

   ① 특별시 또는 광역시 지역 : 40대
   ② 시 또는 군(광역시의 군을 포함한다) 지역 : 20대

2) 1대 이상의 견인차
3) 사무소, 차의 보관장소와 견인차 간에 서로 연락할 수 있는 통신장비
4) 대행업무의 수행에 필요하다고 인정되는 인력
5) 그밖에 안전행정부령으로 정하는 차의 보관 및 관리에 필요한 장비

10. 견인 등 대행법인등의 지정절차

① 경찰서장 또는 시장등은 제16조에 따른 요건을 갖춘 자 중에서 안전행정부령으로 정하는 바에 따라 신청을 받아 대행법인등을 지정한다.
② 경찰서장 또는 시장등은 제1항에 따라 대행법인등을 지정하였을 때에는 안전행정부령으로 정하는 바에 따라 그 내용을 공고하여야 한다.
③ 대행법인등은 차의 견인·보관 중에 발생하는 손해의 배상을 위하여 1억원의 범위에서 안전행정부령으로 정하는 보험에 가입하거나 보험 가입에 상응하는 필요한 조치를 하여야 한다.
④ 경찰서장 또는 시장등은 대행법인등이 법 제36조제3항에 따른 조치명령을 위반하였을 때에는 안전행정부령으로 정하는 바에 따라 그 지정을 취소하거나 6개월의 범위에서 대행업무를 정지시킬 수 있다.

13. 보관한 차의 매각 또는 폐차

1) 경찰서장, 도지사 또는 시장등은 법 제35조제5항에 따라 차를 매각하거나 폐차하려는 경우에는 미리 그 뜻을 자동차등록원부에 적힌 사용자와 그 밖의 이해관계인에게 통지하여야 한다.

주차관련법규 & 운영

2) 경찰서장, 도지사 또는 시장등은 법 제35조제5항에 따라 차를 매각하는 경우에는 다음 각 호의 어느 하나에 해당하는 경우를 제외하고는「국가를 당사자로 하는 계약에 관한 법률」에서 정하는 바에 따라 경쟁입찰로 하여야 한다.
   ① 비밀로 매각하지 아니하면 가치가 현저하게 감소될 우려가 있는 경우
   ② 경쟁입찰에 부쳐도 입찰자가 없을 것으로 인정되는 경우
   ③ 그 밖에 경쟁입찰에 부치는 것이 부적당하다고 인정되는 경우

3) 경찰서장, 도지사 또는 시장등은 차의 재산적 가치가 적어 제2항에 따른 경쟁입찰 등의 방법으로 차가 매각되지 아니한 경우에는 그 차를 폐차할 수 있다.

4) 경찰서장, 도지사 또는 시장등은 차를 매각한 경우에는 다음 각 호의 사항이 포함된 매각결정서를 매수인에게 발급하여야 하며, 차를 폐차한 경우에는 관할 관청에 그 말소등록을 촉탁(囑託)하여야 한다.
   ① 매각된 자동차의 등록번호
   ② 매각일시
   ③ 매각방법
   ④ 매수인의 성명(법인의 경우에는 그 명칭과 대표자의 성명을 말한다. 이하 같다) 및 주소

제3절 과태료 및 범칙행위의 처리

1. 과태료 부과 및 징수 절차

1) 지방경찰청장 또는 시장등은 법 제160조 및 법 제161조에 따라 과태료를 부과하려는 경우에는 안전행정부령으로 정하는 단속대장과 과태료 부과대상자 명부에 그 내용을 기록하여야 한다. 이 경우 단속대장은 특별한 사유가 없으면 전자적 처리가 가능한 방법으로 작성·관리하여야 한다.

2) 시장등은 법 제160조제3항에 따라 법 제32조부터 제34조까지의 규정을 위반한 차의 운전자를 고용하고 있는 사람이나 직접 운전자나 차를 관리하는 지위에 있는 사람 또는 차의 사용자(이하 "고용주등"이라 한다)에게 과태료를 부과하려는 경우에는 주차·정차위반 차에 과태료부과대상차표지를 붙인 후 해당 차를 촬영하거나 무인 교통단속용 장비로 주차·정차위반 차를 촬영한 사진증거 등의 증거자료를 갖추어 부과하여야 하고, 증거자료는 관련 번호를 부여하여 보존하여야 한다.

3) 시장등은 법 제160조제3항에도 불구하고 같은 조 제4항제3호에 따라 차의 고용주등에게 과태료처분을 할 수 없을 때에는 위반행위를 한 운전자를 증명하는 자료를 첨부하여 관할 경찰서장에게 그 사실을 통보하여야 한다.

4) 법 제160조에 따른 과태료의 부과기준은 별표 6과 같다. 다만, 법 제12조제1항에 따른 어린이 보호구역(이하 "어린이보호구역"이라 한다)에서 오전 8시부터 오후 8시까지 법 제5조, 제17조제3항 및 제32조부터 제34조까지의 규정 중 어느 하나를 위반한 경우 과태료의 부과기준은 별표 7과 같다.

5) 「질서위반행위규제법」 제18조에 따른 자진납부자에 대한 과태료 감경 비율은 같은 법 시행령 제5조의 감경 범위에서 다음 각 호의 기준에 따라 안전행정부령으로 정하는 비율로 한다.

① 과태료 체납률
② 위반행위의 종류, 내용 및 정도
③ 범칙금과의 형평성

6) 법 제160조에 따른 과태료는 과태료 납부고지서를 받은 날부터 60일 이내에 내야 한다. 다만, 천재지변이나 그 밖의 부득이한 사유로 과태료를 낼 수 없을 때에는 그 사유가 없어진 날부터 5일 이내에 내야 한다.

7) 시장등은 과태료의 납부 고지를 받은 자가 납부기간 이내에 과태료를 내지 아니하면 「질서위반행위규제법」 제24조제3항에 따른 체납처분을 하기 전에 지방세 중 자동차세의 납부고지서와 함께 미납과태료(가산금을 포함한다)의 납부를 고지할 수 있다.

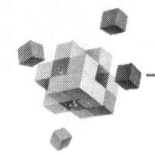
주차관련법규 & 운영

8) 지방경찰청장 또는 시장등은 차의 등록원부가 있는 지역(이하 "차적지"라 한다)이 다른 관할구역인 경우에는 안전행정부령으로 정하는 바에 따라 차적지를 관할하는 지방경찰청장 또는 시장등에게 과태료 징수를 의뢰하여야 한다. 이 경우 과태료 징수를 의뢰한 시장등은 차적지를 관할하는 시장등에게 징수된 과태료의 100분의 30 범위에서 안전행정부령으로 정하는 징수 수수료를 지급하여야 한다.

9) 제1항부터 제8항까지에서 규정한 사항 외에 과태료의 부과 및 징수 등에 필요한 사항은 안전행정부령으로 정한다.

2. 신용카드 등을 이용한 과태료의 납부방법

1) 법 제161조의2제1항 전단에서 "대통령령으로 정하는 금액"이란 200만원(부가되는 가산금 및 중가산금을 포함한다)을 말한다.

2) 법 제161조의2제1항 전단에서 "대통령령으로 정하는 과태료 납부대행기관"이란 다음 각 호의 기관을 말한다.
   ① 「민법」 제32조에 따라 기획재정부장관의 허가를 받아 설립된 금융결제원
   ② 시설, 업무수행능력, 자본금 규모 등을 고려하여 경찰청장이 과태료 납부대행기관으로 지정하여 고시한 기관

3) 법 제161조의2제3항에 따른 납부대행수수료는 경찰청장이 과태료 납부대행기관의 운영경비 등을 종합적으로 고려하여 승인하며, 해당 과태료금액(부가되는 가산금 및 중가산금을 포함한다)의 1천분의 15를 초과할 수 없다.

4) 경찰청장은 신용카드, 직불카드 등에 의한 과태료 납부에 필요한 사항을 정할 수 있다.

3. 범칙행위의 범위와 범칙금액

1) 법 제162조에 따른 범칙행위의 구체적인 범위와 범칙금액은 별표8과 같다.

【별표 8】 범칙행위 및 범칙금액(운전자)

범칙행위	(도로교통법)	범칙금액
4. 신호·지시 위반 5. 중앙선 침범, 통행구분 위반 6. 속도위반(20㎞/h 초과 40㎞/h 이하) 7. 횡단·유턴·후진 위반 8. 앞지르기 방법 위반 9. 앞지르기 금지 시기·장소 위반 10. 철길건널목 통과방법 위반 11. 횡단보도 보행자 횡단 방해(신호 또는 지시에 따라 도로를 횡단하는 보행자의 통행 방해를 포함한다) 12. 보행자전용도로 통행 위반(보행자전용도로 통행방법 위반을 포함한다) 13. 승차 인원 초과, 승객 또는 승하차자 추락 방지조치 위반 14. 어린이·앞을 보지 못하는 사람 등의 보호 위반 15. 운전 중 휴대용 전화 사용 15의2. 운전 중 운전자가 볼 수 있는 위치에 영상 표시 15의3. 운전 중 영상표시장치 조작 16. 운행기록계 미설치 자동차 운전 금지 등의 위반 17. 어린이통학버스 운전자 및 어린이통학용자동차 운전자의 의무 위반 18. 어린이통학버스 운영자의 의무 위반 19. 고속도로·자동차전용도로 갓길 통행 20. 고속도로버스전용차로·다인승전용차로 통행 위반	제5조 제13조제1항부터 제3항까지 및 제5항 제17조제3항 제18조 제21조제1항·제3항, 제60조제2항 제22조 제24조 제27조제1항·제2항 제28조제2항·제3항 제39조제1항·제2항·제5항 제49조제1항제2호 제49조제1항제10호 제49조제1항제11호 제49조제1항제11호의2 제50조제5항 제53조제1항·제2항, 제53조의2 제53조제3항 제60조제1항 제61조제2항	1) 승합자동차등 : 7만원 2) 승용자동차등 : 6만원 3) 이륜자동차등 : 4만원 4) 자전거등 : 3만원
27. 보행자의 통행 방해 또는 보호 불이행 28. 긴급자동차에 대한 양보·일시정지 위반 29. 정차·주차 금지 위반 30. 주차금지 위반	제6조제1항·제2항·제4항 제15조제3항 제19조제1항 제21조제4항 제25조 제26조	1) 승합자동차등 : 5만원 2) 승용자동차등 : 4만원 3) 이륜자동차등 : 3만원 4) 자전거등 : 2만원

주차관련법규 & 운영

범칙행위	(도로교통법)	범칙금액
31. 정차·주차방법 위반	제27조제3항부터	
32. 정차·주차 위반에 대한 조치 불응	제5항까지	
33. 적재 제한 위반, 적재물 추락 방지 위반 또는 유아나 동물을 안고 운전하는 행위	제29조제4항·제5항 제32조	
34. 안전운전의무 위반(난폭운전을 포함한다)	제33조 제34조	
35. 도로에서의 시비·다툼 등으로 인한 차마의 통행 방해 행위	제35조제1항 제39조제1항 및 제3항부터 제5항까지	
36. 급발진, 급가속, 엔진 공회전 또는 반복적·연속적인 경음기 울림으로 인한 소음 발생 행위	제48조제1항 제49조제1항제5호	
37. 화물 적재함에의 승객 탑승 운행 행위		
38. 어린이통학버스 특별보호 위반	제49조제1항제8호	
39. 고속도로 지정차로 통행 위반		
40. 고속도로·자동차전용도로 횡단·유턴·후진 위반	제49조제1항제12호 제51조	
41. 고속도로·자동차전용도로 정차·주차 금지 위반	제60조제1항 제62조	
42. 고속도로 진입 위반	제64조	
43. 고속도로·자동차전용도로에서의 고장 등의 경우 조치 불이행	제65조 제66조	
44. 혼잡 완화조치 위반	제7조	1) 승합자동차등 : 3만원 2) 승용자동차등 : 3만원 3) 이륜자동차등 : 2만원 4) 자전거등 : 1만원
45. 지정차로 통행 위반, 차로 너비보다 넓은 차 통행 금지 위반(진로 변경 금지 장소에서의 진로 변경을 포함한다)	제14조제2항부터제4항까지	
46. 속도위반(20㎞/h 이하)	제17조제3항	
47. 진로 변경방법 위반	제19조제3항	
48. 급제동 금지 위반	제19조제4항	
49. 끼어들기 금지 위반	제23조	
50. 서행의무 위반	제31조제1항	
51. 일시정지 위반	제31조제2항	
52. 방향전환·진로변경 시 신호 불이행	제38조제1항	
53. 운전석 이탈 시 안전 확보 불이행	제49조제1항제6호	
54. 동승자 등의 안전을 위한 조치 위반	제49조제1항제7호	
55. 지방경찰청 지정·공고 사항 위반	제49조제1항제13호	
56. 좌석안전띠 미착용	제50조제1항	

범칙행위	(도로교통법)	범칙금액
57. 이륜자동차·원동기장치자전거 인명보호 장구 미착용	제50조제3항 제52조제4항	
58. 어린이통학버스와 비슷한 도색·표지 금지 위반		
59. 최저속도 위반	제17조제3항	1) 승합자동차등 : 2만원
60. 일반도로 안전거리 미확보	제19조제1항	
61. 등화 점등·조작 불이행(안개가 끼거나 비 또는 눈이 올 때를 제외한다)	제37조제1항제1호·제3호	2) 승용자동차등 : 2만원
62. 불법부착장치 차 운전(교통단속용 장비의 기능을 방해하는 장치를 한 차의 운전은 제외한다)	제49조제1항제4호	3) 이륜자동차등 : 1만원
	제50조제6항	4) 자전거등 : 1만원
63. 택시의 합승(장기 주차·정차하여 승객을 유치하는 경우로 한정한다)·승차거부·부당요금징수행위	제50조제7항	
64. 운전이 금지된 위험한 자전거의 운전		
65. 돌, 유리병, 쇳조각, 그 밖에 도로에 있는 사람이나 차마를 손상시킬 우려가 있는 물건을 던지거나 발사하는 행위	제68조제3항제4호 제68조제3항제5호	모든 차마 : 5만원
66. 도로를 통행하고 있는 차마에서 밖으로 물건을 던지는 행위		
67. 특별교통안전교육의 미이수 가. 과거 5년 이내에 법 제44조를 1회 이상 위반하였던 사람으로서 다시 같은 조를 위반하여 운전면허효력 정지처분을 받게 되거나 받은 사람이 그 처분기간이 끝나기 전에 특별교통안전교육을 받지 않은 경우 나. 가목 외의 경우	제73조제2항	차종 구분 없음 : 6만원 4만원
68. 경찰관의 실효된 면허증 회수에 대한 거부 또는 방해	제95조제2항	차종 구분 없음 : 3만원

【비고】
1. 위 표에서 "승합자동차등"이란 승합자동차, 4톤 초과 화물자동차, 특수자동차 및 건설기계를 말한다.
2. 위 표에서 "승용자동차등"이란 승용자동차 및 4톤 이하 화물자동차를 말한다.
3. 위 표에서 "이륜자동차등"이란 이륜자동차 및 원동기장치자전거를 말한다.
4. 위 표에서 "자전거등"이란 자전거, 손수레, 경운기 및 우마차를 말한다.
5. 위 표 제65호 및 제66호의 경우 동승자를 포함한다.

주차관련법규 & 운영

4. 범칙금의 납부 통고

1) 경찰서장 또는 제주특별자치도지사는 법 제163조에 따라 범칙자로 인정되는 사람에게 범칙금의 납부를 통고할 때에는 다음 각 호의 사항을 적은 범칙금 납부통고서와 범칙금 영수증서 및 범칙금 납부고지서(이하 "범칙금납부통고서 등"이라 한다)를 함께 발급하고, 범칙금 납부고지서 원부와 범칙자 적발보고서를 작성하여야 한다. 이 경우 범칙자로 인정되는 사람이 본인의 위반 사실을 인터넷 조회·납부 시스템에서 확인하고, 이 시스템을 통하여 범칙금납부통고서등을 발급받거나 바로 범칙금을 낸 경우에는 범칙금납부통고서등을 발급한 것으로 본다.

   ① 통고처분을 받은 사람의 인적사항 및 운전면허번호
   ② 위반 내용 및 적용 법조문
   ③ 범칙금의 액수 및 납부기한
   ④ 통고처분 연월일

2) 경찰서장은 해당 경찰서의 관할구역 밖에 거주하는 범칙자로 인정되는 사람에게 범칙금납부통고서등을 발급하였을 때에는 그 사람의 주소지를 관할하는 경찰서장에게 제1항에 따른 범칙자 적발보고서의 사본을 발송하여야 한다. 다만, 2개 이상의 경찰서가 있는 도시에 거주하는 운전자가 그 도시에서 범칙행위를 하여 범칙금납부통고서등을 발급한 경우에는 그러하지 아니하다.

3) 경찰서장은 자동차등의 운전자에게 범칙금납부통고서등을 발급하였거나 법 제163조제2항에 따라 제주특별자치도지사로부터 통고처분 사실을 통보받았을 때에는 범칙자의 인적사항·면허번호 및 범칙내용을 즉시 자동차운전면허대장에 전산입력하여 지방경찰청장에게 보고되도록 하여야 한다.

4) 법 제163조제2항에 따른 제주특별자치도지사의 통보는 제3항에 따른 전산입력의 방법으로 할 수 있다.

5. 범칙금의 수납기관

법 제164조제1항 본문에 따른 국고은행, 지점, 대리점, 우체국은 한국은행 본점·지점, 한국은행이 지정한 국고대리점·수납대리점 또는 우체국(이하 "수납기관"이라 한다)으로 한다.

6. 범칙금의 납부

1) 범칙금의 납부 통고를 받은 범칙자는 같은 항에 따라 함께 발급받은 범칙금 영수증서 및 범칙금 납부고지서를 수납기관에 제시하고 범칙금을 내야 한다.

   ① 범칙금 납부통고서를 받은 사람은 10일 이내에 경찰청장이 지정하는 국고은행, 지점, 대리점, 우체국 또는 제주특별자치도지사가 지정하는 금융회사 등이나 그 지점에 범칙금을 내야 한다. 다만, 천재지변이나 그 밖의 부득이한 사유로 말미암아 그 기간에 범칙금을 낼 수 없는 경우에는 부득이한 사유가 없어지게 된 날부터 5일 이내에 내야 한다.
   ② 제1항에 따른 납부기간에 범칙금을 내지 아니한 사람은 납부기간이 끝나는 날의 다음 날부터 20일 이내에 통고받은 범칙금에 100분의 20을 더한 금액을 내야 한다.
   ③ 제1항이나 제2항에 따라 범칙금을 낸 사람은 범칙행위에 대하여 다시 벌받지 아니한다.

2) 범칙금은 분할하여 낼 수 없다.

3) 제1항에 따라 범칙금을 받은 수납기관은 같은 항에 따라 제시된 범칙금 영수증서에 범칙금 납부 사실을 확인하여 범칙금을 낸 사람에게 내주어야 한다.

4) 수납기관이 범칙금을 받았을 때에는 지체 없이 범칙금의 납부 통고를 한 경찰서장 또는 제주특별자치도지사에게 전자매체 등을 이용하여 범칙금을 받은 사실을 통보하여야 한다.

주차관련법규 & 운영

범칙행위의 처리에 관한 특례 　제4절

1. 총칙

1) 이 장에서 "범칙행위"란 제156조 각 호 또는 제157조 각 호의 죄에 해당하는 위반행위를 말하며, 그 구체적인 범위는 대통령령으로 정한다.

2) 이 장에서 "범칙자"란 범칙행위를 한 사람으로서 다음 각 호의 어느 하나에 해당하지 아니하는 사람을 말한다.

   ① 범칙행위 당시 제92조제1항에 따른 운전면허증등 또는 이를 갈음하는 증명서를 제시하지 못하거나 경찰공무원의 운전자 신원 및 운전면허 확인을 위한 질문에 응하지 아니한 운전자

   ② 범칙행위로 교통사고를 일으킨 사람. 다만, 「교통사고처리 특례법」 제3조제2항 및 제4조에 따라 업무상과실치상죄·중과실치상죄 또는 이 법 제151조의 죄에 대한 벌을 받지 아니하게 된 사람은 제외한다.

   ③ 이 장에서 "범칙금"이란 범칙자가 제163조에 따른 통고처분에 따라 국고(國庫) 또는 제주특별자치도의 금고에 내야 할 금전을 말하며, 범칙금의 액수는 범칙행위의 종류 및 차종(車種) 등에 따라 대통령령으로 정한다.

2. 통고처분

1) 경찰서장이나 제주특별자치도지사(제주특별자치도지사의 경우에는 제6조제1항·제2항, 제61조제2항에 따라 준용되는 제15조제3항, 제39조제5항, 제60조, 제62조, 제64조부터 제66조까지, 제73조제2항제2호·제3호 및 제95조제1항의 위반행위는 제외한다)는 범칙자로 인정하는 사람에 대하여는 이유를 분명하게 밝힌 범칙금 납부통고서로 범칙금을 낼 것을 통고할 수 있다. 다만, 다음 각 호의 어느 하나에 해당하는 사람에 대하여는 그러하지 아니하다.

   ① 성명이나 주소가 확실하지 아니한 사람
   ② 달아날 우려가 있는 사람
   ③ 범칙금 납부통고서 받기를 거부한 사람

2) 제주특별자치도지사가 제1항에 따라 통고처분을 한 경우에는 관할 경찰서장에게 그 사실을 통보하여야 한다.

3. 통고처분 불이행자 등의 처리

1) 경찰서장은 다음 각 호의 어느 하나에 해당하는 사람에 대하여는 지체 없이 즉결심판을 청구하여야 한다. 다만, 제2호에 해당하는 사람으로서 즉결심판이 청구되기 전까지 통고받은 범칙금액에 100분의 50을 더한 금액을 납부한 사람에 대하여는 그러하지 아니하다.
   ① 제163조제1항 각 호의 어느 하나에 해당하는 사람
   ② 제164조제2항에 따른 납부기간에 범칙금을 납부하지 아니한 사람

2) 제1항제2호에 따라 즉결심판이 청구된 피고인이 즉결심판의 선고 전까지 통고받은 범칙금액에 100분의 50을 더한 금액을 내고 납부를 증명하는 서류를 제출하면 경찰서장은 피고인에 대한 즉결심판 청구를 취소하여야 한다.

3) 제1항 각 호 외의 부분 단서 또는 제2항에 따라 범칙금을 납부한 사람은 그 범칙행위에 대하여 다시 벌 받지 아니한다.

4) 제주특별자치도지사는 제1항 각 호의 어느 하나에 해당하는 사람이 있는 경우에는 즉시 관할 경찰서장에게 그 사실을 통보하고 관련 서류를 보내야 한다. 이 경우 통보를 받은 경찰서장은 제1항부터 제3항까지의 규정에 따라 이를 처리하여야 한다.

4. 현장즉결심판대상자의 처리

1) 경찰서장은 법 제165조제1항제1호에 해당하는 사람(이하 "현장즉결심판대상자"라 한다)에게 즉결심판을 위한 출석의 일시·장소 등을 알리는 즉결심판 출석통지서를 출석일 10일 전까지 발급하거나 발송하여야 한다.

2) 경찰서장은 현장즉결심판대상자가 즉결심판기일에 출석하지 아니하여 즉결심판절차가 진행되지 못한 경우에는 그 현장즉결심판대상자에게 즉결심판을 위하여 다시 정한 출석의 일시·장소 등을 알리는 즉결심판 출석최고서를 다시

정한 출석일 10일 전까지 발송하여야 한다.

3) 지방경찰청장은 제2항의 즉결심판 출석 최고에도 불구하고 운전자인 현장즉결심판대상자가 출석하지 아니하여 즉결심판절차가 진행되지 못한 경우에는 법 제93조에 따라 그 현장즉결심판대상자의 운전면허의 효력을 일시 정지시킬 수 있다.

4) 경찰서장은 법 제165조제1항에 따라 즉결심판을 청구하려는 경우에는 즉결심판청구서를 작성하여 관할 법원에 제출하여야 한다.

5. 통고처분불이행자에 대한 즉결심판 청구

1) 경찰서장은 통고처분불이행자에게 범칙금 납부기간 만료일(법 제164조제2항에 따라 범칙금을 낼 수 있는 기간의 마지막 날을 말한다. 이하 이 조에서 같다)부터 30일 이내에 다음 각 호의 사항을 적은 즉결심판 출석통지서를 범칙금등(범칙금에 그 100분의 50을 더한 금액을 말한다. 이하 같다) 영수증 및 범칙금등 납부고지서와 함께 발송하여야 한다. 이 경우 즉결심판을 위한 출석일은 범칙금 납부기간 만료일부터 40일이 초과되어서는 아니 된다.

① 통고처분을 받은 사람의 인적사항 및 운전면허번호
② 위반 내용 및 적용 법조문
③ 범칙금의 액수 및 납부기한
④ 통고처분 연월일
⑤ 즉결심판 출석 일시·장소
⑥ 법 제165조제1항 단서에 따라 범칙금등을 낼 경우 즉결심판을 받지 아니하여도 된다는 사실

2) 경찰서장은 통고처분불이행자가 범칙금등을 내지 아니하고 즉결심판기일에 출석하지도 아니하여 즉결심판절차가 진행되지 못한 경우에는 즉결심판을 위한 출석의 일시 및 장소를 다시 정하여 지체 없이 그 통고처분불이행자에게 제1항 각 호의 사항을 적은 즉결심판 출석최고서를 범칙금등 영수증 및 범칙금등 납부고지서와 함께 발송하여야 한다. 이 경우 즉결심판을 위한 출석일은 법원의 사정으로 즉결심판을 할 수 없는 경우 등 특별한 사정이 있는 경우 외에는

범칙금 납부기간 만료일부터 60일이 초과되어서는 아니 된다.

3) 지방경찰청장은 제2항에 따른 즉결심판 출석 최고에도 불구하고 운전자인 통고처분불이행자가 범칙금등을 내지 아니하고 즉결심판기일에 출석하지도 아니하여 즉결심판절차가 진행되지 못한 경우에는 법 제93조에 따라 그 통고처분불이행자의 운전면허의 효력을 일시 정지시킬 수 있다.

4) 범칙금등의 납부 및 수납 등에 관하여는 제95조부터 제97조까지의 규정을 준용한다.

5) 통고처분불이행자에 대한 즉결심판의 청구에 관하여는 제98조제4항을 준용한다.

【별표 6】과태료의 부과기준

위반행위 및 행위자	(도로교통법)	과태료 금액
1. 법 제5조를 위반하여 신호 또는 지시를 따르지 않은 차의 고용주등	제160조제3항	1) 승합자동차등 : 8만원 2) 승용자동차등 : 7만원 3) 이륜자동차등 : 5만원
2. 다음 각 목의 어느 하나에 해당하는 차의 고용주등 가. 법 제13조제3항을 위반하여 중앙선을 침범한 차 나. 법 제60조제1항을 위반하여 고속도로에서 갓길로 통행한 차 다. 법 제61조제2항에서 준용되는 제15조제3항을 위반하여 고속도로에서 전용차로로 통행한 차	제160조제3항	1) 승합자동차등 : 10만원 2) 승용자동차등 : 9만원
3. 법 제15조제3항을 위반하여 일반도로에서 전용차로로 통행한 차의 고용주등	제160조제3항	1) 승합자동차등 : 6만원 2) 승용자동차등 : 5만원 3) 이륜자동차등 : 4만원
4. 법 제17조제3항을 위반하여 제한속도를 준수하지 않은 차의 고용주등	제160조제3항	

주차관련법규 & 운영

위반행위 및 행위자	(도로교통법)	과태료 금액
가. 60km/h 초과		1) 승합자동차등 : 14만원 2) 승용자동차등 : 13만원 3) 이륜자동차등 : 9만원
나. 40km/h 초과 60km/h 이하		1) 승합자동차등 : 11만원 2) 승용자동차등 : 10만원 3) 이륜자동차등 : 7만원
다. 20km/h 초과 40km/h 이하		1) 승합자동차등 : 8만원 2) 승용자동차등 : 7만원 3) 이륜자동차등 : 5만원
라. 20km/h 이하		1) 승합자동차등 : 4만원 2) 승용자동차등 : 4만원 3) 이륜자동차등 : 3만원
4의2. 법 제23조를 위반하여 끼어들기를 한 차의 고용주등	제160조제3항	1) 승합자동차등 : 4만원 2) 승용자동차등 : 4만원 3) 이륜자동차등 : 3만원
4의3. 법 제25조제5항을 위반하여 다른 차의 통행에 방해가 될 우려가 있음에도 교차로(정지선이 설치되어 있는 경우에는 그 정지선을 넘은 부분을 말한다)에 들어간 차의 고용주등	제160조제3항	1) 승합자동차등 : 6만원 2) 승용자동차등 : 5만원 3) 이륜자동차등 : 4만원
5. 법 제29조제4항 및 제5항을 위반하여 도로의 오른쪽 가장자리에 일시정지하지 않거나	제160조제3항	1) 승합자동차등 : 6만원

위반행위 및 행위자	(도로교통법)	과태료 금액

진로를 양보하지 않은 차의 고용주등		2) 승용자동차등
		  : 5만원
		3) 이륜자동차등
		  : 4만원

6. 법 제32조부터 제34조까지의 규정을 위반하여 정차 또는 주차를 한 차의 고용주	제160조제3항	1) 승합자동차등
		  : 5만원(6만원)
		2) 승용자동차등
		  : 4만원(5만원)

7. 법 제49조제1항제1호를 위반하여 고인 물 등을 튀게 하여 다른 사람에게 피해를 준 차의 운전자	제160조제2항 제1호	1) 승합자동차등
		  : 2만원
		2) 승용자동차등
		  : 2만원
		3) 이륜자동차등
		  : 1만원

8. 법 제49조제1항제3호를 위반하여 창유리의 가시광선 투과율 기준을 위반한 차의 운전자	제160조제2항 제1호	2만원
9. 법 제50조제1항·제2항 또는 법 제67조제1항을 위반하여 동승자에게 좌석안전띠를 매도록 하지 않은 운전자	제160조제2항 제2호	3만원
10. 법 제50조제3항을 위반하여 동승자에게 인명보호 장구를 착용하도록 하지 않은 운전자	제160조제2항 제3호	2만원
11. 법 제52조제2항을 위반하여 어린이통학버스 안에 신고증명서를 갖추어 두지 않은 어린이통학버스의 운영자	제160조제2항 제4호	3만원

12. 법 제67조제2항에 따른 고속도로등에서의 준수사항을 위반한 운전자	제160조제2항 제5호	1) 승합자동차등
		  : 2만원
		2) 승용자동차등
		  : 2만원
		3) 이륜자동차등
		  : 1만원

13. 법 제78조를 위반하여 교통안전교육기관 운영의 정지 또는 폐지 신고를 하지 않은 사람	제160조제1항 제1호	100만원
14. 법 제87조제1항을 위반하여 운전면허증 갱신기간에 운전면허를 갱신하지 않은 사람	제160조제2항 제6호	2만원

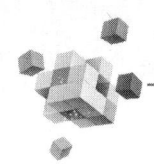

위반행위 및 행위자	(도로교통법)	과태료 금액
15. 법 제87조제2항 또는 제88조제1항을 위반하여 정기 적성검사 또는 수시 적성검사를 받지 않은 사람	제160조제2항 제7호	3만원
16. 법 제109조제2항을 위반하여 강사의 인적 사항과 교육 과목을 게시하지 않은 사람	제160조제1항 제2호	100만원
17. 법 제110조제2항을 위반하여 수강료등을 게시하지 않거나 같은 조 제3항을 위반하여 게시된 수강료등을 초과한 금액을 받은 사람	제160조제1항 제3호	100만원
18. 법 제111조를 위반하여 수강료등의 반환 등 교육생 보호를 위하여 필요한 조치를 하지 않은 사람	제160조제1항 제4호	100만원
19. 법 제112조를 위반하여 학원이나 전문학원의 휴원 또는 폐원 신고를 하지 않은 사람	제160조제1항 제5호	100만원
20. 법 제115조제1항에 따른 간판이나 그 밖의 표지물의 제거, 시설물의 설치 또는 게시문의 부착을 거부·방해 또는 기피하거나 게시문이나 설치한 시설물을 임의로 제거하거나 못 쓰게 만든 사람	제160조제1항 제6호	100만원

【비고】
1. 위 표에서 "승합자동차등"이란 승합자동차, 4톤 초과 화물자동차, 특수자동차 및 건설기계를 말한다.
2. 위 표에서 "승용자동차등"이란 승용자동차 및 4톤 이하 화물자동차를 말한다.
3. 위 표에서 "이륜자동차등"이란 이륜자동차 및 원동기장치자전거를 말한다.
4. 위 표 제6호의 과태료 금액에서 괄호 안의 것은 같은 장소에서 2시간 이상 정차 또는 주차 위반을 하는 경우에 적용한다.

chapter 02 교통사고처리특례법

제1절 교통사고처리 특례법의 목적 및 정의

1. 이 법은 업무상과실(業務上過失) 또는 중대한 과실로 교통사고를 일으킨 운전자에 관한 형사처벌 등의 특례를 정함으로써 교통사고로 인한 피해의 신속한 회복을 촉진하고 국민생활의 편익을 증진함을 목적으로 한다.

2. 용어의 정의

① "차"란 「도로교통법」 제2조제17호가목에 따른 차(車)와 「건설기계관리법」 제2조제1항제1호에 따른 건설기계를 말한다.
② "교통사고"란 차의 교통으로 인하여 사람을 사상(死傷)하거나 물건을 손괴(損壞)하는 것을 말한다.

3. 처벌의 특례

1) 차의 운전자가 교통사고로 인하여 「형법」 제268조의 죄를 범한 경우에는 5년 이하의 금고 또는 2천만원 이하의 벌금에 처한다.

2) 차의 교통으로 제1항의 죄 중 업무상과실치상죄(業務上過失致傷罪) 또는 중과실치상죄(重過失致傷罪)와 「도로교통법」 제151조의 죄를 범한 운전자에 대하여는 피해자의 명시적인 의사에 반하여 공소(公訴)를 제기할 수 없다. 다만,

주차관련법규 & 운영

차의 운전자가. 제1항의 죄 중 업무상과실치상죄 또는 중과실치상죄를 범하고도 피해자를 구호(救護)하는 등 「도로교통법」 제54조제1항에 따른 조치를 하지 아니하고 도주하거나. 피해자를 사고 장소로부터 옮겨 유기(遺棄)하고 도주한 경우, 같은 죄를 범하고 「도로교통법」 제44조제2항을 위반하여 음주측정 요구에 따르지 아니한 경우(운전자가 채혈 측정을 요청하거나 동의한 경우는 제외한다)와 다음 각 호의 어느 하나에 해당하는 행위로 인하여 같은 죄를 범한 경우에는 그러하지 아니하다.

① 「도로교통법」 제5조에 따른 신호기가 표시하는 신호 또는 교통정리를 하는 경찰공무원등의 신호를 위반하거나 통행금지 또는 일시정지를 내용으로 하는 안전표지가 표시하는 지시를 위반하여 운전한 경우

② 「도로교통법」 제13조제3항을 위반하여 중앙선을 침범하거나 같은 법 제62조를 위반하여 횡단, 유턴 또는 후진한 경우

③ 「도로교통법」 제17조제1항 또는 제2항에 따른 제한속도를 시속 20킬로미터 초과하여 운전한 경우

④ 「도로교통법」 제21조제1항, 제22조, 제23조에 따른 앞지르기의 방법·금지시기·금지장소 또는 끼어들기의 금지를 위반하거나 같은 법 제60조제2항에 따른 고속도로에서의 앞지르기 방법을 위반하여 운전한 경우

⑤ 「도로교통법」 제24조에 따른 철길건널목 통과방법을 위반하여 운전한 경우

⑥ 「도로교통법」 제27조제1항에 따른 횡단보도에서의 보행자 보호의무를 위반하여 운전한 경우

⑦ 「도로교통법」 제43조, 「건설기계관리법」 제26조 또는 「도로교통법」 제96조를 위반하여 운전면허 또는 건설기계조종사면허를 받지 아니하거나 국제운전면허증을 소지하지 아니하고 운전한 경우. 이 경우 운전면허 또는 건설기계조종사면허의 효력이 정지 중이거나 운전의 금지 중인 때에는 운전면허 또는 건설기계조종사면허를 받지 아니하거나 국제운전면허증을 소지하지 아니한 것으로 본다.

⑧ 「도로교통법」 제44조제1항을 위반하여 술에 취한 상태에서 운전을 하거나 같은 법 제45조를 위반하여 약물의 영향으로 정상적으로 운전하지 못할 우려가 있는 상태에서 운전한 경우

⑨ 「도로교통법」 제13조제1항을 위반하여 보도(步道)가 설치된 도로의 보도를

침범하거나 같은 법 제13조제2항에 따른 보도 횡단방법을 위반하여 운전한 경우
⑩ 「도로교통법」 제39조제2항에 따른 승객의 추락 방지의무를 위반하여 운전한 경우
⑪ 「도로교통법」 제12조제3항에 따른 어린이 보호구역에서 같은 조 제1항에 따른 조치를 준수하고 어린이의 안전에 유의하면서 운전하여야 할 의무를 위반하여 어린이의 신체를 상해(傷害)에 이르게 한 경우

4. 벌칙

① 보험회사, 공제조합 또는 공제사업자의 사무를 처리하는 사람이 제4조제3항의 서면을 거짓으로 작성한 경우에는 3년 이하의 징역 또는 1천만원 이하의 벌금에 처한다.
② 제1항의 거짓으로 작성된 문서를 그 정황을 알고 행사한 사람도 제1항의 형과 같은 형에 처한다.
③ 보험회사, 공제조합 또는 공제사업자가 정당한 사유 없이 제4조제3항의 서면을 발급하지 아니한 경우에는 1년 이하의 징역 또는 300만원 이하의 벌금에 처한다.

5. 양벌규정

법인의 대표자, 대리인, 사용인, 그 밖의 종업원이 그 법인의 업무에 관하여 제5조의 위반행위를 하면 그 행위자를 벌하는 외에 그 법인에도 해당 조문의 벌금형을 과(科)한다. 다만, 법인이 그 위반행위를 방지하기 위하여 해당 업무에 관하여 상당한 주의와 감독을 게을리하지 아니한 경우에는 그러하지 아니다.

주차관련법규 & 운영

chapter 03 교통약자의 이동편의 증진법

제1절 총칙 및 용어 정의

1. 이 법은 교통약자(交通弱者)가 안전하고 편리하게 이동할 수 있도록 교통수단, 여객시설 및 도로에 이동편의시설을 확충하고 보행환경을 개선하여 사람중심의 교통체계를 구축함으로써 교통약자의 사회 참여와 복지 증진에 이바지함을 목적으로 한다.

2. 이 법에서 사용하는 용어의 뜻은 다음과 같다.

   1) "교통약자"란 장애인, 고령자, 임산부, 영유아를 동반한 사람, 어린이 등 일상생활에서 이동에 불편을 느끼는 사람을 말한다.
   2) "교통수단"이란 사람을 운송하는 데 이용되는 것으로서 다음 각 목의 어느 하나에 해당하는 운송수단을 말한다.
      ① 「여객자동차 운수사업법」 제3조제1항제1호에 따른 노선 여객자동차운송사업에 사용되는 승합자동차(이하 "버스"라 한다)
      ② 「도시철도법」 제2조제2호에 따른 도시철도의 운행에 사용되는 차량
      ③ 「철도산업발전기본법」 제3조제4호에 따른 철도차량 중 여객을 운송하기 위한 철도차량
      ④ 「항공법」 제2조제1호에 따른 항공기 중 민간항공에 사용되는 비행기
      ⑤ 「해운법」 제2조제2호에 따른 해상여객운송사업에 사용되는 선박

⑥ 그 밖에 대통령령으로 정하는 운송수단

3) "여객시설"이란 다음 각 목의 어느 하나에 해당하는 시설로서 여객의 교통수단 이용을 위하여 제공되는 시설 또는 인공구조물을 말한다.

① 「여객자동차 운수사업법」 제2조제5호에 따른 여객자동차터미널 및 같은 법 제3조제1항제1호에 따른 노선 여객자동차운송사업에 사용되는 정류장
② 「도시철도법」 제2조제2호에 따른 도시철도 중 차량을 제외한 도시철도시설
③ 「철도산업발전기본법」 제3조제2호에 따른 철도시설
④ 「도시교통정비 촉진법」 제2조제3호에 따른 환승시설
⑤ 「항공법」 제2조제7호 및 제8호에 따른 공항 및 공항시설
⑥ 「항만법」 제2조제2호에 따른 무역항에 설치되어 있는 항만시설
⑦ 그 밖에 대통령령으로 정하는 시설 또는 인공구조물

4) "도로"란 「도로법」 제2조제1항제1호에 따른 도로(「도로법」 제2조제1항제4호에 따른 도로의 부속물을 포함한다) 및 같은 법 제7조에 따라 같은 법이 준용되는 도로를 말한다.

5) "교통사업자"란 「여객자동차 운수사업법」, 「도시철도법」, 「철도사업법」, 「항공법」, 「항만법」, 「해운법」 등의 관계 법령에 따라 교통행정기관으로부터 면허·허가·인가·위탁 등을 받거나 교통행정기관에 등록·신고 등을 하고 교통수단을 운행·운항하거나 여객시설을 설치·운영하는 자를 말한다.

6) "교통행정기관"이란 교통수단의 운행·운항 또는 여객시설의 설치·운영에 관하여 교통사업자를 지도·감독하는 중앙행정기관의 장, 특별시장·광역시장·특별자치시장·도지사·특별자치도지사(이하 "시·도지사"라 한다) 또는 시장·군수·구청장(자치구의 구청장을 말한다. 이하 같다)을 말한다.

7) "이동편의시설"이란 휠체어 탑승설비, 장애인용 승강기, 장애인을 위한 보도(步道), 임산부가 모유수유를 할 수 있는 휴게시설 등 교통약자가 교통수단, 여객시설 또는 도로를 이용할 때 편리하게 이동할 수 있도록 하기 위한 시설과 설비를 말한다.

8) "특별교통수단"이란 이동에 심한 불편을 느끼는 교통약자의 이동을 지원하기 위하여 휠체어 탑승설비 등을 장착한 차량을 말한다.

주차관련법규 & 운영

3. 교통약자는 인간으로서의 존엄과 가치 및 행복을 추구할 권리를 보장받기 위하여 교통약자가 아닌 사람들이 이용하는 모든 교통수단, 여객시설 및 도로를 차별없이 안전하고 편리하게 이용하여 이동할 수 있는 권리를 가진다.

4. 국가와 지방자치단체는 교통약자가 안전하고 편리하게 이동할 수 있도록 교통수단과 여객시설의 이용편의 및 보행환경 개선을 위한 정책을 수립하고 시행하여야 한다.

5. 교통사업자 등의 의무

① 교통사업자는 교통약자의 이동편의 증진을 위하여 이 법에서 정하는 이동편의시설 설치기준을 준수하고 교통약자에 대한 서비스 개선을 위하여 지속적으로 노력하여야 한다.

② 교통수단을 제작하는 사업자는 교통약자가 편리하게 이동할 수 있는 구조·설비 또는 장치를 갖춘 교통수단을 개발·제조하기 위하여 노력하여야 한다.

제2절 교통약자 이동편의 증진계획

1. 교통약자 이동편의 증진계획의 수립 등

1) 국토교통부장관은 교통약자의 이동편의 증진을 위한 5년 단위의 계획(이하 "교통약자 이동편의 증진계획"이라 한다)을 수립하여야 한다.

2) 교통약자 이동편의 증진계획에는 다음 각 호의 사항이 포함되어야 한다.

① 교통약자 이동편의 증진정책의 기본방향 및 목표에 관한 사항
② 이동편의시설의 설치 및 관리 실태
③ 보행환경 실태

④ 이동편의시설의 개선과 확충에 관한 사항
⑤ 저상(底床)버스 도입에 관한 사항
⑥ 보행환경 개선에 관한 사항
⑦ 특별교통수단 도입에 관한 사항
⑧ 특별교통수단 운영의 지역 간 연계 등 교통약자의 이동권 확대에 관한 사항
⑨ 교통약자 이동편의 증진계획의 추진 재원(財源) 조달 방안
⑩ 그 밖에 교통약자의 이동편의 증진을 위하여 대통령령으로 정하는 사항

3) 국토교통부장관은 교통약자 이동편의 증진계획을 수립할 때에는 미리 관계 중앙행정기관의 장과 시·도지사의 의견을 들은 후 「국가통합교통체계효율화법」 제106조에 따른 국가교통위원회(이하 "국가교통위원회"라 한다)의 심의를 거쳐야 한다. 수립된 교통약자 이동편의 증진계획을 변경할 때에도 또한 같다. 다만, 대통령령으로 정하는 경미한 사항을 변경하는 경우에는 그러하지 아니하다.

4) 국토교통부장관은 관계 중앙행정기관의 장과 시·도지사에게 교통약자 이동편의 증진계획의 수립 또는 변경을 위하여 필요한 자료의 제출을 요구할 수 있다. 이 경우 관계 중앙행정기관의 장과 시·도지사는 특별한 사유가 없으면 요구에 따라야 한다.

5) 국토교통부장관은 제3항에 따라 수립 또는 변경된 교통약자 이동편의 증진계획을 대통령령으로 정하는 바에 따라 고시하고 관계 중앙행정기관의 장과 시·도지사에게 알려야 한다.

2. 지방교통약자 이동편의 증진계획의 수립 등

1) 지방교통약자 이동편의 증진계획

① 특별시장·광역시장·특별자치시장·특별자치도지사·시장(이하 "시장"이라 한다)이나 군수(광역시에 있는 군의 군수는 제외한다. 이하 같다)는 교통약자 이동편의 증진계획에 따라 관할 지역에 있는 교통약자의 이동편의 증진을 촉진하기 위하여 대통령령으로 정하는 바에 따라 주민과 관계 전문가의 의견을 들어 5년 단위의 지방교통약자 이동편의 증진계획(이하 "지방교통약자 이동편의 증진계획"이라 한다)을 수립하여야 한다. 다만, 시장이나

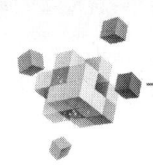

주차관련법규 & 운영

　　군수가 지방교통약자 이동편의 증진계획의 내용을 다른 교통 관련 계획에 반영하여 수립한 경우에는 국토교통부장관의 승인을 받아 해당 지방교통약자 이동편의 증진계획을 따로 수립하지 아니할 수 있다.

② 지방교통약자 이동편의 증진계획에는 제6조제2항 각 호의 사항과 관할 지방자치단체의 지역적 특성을 고려한 교통약자의 이동편의 증진에 관한 사항이 포함되어야 한다.

③ 시장이나 군수가 지방교통약자 이동편의 증진계획을 수립할 때에는 미리 관계 교통행정기관과 협의하여야 한다.

④ 특별시장·광역시장·특별자치시장 또는 특별자치도지사는 지방교통약자 이동편의 증진계획을 수립하려면 「국가통합교통체계효율화법」 제110조에 따른 지방교통위원회(이하 "지방교통위원회"라 한다)의 심의를 받아야 한다.

⑤ 시장이나 군수가 제3항 및 제4항에 따라 지방교통약자 이동편의 증진계획을 수립하였을 때에는 대통령령으로 정하는 바에 따라 특별시장·광역시장·특별자치시장 또는 특별자치도지사는 국토교통부장관에게, 시장(특별시장·광역시장·특별자치시장 또는 특별자치도지사는 제외한다) 또는 군수는 도지사에게 각각 이를 제출하여야 한다.

⑥ 국토교통부장관이나 도지사는 제5항에 따라 지방교통약자 이동편의 증진계획을 받으면 교통약자 이동편의 증진계획에 부합하는지 등을 검토한 후 부합하지 아니한 내용이 있거나 지방교통약자 이동편의 증진계획 간의 연계성 및 통합성을 유지하기 위하여 필요하다고 판단되는 내용이 있을 때에는 국가교통위원회 또는 지방교통위원회의 심의를 거쳐 해당 시장이나 군수에게 지방교통약자 이동편의 증진계획의 수정·보완을 요청할 수 있다.

⑦ 시장이나 군수는 제6항에 따른 요청이 없으면 제5항에 따라 제출한 지방교통약자 이동편의 증진계획을 확정하며, 제6항에 따른 요청을 받았을 때에는 특별한 사유가 없으면 요청받은 내용을 반영하여 지방교통약자 이동편의 증진계획을 확정하여야 한다.

⑧ 시장이나 군수는 제7항에 따라 지방교통약자 이동편의 증진계획을 확정한 경우에는 대통령령으로 정하는 바에 따라 그 내용을 고시하고 일반인이 열람할 수 있도록 하여야 한다.

⑨ 시장이나 군수는 교통약자 이동편의 증진계획이 변경되거나 지방교통약자 이동편의 증진계획에 포함된 사항을 변경할 필요가 있는 경우에는 지방교통약자 이동편의 증진계획을 변경할 수 있다.

⑩ 지방교통약자 이동편의 증진계획의 변경에 관하여는 제3항부터 제8항까지의 규정을 준용한다. 다만, 대통령령으로 정하는 경미한 사항을 변경하는 경우에는 그러하지 아니하다.

2) 교통약자 이동편의 증진 지원계획의 수립

가. 도지사는 교통약자 이동편의 증진계획 및 지방교통약자 이동편의 증진계획의 실시를 지원하기 위하여 대통령령으로 정하는 바에 따라 5년 단위의 교통약자 이동편의 증진 지원계획(이하 "교통약자 이동편의 증진 지원계획"이라 한다)을 수립하여야 한다.

나. 교통약자 이동편의 증진 지원계획에는 다음 각 호의 사항이 포함되어야 한다.
  ① 관할 행정구역 내 시·군의 교통약자이동편의시설 설치·관리 지원에 관한 사항 및 시·군 간 균형적 지원에 관한 사항
  ② 특별교통수단 도입·확충 지원에 관한 사항
  ③ 광역이동지원센터 운영 등 특별교통수단의 광역적 이용을 위한 협력체계 구축 방안

다. 도지사가 교통약자 이동편의 증진 지원계획을 수립하고자 하는 때에는 미리 국토교통부장관 및 관할하는 행정구역 내의 시장·군수와 협의하여야 한다. 수립된 교통약자 이동편의 증진 지원계획을 변경하고자 하는 때에도 또한 같다.

3) 연차별 시행계획의 수립

① 시장이나 군수는 지방교통약자 이동편의 증진계획을 집행하기 위한 연차별 시행계획을 수립하여야 한다.

② 제1항에 따른 연차별 시행계획의 수립·변경·시행 등에 필요한 사항은 대통령령으로 정한다.

이동편의시설 설치기준 등 — 제3절

1. 이동편의시설의 설치 대상

이동편의시설의 설치 대상(이하 "대상시설"이라 한다)은 다음 각 호의 어느 하나에 해당하는 것으로서 대통령령으로 정하는 것으로 한다.

① 교통수단
② 여객시설
③ 도로

2. 이동편의시설의 설치기준

① 대상시설별로 설치하여야 하는 이동편의시설의 종류는 대상시설의 규모와 용도 등을 고려하여 대통령령으로 정한다.
② 대상시설별로 설치하여야 하는 이동편의시설의 구조·재질 등에 관한 세부기준은 국토교통부령으로 정한다.
③ 이동편의시설에 관하여 이 법에서 특별히 규정한 사항을 제외하고는 「장애인·노인·임산부 등의 편의증진 보장에 관한 법률」 등 다른 법률에서 정하는 바에 따른다.

3. 이동편의시설의 설치 등

교통사업자 또는 도로관리청 등 대상시설을 설치·관리하는 자는 대상시설을 설치하거나 대통령령으로 정하는 주요 부분을 변경할 때에는 제10조에 따른 설치기준에 맞게 이동편의시설을 설치하고 이를 유지·관리하여야 한다.

4. 기준적합성 심사

교통행정기관은 교통수단과 여객시설에 대한 면허·허가·인가 등을 하는 경우 교통수단과 여객시설에 설치된 이동편의시설이 제10조에 따른 설치기준에 맞는지를 심사하여야 한다.

5. 교통사업자 등에 대한 교육

① 교통사업자는 시·도지사 또는 시장·군수·구청장이 실시하는 이동편의시설의 설치 및 관리 등에 관한 교육을 받아야 한다.
② 특별교통수단을 운행하는 운전자는 시·도지사 또는 시장·군수·구청장이 실시하는 교통약자서비스에 관한 교육을 받아야 한다.
③ 시·도지사 또는 시장·군수·구청장은 교육수요의 부족 등으로 인하여 교육의 실시가 곤란한 경우에는 다른 지방자치단체의 장과의 협의를 통하여 제1항에 따른 교육 실시에 관한 사무를 다른 지방자치단체의 장에게 위탁할 수 있다.
④ 제1항 및 제2항에 따른 교육의 방법, 내용 및 경비 등에 관하여 필요한 사항은 해당 지방자치단체의 조례로 정한다.

6. 노선버스의 이용 보장 등

① 「여객자동차 운수사업법」 제3조제1항제1호에 따른 노선 여객자동차운송사업을 경영하는 자(이하 "노선버스 운송사업자"라 한다)는 교통약자가 안전하고 편리하게 버스를 이용할 수 있도록 승하차 시간을 충분히 주어야 하고, 승하차 편의를 제공하여야 하며, 저상버스를 보유하고 있는 경우 일반버스와 저상버스의 배차순서를 적절히 편성하여야 한다.
② 국토교통부장관 또는 시·도지사는 「여객자동차 운수사업법」 제4조에 따른 여객자동차운송사업 면허를 할 때에는 같은 법 제5조에 따른 면허기준을 갖추고 저상버스 등 교통약자가 편리하고 안전하게 이용할 수 있는 구조를 가진 버스(이하 "저상버스등"이라 한다)를 대통령령으로 정하는 대수(臺數) 이상 운행하려는 자에게 우선적으로 노선 여객자동차운송사업 면허를 할 수 있다.
③ 시장이나 군수는 지방교통약자 이동편의 증진계획을 수립할 때 저상버스등 도입 및 저상버스등의 운행을 위한 버스정류장과 도로 등 시설물의 정비계획을 반영하고, 이에 따라 저상버스등을 도입하여야 한다.
④ 국가와 지방자치단체는 제3항에 따라 저상버스등을 도입할 경우 노선버스 운송사업자에게 예산의 범위에서 재정지원을 하여야 한다. 이 경우 국가와

주차관련법규 & 운영

지방자치단체의 부담비율은 교통약자의 인구현황과 국가 및 지방자치단체의 재정여건 등을 고려하여 대통령령으로 정한다.
⑤ 도로관리청은 저상버스등의 원활한 운행을 위하여 필요한 경우에는 버스정류장과 도로를 정비하는 등 필요한 조치를 하여야 한다.
⑥ 국가는 제5항에 따른 버스정류장의 정비 등 필요한 조치에 소요되는 비용의 일부를 지원할 수 있다.

7. 특별교통수단의 운행

① 시장이나 군수는 이동에 심한 불편을 느끼는 교통약자의 이동편의를 위하여 국토교통부령으로 정하는 대수 이상의 특별교통수단을 운행하여야 한다.
② 시장이나 군수는 특별교통수단을 이용하려는 교통약자와 특별교통수단을 운행하는 자를 통신수단 등을 통하여 연결하여 주는 이동지원센터를 설치할 수 있다.
③ 도지사는 특별교통수단을 효과적으로 운영하기 위하여 필요하다고 인정하는 경우에는 관할 행정구역 내의 시장·군수와 협의하여 제2항에 따른 이동지원센터를 통합하여 운영하거나 별도의 이동지원센터를 설치할 수 있다.
④ 특별교통수단(특별교통수단을 이용할 수 있는 교통약자가 탑승하지 아니한 경우는 제외한다)이나 「장애인·노인·임산부 등의 편의증진 보장에 관한 법률」제17조제2항에 따른 장애인자동차표지가 부착된 자동차(장애인자동차표지를 발급받은 보행에 장애가 있는 사람이 탑승하지 아니한 경우는 제외한다) 외에는 제9조제2호 및 제3호의 시설에 설치된 장애인전용주차구역에 주차하여서는 아니 된다.
⑤ 특별교통수단을 운행하는 자는 교통약자의 거주지를 이유로 이용을 제한하여서는 아니 된다. 다만, 지방자치단체는 특별교통수단의 운행 대수, 운행 횟수 등을 고려하여 그 운영의 범위를 인근 특별시·광역시·도까지로 할 수 있다.
⑥ 국가 또는 도(道)는 제1항에 따른 특별교통수단의 확보 또는 제2항에 따른 이동지원센터의 설치에 소요되는 자금의 일부를 지원할 수 있다.
⑦ 특별교통수단을 이용할 수 있는 교통약자의 범위, 특별교통수단으로 운행

되는 차량의 종류, 특별교통수단에 장착하여야 하는 탑승설비의 기준 등에 관하여 필요한 사항은 국토교통부령으로 정한다.
⑧ 특별교통수단과 이동지원센터의 운영 등에 필요한 사항은 해당 지방자치단체의 조례로 정한다.

8. 보행우선구역에서의 조치

1) 시장이나 군수는 보행우선구역에서 보행자의 안전 또는 편의를 도모하기 위하여 지방경찰청장이나 경찰서장에게 다음 각 호의 조치를 요청할 수 있다.
   ① 자동차의 일방통행 등 통행 제한
   ② 자동차 운행속도 제한
   ③ 자동차의 정차나 주차의 금지

2) 제1항에 따른 요청을 받은 지방경찰청장이나 경찰서장은 특별한 사유가 없으면 요청에 따라야 한다.

9. 과태료

1) 다음 각 호의 어느 하나에 해당하는 자에게는 200만원 이하의 과태료를 부과한다.
   ① 제17조의3제2항을 위반하여 인증 표시 또는 이와 유사한 표시를 한 자
   ② 제28조제1항에 따른 보고 또는 자료 제출의 요구에 따르지 아니하거나 거짓으로 보고 또는 자료 제출을 한 자
   ③ 제28조제3항에 따른 검사를 거부·방해 또는 기피한 자
   ④ 장애인전용주차구역에 주차한 사람에게는 20만원 이하의 과태료를 부과한다.

주차관련법규 & 운영

chapter 04 도시교통정비 촉진법

제1절 목적 및 정의

1. 목적

이 법은 교통시설의 정비를 촉진하고 교통수단과 교통체계를 효율적으로 운영·관리하여 도시교통의 원활한 소통과 교통편의 증진에 이바지함을 목적으로 한다.

2. 이 법에서 사용하는 용어의 뜻은 다음과 같다.

① "교통수단"이란 사람이나 물건을 한 지점에서 다른 지점으로 이동하는 데에 이용되는 버스·열차(도시철도의 열차를 포함한다), 그 밖에 대통령령으로 정하는 운반수단을 말한다.

② "교통시설"이란 교통수단의 운행에 필요한 도로·주차장·여객자동차터미널·화물터미널·철도·도시철도·공항·항만 및 환승시설 등을 말한다.

③ "환승시설"이란 교통수단의 이용자가 다른 교통수단을 편리하게 이용할 수 있게 하기 위하여 철도역·도시철도역·정류소·여객자동차터미널 및 화물터미널 등의 기능을 복합적으로 제공하는 시설을 말한다.

④ "교통체계관리"란 교통시설의 효율을 극대화하기 위하여 행하는 모든 행위를 말한다.

⑤ "교통영향분석·개선대책"이란 해당 사업의 시행에 따라 발생하는 교통량·교통흐름의 변화 및 교통안전에 미치는 영향(이하 "교통영향"이라 한다)

을 조사·예측·분석하고 그와 관련된 각종 문제점을 최소화하기 위하여 수립하는 대책을 말한다.

⑥ "시설물"이란 「건축법」 제2조제1항제2호에 따른 건축물과 골프연습장·옥외관람시설 등 대통령령으로 정하는 구축물(構築物)을 말한다.

⑦ "교통수요관리"란 교통혼잡을 완화(緩和)하기 위하여 교통혼잡 발생의 주요 원인이 되는 자동차의 통행을 줄이거나 통행 유형을 시간적·공간적으로 분산하거나 교통수단 이용자에게 다른 교통수단으로 전환하도록 유도하여 통행량을 분산시키거나 감소시키는 것을 말한다.

⑧ "혼잡통행료"란 교통혼잡을 완화하기 위하여 교통혼잡이 심한 도로나 지역을 통행하는 차량이용자에게 통행수단 및 통행경로·시간 등의 변경을 유도하기 위하여 부과하는 경제적 부담을 말한다.

⑨ "교통유발부담금(交通誘發負擔金)"이란 교통혼잡을 완화하기 위하여 원인자 부담의 원칙에 따라 혼잡을 유발하는 시설물에 부과하는 경제적 부담을 말한다.

제2절 도시교통정비계획

1. 도시교통정비지역의 지정·고시

1) 국토교통부장관은 도시교통의 원활한 소통과 교통편의 증진을 위하여 다음 각 호의 지역을 도시교통정비지역으로 지정·고시할 수 있다.

① 인구 10만명 이상의 도시(도농복합형태의 시는 읍·면지역을 제외한 지역의 인구가 10만명 이상인 경우를 말한다)

② 제1호 외의 지역으로서 국토교통부장관이 직접 또는 관계 시장·군수의 요청에 따라 도시교통을 개선하기 위하여 필요하다고 인정하는 지역

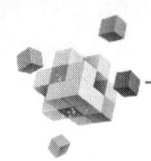

주차관련법규 & 운영

2) 국토교통부장관은 제1항제2호의 지역을 도시교통정비지역으로 지정하려면 안전행정부장관과 미리 협의한 후 「국가통합교통체계효율화법」 제106조에 따른 국가교통위원회(이하 "위원회"라 한다)의 심의를 거쳐야 한다.

2. 교통권역의 지정·고시

① 국토교통부장관은 제3조제1항에 따른 도시교통정비지역(이하 "도시교통정비지역"이라 한다) 중 같은 교통생활권에 있는 둘 이상의 인접한 도시교통정비지역 간에 연계(連繫)된 교통 관련 계획을 수립할 수 있도록 교통권역(交通圈域)을 지정·고시할 수 있다.

② 국토교통부장관은 교통권역을 지정하려면 안전행정부장관과 미리 협의한 후 위원회의 심의를 거쳐야 한다.

3. 도시교통정비 기본계획의 수립

① 제3조에 따라 도시교통정비지역으로 지정된 행정구역을 관할하는 시장(특별시장·광역시장·특별자치시장 및 특별자치도지사를 포함한다. 이하 같다)이나 군수는 대통령령으로 정하는 바에 따라 20년 단위의 도시교통정비 기본계획(이하 "기본계획"이라 한다)을 수립하여야 한다.

② 기본계획에는 다음 각 호의 사항이 포함되어야 한다. 이 경우 교통권역 안의 다른 도시교통정비지역 또는 인근지역과의 관계를 고려하여야 한다.

4. 주차장의 건설 및 운영계획

법 제5조제2항제2호마목에 따른 주차장의 건설 및 운영에 관한 계획에는 다음 각 호의 사항이 포함되어야 한다.

1) 주차시설 및 주차 실태의 조사·분석
2) 주차수요 예측 및 공급계획
3) 주차관리 정책방향
4) 그 밖에 주차장을 효율적으로 운영하기 위하여 필요한 사항

가. 도시교통의 현황 및 전망
나. 다음 사항이 포함되는 부문별 계획
① 유출입(流出入) 교통대책 및 도로·철도·도시철도 등 광역교통체계의 개선
② 교통시설의 개선
③ 대중교통체계의 개선
④ 교통체계 관리 및 교통소통의 개선
⑤ 주차장의 건설 및 운영
⑥ 자전거 이용시설의 확충
⑦ 환경친화적 교통체계의 구축

5. 기본계획의 확정

① 시장이나 군수는 제5조에 따라 기본계획을 입안하면 대통령령으로 정하는 바에 따라 국토교통부장관이나 도지사에게 제출하여야 한다.
② 국토교통부장관이나 도지사는 제1항에 따라 기본계획을 제출받으면 위원회나 지방교통위원회의 심의를 거쳐 해당 시장이나 군수에게 의견을 제시할 수 있다. 이 경우 국토교통부장관은 관계 중앙행정기관의 장과 협의하여야 한다.
③ 시장이나 군수는 제2항에 따라 의견을 제시받으면 특별한 사유가 없으면 그 의견을 반영하여 기본계획을 확정하고 고시하여야 한다.

6. 교통수요관리

1) 교통수요관리의 시행

가. 시장은 도시교통의 소통을 원활하게 하고 대기오염을 개선하며 교통시설을 효율적으로 이용할 수 있도록 하기 위하여 관할 지역 안의 일정한 지역에서 다음 각 호의 교통수요관리를 할 수 있다. 이 경우 제1호와 제2호의 사항에 관하여는 지방교통위원회의 심의를 거쳐야 한다.
① 제34조에 따른 자동차의 운행제한에 관한 사항
② 승용차부제에 관한 사항

주차관련법규 & 운영

　　　③ 제35조에 따른 혼잡통행료의 부과·징수에 관한 사항
　　　④ 주차수요관리
　　　⑤ 승용차공동이용 지원
　　　⑥ 자가용 승용자동차 함께 타기
　　　⑦ 원격(遠隔) 근무와 재택(在宅) 근무 지원
　　　⑧ 자전거 이용 활성화를 위한 시설 확충
　　　⑨ 그 밖에 통행량의 분산 또는 감소를 위하여 대통령령으로 정하는 사항
　나. 시장은 제1항에 따른 교통수요관리를 시행하려면 공청회 등을 거쳐 충분히 의견을 수렴하여야 한다.
　다. 제1항에 따른 교통수요관리에 관하여는 이 법으로 정한 사항을 제외하고는 조례로 정하는 바에 따른다.

7. 교통 유발 부담금의 면제

법 제36조제8항제3호에 따라 다음 각 호의 어느 하나에 해당하는 시설물을 그 시설물의 목적에 사용하는 경우에는 부담금을 부과하지 아니한다.

　① 주차장 및 차고
　② 새마을사업을 위한 마을 공동 시설물
　③ 「정당법」에 따라 설립된 정당의 소유인 시설물
　④ 종교시설
　⑤ 「유아교육법」, 「초·중등교육법」, 「고등교육법」 또는 특별법에 따라 설립된 각급학교의 교육용 시설물(대학부속병원의 경우 교육을 위한 강의실·실험실습실 및 도서관으로 한정한다)
　⑥ 「사회복지사업법」에 따른 사회복지시설과 「대한적십자사 조직법」에 따른 대한적십자사의 소유인 시설물
　⑦ 「박물관 및 미술관 진흥법」에 따른 박물관 및 미술관 시설
　⑧ 「문화예술진흥법」에 따른 한국문화예술위원회의 소유인 시설물과 「지방문화원진흥법」에 따른 지방문화원의 소유인 시설물

　　이하 생략....

8. 부설주차장의 이용제한 명령

① 시장은 특별관리구역의 교통혼잡 또는 특별관리시설물에 따른 교통혼잡을 완화하기 위하여 특히 필요하다고 인정되면 특별관리구역시설물이나 특별관리시설물의 소유자에 대하여 연간 60일의 범위 이내에서 주차부제(駐車部制)를 실시하여 「주차장법」 제2조제1호다목에 따른 부설주차장 이용제한을 명할 수 있다.

② 제1항에 따른 부설주차장 이용제한의 세부적인 내용, 실시방법 등에 관하여 필요한 사항은 조례로 정한다.

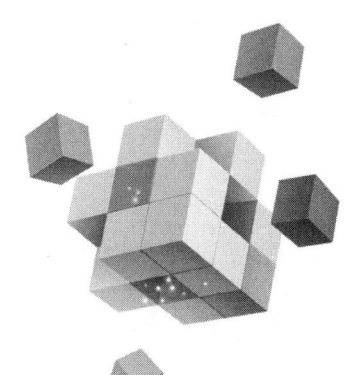

주차관련법규 & 운영

제3장 | 주차장의 관리

01 주차장 관리 요령

02 주차장 관리 기법

03 주차장 배상책임보험

04 주차장 관련 각종 사고 사례

chapter 01 주차장 관리 요령

제1절 직원의 업무

1. 직원의 임무

① 주차장 입차 차량 주차유도 및 주차표 교부
② 공영간 중 주차차량 각종 사고 예방 활동
③ 출차차량 주차요금 영수증 교부 및 출차유도
④ 감면 사항 등 각종 시책업무 현장 추진
⑤ 당일 주차표, 수입금 결산 및 영업소 납부
⑥ 주자요금 미납차량 및 도주차량 조치
⑦ 기타 주차장내 특이 사고사항 즉시 담당 상사에게 보고

2. 주차관리 직원의 근무 수칙

① 근무지의 정리 정돈을 철저히 하며, 항상 청결하게 보존 유지한다.
② 근무시간 준수, 규정 복장 착용, 안전수칙 준수 등 자기 직무상의 권한을 넘어 위법한 행위를 행하지 않는다.
③ 수시 순찰을 실시하여 주차중인 차량의 파손이나, 도주 도난 등이 발생하지 않도록 힘쓰며, 주차장 설비 및 기계 시설을 소중히 취급한다.
④ 재직 중 고의 또는 과실로 주차장에 손해를 끼친 경우 변상하며, 퇴직 후라도 변상 조치한다.

주차관련법규 & 운영

⑤ 담당 업무 또는 명령 지시된 업무는 성실, 책임있게 수행한다.
⑥ 업무를 방해하거나 또는 직장의 풍기, 질서를 문란하게 하지 않는다.
⑦ 주차장을 이용하는 시민들에게 친절한 인사와 함께 원활한 입차가 될 수 있도록 유도한다.
⑧ 차량 출차 시에는 주변 통행인과 통행 차량 유무를 확인한 이후 안전한 출차가 될 수 있도록 차량을 유도한다.
⑨ 근무시간 중에 TV시청, 신문, 잡지구독, 수면 등의 행위를 하지 않는다.

3. 주차요금의 징수 및 결산

1) 주차요금의 징수

　가. 주차요금 징수 절차 : 차량 입차 → 이용요금계산 → 차량출차
　나. 수기주차권 및 요금 계산기
　　① 차량 입차 시 차량번호, 입차시간 등이 기록된 주차표를 교부한다.
　　② 주차표 원부 하단 절취하여 절취본을 차량에 부착한다.
　　③ 차량 출차 시에 이용자가 주차표를 제시하도록 한다.
　　④ 주차시간에 해당 하는 요금을 징수하고 영수증을 교부한다.
　　⑤ "이용해 주셔서 감사합니다." 인사 후 차량 출자 유도한다.

2) 카드전용주차장
　　① 차량 입차 시 고객이 직접 카드를 투입한 후 입차한다.
　　　(단, 차량번호 인식 주차장은 자동으로 인식한다.)
　　② 이용 시간에 따라 고객이 직접 카드로 요금을 납부한다.

3) 정산 환급금 처리
　가. 주차요금 할인 대상 차량이 정상요금으로 요금 지불했을 때 안내
　　근무자는 정상 요금 지불 한 것을 할인 요금으로 정산 후 차액 요금을 현금으로 이용객에게 환급한다.
　나. 근무자는 환급한 내역을 대장에 기록 관리한다.
　　(대장에 영수증 부착, 연락처, 성명, 차량번호 등 기재)

다. 근무자는 매월말 대장을 점검 받는다.

4) 주차요금 일일 결산 및 보고

가. 주차요금 일일 결산 보고 절차

현장 직원 일일 일계표 작성 → 취합(은행납입) → 보고

나. 주차요금 일일 결산

① 현장 주차관리 직원은 주차장 운영시간 종료 후 당일 현장에서 수납한 주차 수입금과 주차표 사용매수 등을 결산하여 수입 일계표를 작성한다.

② 영업소에서는 주차관리 직원이 결산 후 납부한 일계표와 주차표 사용매수, 금액등이 정확히 결산되었는지를 취합, 확인한다.

③ 당일 주차수입금은 징수 결의하여야 하며, 납입서를 작성하여 이용 은행에 당일 납입함을 원칙으로 한다.

4. 장기방치차량 발생처리

1) 장기방치차량 발생처리

가. 사전예방조치

① 주차장내 장기 미출차 차량 발생시는 미출차 대장 확인 후 차량에 부착된 연락처로 자진 출차 유도한다.

② 연락처 없을 시는 인근 지구대 협조하여 최대한 연락처 확보하여 출차 정산 유도한다.

③ 무단 장기 방치차량 발생보고

④ 주차장내 장기방치차량 발생 시 즉시보고

⑤ 차적조회 후 연락 조치 및 도난 여부 확인, 방치차량 사진촬영

- 인수통지서 (1,2차 발송) → 장기방치차량 대장등재
- 차적조회 후 차량 소유자에게 1,2차 인수통지서 등기 발송
- 장기방치차량 신 및 처분 의뢰 → 관할청 (교통과)
- 1, 2차 인수통지 기한 만료 즉시 관할구청에 강제 처분의뢰

주차관련법규 & 운영

5. 주차장 내 사고처리

1) 사고발생시 업무 처리 절차

  가. 주차장내 차량 파손 사고 접수
    ① 사고경위 및 주차장내 사고발생 사실 확인(CCTV등)
      ※ 근무자의 과실이 있을 경우 과실비율대로 분담비율결정
    ② 가입한 주차장 배상책임보험 보험사에 사고접수 조치

  나. 고객부주의로 시설물(시스템고장)손상 발생시
    ① 현장확인 후 사고 발생 유선통보 : 현장근무자 → 시설담당자
    ② 사고당일 가해차량 운전자로부터 "사고처리 확인서"징구
    ③ 시설물(시스템)원상 복구 요청 : 시설담당자 → 가해차량 운전자

  다. 현장직원이 할 일
    ① 시스템 유지관리업체통보
    ② 가해자에게 기물 파손 관련 가해자측 보험접수 요청
    ③ 시설물 (시스템)언상 복구 완료 확인 : 시설 담당자, 현장근무자

  라. 이용객 차량 사고 관련
    사고발생시 업무처리절차
    주차장 이용고객 차량 손상 등 발생시
    주차장 이용고객 차량 손상(긁힘 등)신고접수 : 이용객 → 현장근무자
    ※ 절대유의 : 주차장 이용객의 CCTV확인절대 불가(개인정보법 위반)
      → "CCTV 확인 후 연락드리겠다"고 답변 후, 근무시간 중 관련 영상 자료 확인

2) 사고당일 현장 근무자 조치사항

  가. 주차장 이용객(사고자)에게 경찰서 사고 접수 요구
  나. "사고처리 확인서"작성, 사고발생 유선통보 : 담당자, 보험담당
  다. 근무시간 중 사고관련 영상자료 확인(외부 열람 및 유출 절대 불가)
    영상 자료 열람 문서 요청 : 경찰서

3) 경찰서 영상 자료 열람 문서 요청에 따른 자료 제출

※ 경찰 요구 시라도 문서 요청 없을 시는 확인 불가

가. 당해 차량 본인 요구 시라도 전체를 보여 줄 수는 없음으로 같이 열람하는 것은 불가하며, 본직원이 우선 확인 후 당해 차량 해당되는 부분만 열람조치

나. 차량손상에 대한 보험처리
① 주차장 과실이 있는 경우 : 자체보고 후 보험처리 요청
② 주차장 과실이 없는 경우 : 사고 당사자 간 차체 처리
③ 보험처리 완료 확인

chapter 02 주차장 관리 기법

주차관제 시스템   제1절

1. RF 방식

① RF방식이라 함은 차량 앞유리에 RF카드를 부착하여 두면 리더기가 이를 인식하여 차단기를 열어주는 방식이다.
② RF방식의 단점은 카드가 고가이며, 카드를 분실, 도난당하거나 다른 사람에게 대여 시 출입통제가 불가능한 상황이 발생된다.
③ 또 CCTV를 별도로 두어 촬영해야 한다.

2. LPR 방식(차량번호판 자동인식)

① LPR방식은 번호판 자체를 인식하기 때문에 카드대여가 불가능하므로 단지 보안상 유리하다. 유지보수 비용도 적게 들어가며, CCTV를 별도로 두지 않아도 출입기록이 저장된다.
② 단점은 번호판이 손상되었거나, 눈길로 심하게 다녀서 오염된 경우 인식률이 떨어질 수 있다.

LPR(차량번호판인식) 시스템과
지방자치단체의 주차관제시스템 (서초구청 사례)

1. LPR(License Plate Recognition, 차량번호판인식)이란?

1) 컴퓨터비전과 LPR

알려진 바와 같이, 영상인식을 매개로 발전한 컴퓨터비전기술은 CCTV 분야에서 괄목할 만한 기술적 성과를 낳았다. 이제는 CCTV를 통하여 단순한 객체인식과 분별을 넘어서서 객체의 특징적 형상, 색채, 외부에 노출된 소유물의 종류 등에 까지 자동인식, 추출단계에 이르렀으며, 객체간의 특정한 행위인식도 가능하게 되었다.

이러한 카메라를 이용한 영상인식기술중에서 낮은 단계의 기술분야가 카메라 영상으로 부터 문자(숫자)를 추출하는 기술 즉, OCR(광학문자인식)기술이다. 그렇다고 해당 기술이 낮은 난이도란 뜻은 아니다. 이것 역시 정확도를 높이려면 상당한 기술적 노력과 시간이 소요된다.

이러한 기술을 주차장이나 도로교통분야에 적용하여, 차량번호판을 자동으로 판독하도록 하는 장치를 LPR(License Plate Recognition ; 차량번호판인식) 이라고 한다. License Plate는 미국식 '차량번호판' 호칭이다.

그렇다면 이 LPR은 어떤 절차로 차량번호를 자동으로 추출할까? 이 글을 읽는 독자들은 I.R.I.S.사의 Readiris를 한번쯤 접하지 않은 분들은 없을 것이다. 바로 그 OCR(광학문자인식)기술이 동일한 Base를 이룬다.

즉, CCD카메라로 부터 이미지센서를 통하여 입력된 디지털영상정보로 부터 사각의 차량번호판 모양의 객체를 1차 추출하고, 해당 사각 객체내의 이미지로 부터 텍스트를 2차로 추출한다. 여기서 1차로 번호판 모양을 추출하는 과정은, 차량에서 사각의 번호판 모양을 가진 이미지가 거의 없기 때문에 크게 어렵지 않으며 또한 주차장의 경우 입차 시에 카메라 방향을 근접하여 맞추기 때문에 매우 쉽다. 그러나, 2차로 차량번호판으로 부터 텍스트와 숫자를 추출하는 과정은 그리 녹녹치 않은 기술적 성과를 요구한다.

그 주된 이유는, 컴퓨터비전 즉, 컴퓨터가 사물을 인식하는 방법에서 인간이 느끼는 사소한 차이가 컴퓨터에서는 매우 어렵고 크게 다루어지기 때문이다. 예를 들면, 음성에서 '도레미파솔라시도'를 읊으면서 약간 수정하여 '드리마포슬리새도'로 읽어도 컴퓨터는 그 차이를 인식하기 어렵다. 그래서, TTS 즉, 텍스트를 음성으로 바꾸는 것은 매우 쉽지만, 음성을 인식하여 텍스트로 추출하는 것은 매우 힘든것과 같다. 마찬가지로 차량번호판에서 텍스트를 추출하는 것은 차량번호판 위의 먼지 등 상태, 구겨짐이나 휘어짐 등의 조건, 우천이나 야간 반사광 등의 환경 등으로 컴퓨터 비전기술의 난제가 숨어있다. 특히 맑은 날에 깨끗한 번호판이라 할지라도 그림자가 비추면 이것은 LPR에서는 매우 치명적인 조건이 된다.

이렇듯, LPR시스템 즉, 차량번호판인식 시스템은 카메라의 영상인식기술을 이용하여 이를 차량번호판 추출에 적용함으로써, 주차장의 진출입 차량에 대한 관제시스템을 구축하거나 도로교통분야에서 도로위의 주행 중인 차량에 대한 자동 인식을 목적으로 한다.

2) LPR시스템의 기본 구조

LPR은 크게 3+1 구조로 구성되어 있다. 여기서 3은 주요 구성부분이며, 곁에 붙은 1은 있어도 되고 다른 제품을 써도 되는 옵션을 의미한다. 그 3가지 주요구성부분은 카메라, 컴퓨터시스템, 네트워크장치이다. 그리고 옵션은 안내전광판 즉, LED전광판을 말한다.

카메라는 입력부로서 가장 중요한 부분을 이루며, 30p촬영이 지원되는 Progressive방식의 정지영상스캐닝 지원 CCD카메라로서, 개발자가 요구하는 성능기준을 통과해야 한다. 그러나 아쉽게도 국내의 LPR제조업체들은 국내에서 해당 카메라를 조달하지는 않는다. 그렇다면 어느 나라에서 구매하는 지는 독자들의 판단이 거의 맞을 것이기에 생략한다. 다음으로는 중앙처리장치부 즉, 엔진으로서 컴퓨터시스템이다.

물론, 여기에는 차량번호를 추출하는 어플리케이션이 탑재되어 있다. 이 App.은 차량번호 추출뿐만 아니라 기초데이터인 영상정보를 저장, 관리하기도 하며, 네트워크상에서 데이터를 관리할 수 있도록 하며, 전송할 수도 있다. 네트워크부는 고속의 데이터처리를 보장할 수 있어야 한다. 왜냐하면, 일반적으로 차량정보를 본관의 관제실(총무과 등)에 두기 때문에 차량진출입 정보의 호출과 정산은 0.3초내에 이루어져야 한다. 한편, 미인식차량의 경우 해당 정지영상을 호출하여 보정할 경우 시간이 지체되면 곤란하다. 따라서, 이더넷스위치는 100M 이상의 것을 사용해야 하며, 케이블 역시 CAT5e 이상의 것을 사용해야 한다.

마지막으로 옵션인 LED전광판은 통상 64mm짜리를 가로세로 크기로 한 LED격자를 2단으로 가로7열~8열짜리를 사용한다. 그러나, 경우에 따라서는 64mm짜리 규격이 글씨가 너무 작다고 불편을 느낄 수 있으며 이 경우에는 96mm를 이용한 2단 6열짜리를 쓰고 있는데, 단위 격자가 크기 때문에 6열이상 늘리기 어렵다. 한편, 해당 LED소자는 자유로운 글씨와 색상, 흐림글씨 등이 가능해야 한다.

이렇게 볼 때, 이 두 가지 규격은 장단점이 있다. 64mm 2단 8열짜리의 경우 그리 크기가 작지도 않을 뿐 아니라 한 정지화면에 대부분의 글씨 표현이 가능하다. 한편, 96mm 2단 6열짜리를 사용할 경우, 글씨가 크기 때문에 전체적인 설치경관이 투박한 대신에 크고 밝게 볼 수 있다는 장점이 있다. 이 두 가지 규격의 가격은 거의 비슷하다.

3) LPR시스템의 기술수준

LPR은 공공분야 뿐만 아니라 민수분야에도 상당히 보급되었음에도 불구하고 아직도 일부에서는 LPR의 인식률 즉, 차량번호추출의 성공률에 대하여 의문을 제기하고 있다. 하지만, 필자는 이 문제에 대하여서는 단호

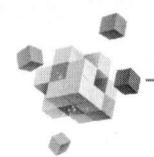
주차관련법규 & 운영

히 말할 수 있다. '현재의 LPR의 기술은 거의 100%인식수준이다'

LPR의 차량번호 추출은 이제는 거의 오류가 없다. 기상조건이나 어떠한 환경에서도 이제는 100%로 봐도 무방하다. 행여나 미인식차량이 있어도 출구 정산소에서는 보관된 사진을 추출하여 보정이 되므로 서비스 차질은 절대로 없다.

2. LPR의 도입과 지방자치단체 주차행정서비스의 혁명

1) 지방자치단체의 기존 주차관제장치의 문제점

서울시의 경우에도 LPR을 도입한 곳은 서초구청을 포함하여 2곳 뿐이다. 지방은 말할 것도 없다. 이 때문에 지방자치단체에서는 민원인 주차관제로 상당한 골머리를 앓고 있다. 그 주된 내용은 다음과 같다.

첫째, 기존에 설치된 주차장치의 고장이 너무 잦다.

기존에 설치된 주차장치는 주차권발권기(마그네틱 번호표), RFID카드리더기 등이다. 이 장치들은 고장이 잦을 수밖에 없다. 특히 주차권발권기는 정교한 롤링머신과 프린터모듈이 동작하는 장치로서 장기사용으로 인한 기어마모와 모터속도저하, 인쇄타공의 성능저하등이 불가피하며 때문에 주차권종이가 자꾸 끼이고 출구전에 쌓여서 배출을 못하는 상태가 반복되거나 카트리지를 갈아도 인쇄된 주차권의 글씨를 못알아본다든지, 마그네틱띠에 기록이 되지 않아서 읽지 못하는 상황등이 자주 발생하게 되는 것이다.

또한, RFID리더기의 경우 대부분 900MHz 혹은 2.4GHz의 Passive방식의 ID카드를 사용하고 있는데, 그 출입구에 설치된 리더기에서 보내는 전파에 ID정보를 실어서 반송파로 출입차단기를 제어하게 된다. 그러나, 이러한 발진 및 반송파의 수신을 처리하는 전자회로가 노후화되면 그 성능이 떨어질 수밖에 없다.

때문에, RFID카드리더기 앞에서 진입차량이 후진-재진입을 반복해야 하거나, 차량을 카드리더기 앞에서 2~3초간 정지한 상태를 유지해야 카드를 읽을 수가 있다.

이렇듯, 지자체에서는 기존의 주차관제장치의 유지를 위하여 주차권종이 및 인쇄카트리지 등 소모품조달 및 카드발급 담당자의 배정 등으로 매월 비용이 소요될 뿐만 아니라, 주차관제장치의 잦은 고장으로 인한 보수비용 발생, 행정력낭비와 청사 주차장 주차행정에 대한 민원인의 불만이 초래되고 있는 것이다.

둘째, 종종 출구 정산소에서는 요금시비로 인한 민원이 발생한다.

기존의 주차관제장치는 해당 차량에 대한 고유한 정보를 매칭하지 못하기 때문에, 이를테면 주차권이나 RFID카드의 분실, 혹은 도용에 대하여 대처할 수가 없다.

이로 인하여 거짓말을 하는 악의적인 주차비 민원도 발생하며 역으로 선의의 피해자도 발생한다. 현재의 시스템에서는 이를 방지하기 위한 근본적인 방법은 없기 때문에 결국일부지자체에서는 주차장을 개방하기도 하지만, 이것은 주차장을 항상 꽉차게 만들게 되어 정작 차량을 소지한 민원인들이 지자체 민원인 주차장을 활용하지 못하게 하는 또 다른 불편을 야기한다.

셋째, 일부 인구밀집지역 지자체에서는 차량 진입 및 진출에서 적체현상이 반복되고 있다.

기존의 주차장치는 마그네틱 종이발권기를 거치거나 복잡할 경우에는 RFID카드 자동발급기를 거쳐야 한다. 여기에 차량진입검지 및 음성안내 → 발권기 버튼누름 → 주차권수령 → 차단기 통과 등에 소요되는 시간은 최소 5초 이상 소요되며, 주차장치의 오동작으로 지체될 경우에는 수분이 걸리기도 한다. 그런가하면 출구 정산소에서도 마찬가지이다. 주차권 제출 → 주차권리더기통과 → 주차요금확인 → 요금정산 → 차단기통과 등에 소요되는 시간은 최소 10초이며, 민원인이 카드를 제출하거나 현금을 꺼

주차관련법규 & 운영

내는데 (휴대폰 통화 등의 이유로) 시간이 소요되면 더 길어진다. 이러한 시간지체는 출입구에서의 적체현상을 초래하며, 당연히 민원사항이 발생하게 된다. 바쁜데 찾아왔건만 이게 뭐냐는 식이다. 이러한 적체로 인한 시간소모를 회피하기 위하여 지자체 인근 노상에 차량을 주차하게 되는데 이것은 어김없이 과태료 딱지가 붙게 된다. 이러한 문제는 인구밀집도가 높은 지자체에서 항상 발생하는 문제이다

네째, 청사의 주차장 관리정책의 과학화, 효율화를 가로막고 있다.

지자체 주차장은 적지 않은 토지면적을 차지하며, 도심에 소재한 지자체 청사의 경우에는 토지비용만으로도 주차장에 엄청난 돈을 퍼붓고 있는 셈이다. 이러한 고비용의 주차장을 유지하는 이유는 청사방문객에 대한 주차도 하나의 행정서비스이기 때문이다. 이러한 행정서비스는 그 개선을 위한 꾸준한 연구검토와 효율화, 서비스개선노력이 요구된다. 그러나 기존의 주차장치는 이러한 서비스개선을 위한 정보를 제공할 수 없다. 쉽게 말하면 차량진출입이 하루에 1,000대가 들어온다 할지라도 이것이 진정 민원인 차량인지, 인근 사무실 차량인지 알 수도 없고 동일한 차량이 반복해서 무료주차시간대에 10번 진출입한 것인지 여부도 알 수 없는 것이다.

이렇듯, 기존의 주차장치는 주차장 관리정책, 나아가 민원인 주차행정서비스의 개선을 가로막고 있는 셈이다.

2) LPR의 도입과 주차행정서비스의 획기적 변화

그렇다면, 만약에 주차장 진출입 차량에 대하여 마치 주민등록번호와 같이 고유 ID가 확보되고(차량에서는 차량번호가 될 것이다), 그 출입기록과 각 차량별 지불요금 등을 체계적으로 보관하여 통계처리가 가능하다면 어떨까?

그 답은 간단하다. 그렇게만 된다면, 그것은 기존의 지자체의 주차행정서비스를 획기적으로 바꾸게 될 것이며, 기존과 비교하면 가히 하늘과

땅차이가 될 것이다. 그래서, 필자는 이것은 혁명이라고 표현한 것이다. 그 혁명의 수단은 당연히 LPR이다.

첫째, LPR은 차량에 대한 고유ID를 자동적으로 추출하여 그 활용을 가능하게 한다.

LPR은 차량의 고유ID인 차량번호를 추출한다. 이것은 UNIQUE한 ID이다. LPR을 주차장 입구에 설치한다면, 특정ID(차량번호) 차량이 어느 날 몇시 몇분 몇초에, 어느 입구를 통과하였는지를 기록하고 저장하게 된다. 그 차량ID의 추출과 저장기록은 100mS(0.1초) 안에서 벌어진다. 이렇게 기록, 저장된 자료는 데이터로 구축되어 출구의 정산소에도 넘겨지며, 출구 정산소에서는 장애인차량이나 국가유공자 등은 단 한번의 입력만으로 영구적으로 적용할 수 있다. 그런가하면 민원없이 무료주차를 위하여 하루에서 수차례 들락날락하는 차량은 즉시 시스템에 등록되어 입차 시에 경고 및 블로킹을 할 수 있다. 한편 이러한 고유차량의 입출차기록은 통계처리되어 주차행정서비스 정책수립에 반영된다.

둘째, LPR로 인하여 청사출입 주차민원이 더 이상 발생하지 않게 되었다.

LPR도입 이전에는 각종 꼼수와 거짓말이 통하였으나 LPR시스템은 그것을 근원적으로 차단한다. 정확한 입차기록이 있을 뿐만 아니라, 입차 당시의 사진정보도 함께 보관되어 있기 때문에 시스템 오류라는 꼼수도 통하지 않는다. 그리고, 민원시간이 지체되어 불가피하게 무료주차시간을 경과하였어도 민원창구에서 담당자의 간단한 입력절차로 무료주차시간을 연장할 수 있다. 장애인 차량 등은 사전에 일괄 등록을 통하여 미리 주차요금정산 프로그램에 반영할 수 있으며, 만에 하나 누락되어도 출차 정산소의 검증 및 입력작업으로 간단히 해결할 수 있다. 주택조합민원이나 재건축민원 등 자주 반복해서 방문해야 하는 민원서비스의 경우에는 미리 등록하여 매번 민원실에서 일일이 입력하지 않아도 민원처리기간 동안에는 알아서 할인혜택을 줄 수 있다.

이렇듯, LPR의 도입은 주차행정서비스의 획기적 개선을 가져왔으며, 주

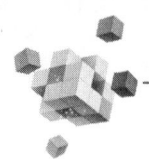
주차관련법규 & 운영

민-민원방문객들은 더 이상 주차민원은 발생하지 않을 뿐만 아니라 알아서 챙겨주는 주차행정 서비스에 만족감을 느끼게 된다.

셋째, LPR로 인하여 청사출입 민원인들에 대한 보다 풍부한 주차행정서비스가 가능하게 되었다.

LPR은 기존의 주차서비스의 개념을 바꾸어 놓았다. 기존의 주차관제시스템에 의한 주차서비스는 단지 출입차량을 통제하고 주차요금을 정산하는 데에만 초점을 두었다. 그러나, LPR의 도입으로 인하여 주차관제시스템은 주차행정서비스의 새로운 가능성을 열어놓았다.

알아서 챙겨주는 주차행정서비스는 민원인 차량에 국한되지 않는다. 중앙행정기관이나 지역유지의 청장방문시, 의회의 각급 회의에 참석할 경우 등등 이러한 VIP고객들에 대하여서는 관리자의 간단한 등록을 통하여 입구에서부터 크게 환대하는 인사를 할 수 있으며, 출구의 주차정산소에서도 무료통과뿐만 아니라 조촐한 환송문구를 접하게 할 수도 있다. 특정한 민원분야에 시간지체가 많음이 주차데이터베이스의 통계처리결과로 드러나면 해당 민원부서 방문자에게는 자동적으로 무료시간을 연장할 수 있도록 차량번호신고체제를 갖추게 할 수 있다. 청사에 납품을 하는 차량의 경우에는 공무업무 외에는 사적인 용도로 주차장을 점유하지 않도록 횟수와 시간을 제한할 수 있다.

그런가하면, 특정한 차량에 대하여서는 LED안내전광판을 통하여 특정한 지점으로 유도할 수 있으며, 의전실이나 준비실에는 입구의 차량통과를 통지함으로써 필요한 준비를 미리 할 수 있게 한다.

이렇듯, LPR의 도입은 풍부한 주차행정서비스를 실현시켜서 지역주민과 민원인들에게 커다란 감명을 주게 될 것이다.

3) 지방세체납자 소유차량에 대한 획기적 징수방법의 확보

차량번호의 사전입력을 통하여 특별할인-면제차량을 등록할 수 있고 VIP차량에 대하여서는 환대 및 안내가 가능하다는 것은 역으로 사전입력된 차량번호에 대한 블랙리스트 등록도 가능하다는 얘기가 된다.

이것을 활용한 것이, 서초구청의 '지방세 체납 소유차량에 대한 공공주차장 입차알림시스템'이다. 지방세체납은 누구나 사소하게 겪을 수 있는 일이지만, 지자체입장에서 해당 체납세의 징수는 그리 쉬운 일이 아니다. 별의별 홍보수단을 사용하기도 하고, 때로는 강제징수를 위한 방문을 하기도 한다. 그러나, LPR을 이용하면, 지자체가 운영하는 주차장에 출입하는 지방세체납자 소유차량의 경우 바로 세정과로 통지되어 주차장에 급히 나가서 차량번호판을 영치함으로써, 가장 확실하면서도 효과적인 징수체계를 구축할 수 있다.

서울시 서초구청의 LPR시스템 도입과업에 낙찰된 발해기술단은 과업수행기간중에 추가로 이 시스템 즉, '지방세 체납자 소유차량 알림서비스 시스템'을 서초구청에 납품하였고, 서초구청은 이 시스템의 운영결과, 1달만에 1억5,000만원의 지방세체납액의 징수효과를 가져왔다.

이것보다 효과적인 지방세 체납액 징수시스템이 있을까? 필자가 보기에는 현존하는 가장 획기적인 시스템이라 판단한다.

이 시스템은 네트워크로 연결하여 지자체에서 운영하는 모든 공공기관 주차장 및 공용주차장과 연계하여 운영할 수 있다. 물론, 이러한 산하 주차장도 모두 LPR시스템이 갖추어져 있어야 한다.

3. 결론

첫째, LPR의 도입은 친환경적인 시스템으로 교체를 의미한다.

더 이상 주차권용지와 같은 1회용품이 필요없으며 인체에 해로운 인쇄물을 받지 않아도 되며, 세정되지 않은 발권버튼을 누르지 않아도 된다. RFID태그도 마찬가지이다. 전자폐기물을 없애며 민원인들에게 나누어주는 RFID태그 세척제를 불필요하게 한다. 이렇듯 LPR은, 종이(주차권), 잉크, 세척제, 전자태그의 추가발급, 스티커 등등 이 모든 것들을 불필

주차관련법규 & 운영

요하게 하는 친환경적인 시스템을 의미한다.

둘째, LPR의 도입은 주차업무의 고도화, 과학화를 의미한다.

적체가 심하였던 주차장이라면 LPR 도입 이후에는 그 적체의 해소가 이루어지는 것은 눈으로 볼 수 있다. 정산원도 매우 편리하고 효율적인 시스템으로 인하여 업무처리량을 높일 수 있으며, 주차관제담당 공무원도 매우 효율적으로 주차관리감독을 행할 수 있다. 또한 모든 자료가 체계적으로 관리됨으로 인하여 주차장 출입분석과 주차행정정책수립에 용이하다.

셋째, LPR의 도입은 결과적으로 지자체의 재정에 기여한다.

기존 시스템을 그대로 쓰면서 버티는 것이 예산지출을 줄이는 것이라 생각할 수 있지만, 그것에 소요되는 제비용, 서비스 유지를 위한 담당자 배정 등 인건비와 잦은 고장으로 인한 민원발생, 주차요금 민원 등으로 인한 기회비용까지 고려하면 지방자치단체에서 LPR도입은 늦으면 늦을수록 손해다. 특히 타 지자체에서 LPR시스템 도입을 통하여 지방세체납액 회수 등이 활발하게 이루어지는 상황에서 우리만 기존 시스템을 고수한다면, 타 지자체의 재정확충 노력에 반하여 상대적으로 청사 재정을 더욱 불안정하게 만드는 것이다.

넷째, LPR의 도입은 지역주민, 민원인들에게 보다 고품격의 주차행정서비스를 하려는 공무원의 의지가 담겨있다.

LPR의 도입이 이루어지면 매우 간단한 입력만으로도 고객만족을 이끌수 있으며, 또한 공무원이 생각할 수 있는 다양한 서비스를 이끌어낼 수 있다. LPR은 주차관제시스템 분야에서 컴퓨팅의 최고조의 성과물이자 인간이 고안할 수 있는 최상의 주차관제장치이다.

3. RFID 방식

① 전파를 이용한 원격인식 시스템으로 고속 이동체(차량)에 부착된 RFID TAG에 대하여 인식하는 시스템이다.
② 무선인식 시스템을 이용하여 입, 출자를 통제하는 시스템.
③ 리더기와 카드의 무선 신호를 통해 입력된 정보를 수신하여 입·출자 관리가 가능한 시스템.

【특징】

① 차량통제시스템이나 정기차량을 위한 입·출차 시스템으로 사용됨
② 정기차량의 입·출차가 편리한 NON-STOP PASS시스템으로 주차장 출입이 자유롭다.
③ 사전에 미리 고유 ID가 부여된 RF TAG를 등록시켜 입·출차 시 원거리 전방에서 ID를 자동 인식한다.
④ 등록된 차량만을 입·출차시키므로 도난방지나 무단주차를 미연에 방지할 수 있다.

4. FLAP방식

① 플랩락(lock)을 이용하여 주차면을 제어, 관리하는 시스템이다. 적은 공간에 플랩판을 이용하여 효율적인 면수관리가 가능하며 출입하는 차의 통제가 가능하다.
② 늘어나는 차량에 비해 한정된 주차공간을 효율적으로 관리할 수 있으며, 일반 노외주차장 및 도로변의 노상주차장에 모두 설치 운영이 가능하며, 완전 무인 자동화 시스템으로 운영되므로 주차면의 바닥에 차량의 잠금 장치인 플랩을 설치하여 주차요금이 정산 되어야 플랩이 하강하여 출자할 수 있는 시스템이다.

주차관련법규 & 운영

chapter 03 주차장 배상책임보험

제1절 배상책임보험[賠償責任保險]

1. 배상책임보험이란 ?

일상 생활이나 사업 활동에서 타인의 신체나 재물에 손해를 끼침으로 인해서 법률상의 손해배상책임을 졌을 때 입은 손해를 보전해주는 보험을 가리키는 용어이다. 배상 책임의 발생은 매우 복잡하기 때문에 약관에는 일반적으로 공통되는 사항만을 정하였다. 그러나 인수 대상 사업 종류와 배상 책임 발생의 사유에 대응하는 많은 특별 약관이 덧붙여 정해져 있다. 배상 책임을 부담하는 위험은 해상보험, 자동차보험, 항공보험 등과 같이 보험 중에서도 다른 위험과 더불어 포괄적으로 담보하는 경우가 많다.[네이버 지식백과]

2. 배상책임보험의 종류

- 제조물 배상책임보험
- 생산물 배상책임보험
- 영업 배상책임보험
- 의료과실 배상책임보험

우리나라는 2002년 7월1일부터 제조물책임법이 시행되었다. 법 시행 이후 사고 건수의 접수가 법시행 이전보다 폭발적으로 증가하고 있으며 소비자인식의 변화에 따라 단순한 손해로만 여겨졌던 것이 분쟁화 되는 등 제조물하자에 대한 소비자의 피해청구가 날로 늘어가고 있다.

1) PL(PRODUCT LIABILITY) 보험

제조물과 생산물의 하자와 결함으로 인하여 발생되는 기업의 파산 및 손해를 보장하는 보험이다.

2) PL 보험의 보상하는 손해

법률상의 손해배상금 : 재물손해, 신체손해(치료비, 상실수익, 위자료 등)

3) PL 보험의 주요 보상하지 않는 손해

① 고의나 중과실로 법령을 위반한 경우 (행적규칙 등 하부규정포함)
② 벌과금 및 징벌적 손해에 대한 배상책임 (보험사와 별도가입)
③ 계약상의 가중책임
④ 환경오염에 대한 배상책임
⑤ 생산물자체, 작업 자체 손해
⑥ 생산물의 회수, 검사, 수리 또는 대체비용 (리콜비용 제품회수비용보상보험에서 보상)
⑦ 생산물 고유의 흠, 마모, 찢어짐, 점진적인 품질하락에 대한 배상청구
⑧ 티끌, 먼지, 석면, 분진, 소음, 전자파, 전자장으로 생긴 손해
⑨ 효능, 성능, 기능의 불발휘

4) 국내제조물배상책임법

가. 제조물의 범위

"제조물"이라 함은 다른 동산이나 부동산의 일부를 구성하는 경우를 포함한 제조 또는 가공된 동산을 말한다. 민법 제99조 "부동산, 동산"에서는 「토지 및 그 정착물은 부동산이며, 부동산 이외의 물건은 동산이다」라고 규정하고 있으며, 민법 제98조 "물건의 정의"에서는 「물건이라 함은 유체물 및 전기, 기타 관리할 수 있는 자연력을 말한다」라고 규정하고 있다

나. 제조물책임의 주체

"제조업자"라 함은 다음 각목의 자를 말한다.

① 제조물의 제조·가공 또는 수입을 업으로 하는 자
② 제조물에 성명·상호·상표 기타 식별 가능한 기호 등을 사용하여 자신을 가목의 자로 표시한 자 또는 가목의 자로 오인시킬 수 있는 표시를 한 자

주차관련법규 & 운영

다. 손해배상의 대상 및 범위

제조업자는 제조물의 결함으로 인하여 생명·신체 또는 재산에 손해(당해 제조물에 대해서만 발생한 손해를 제외한다)를 입은 자에게 그 손해를 배상하여야 한다. 민법 제750조의 일반불법행위의 책임요건인 "고의 또는 과실"유무에 상관없이 "결함"의 존재에 따른 책임을 규정한 것으로써 불법행위책임의 특례를 규정한 것으로 볼 수 있다.

라. 면책사유

① 제조업자가 당해 제조물을 공급하지 아니한 사실
② 제조업자가 당해 제조물을 공급한 때의 과학·기술수준으로는 결함의 존재를 발견할수 없었다는 사실
③ 제조물의 결함이 제조업자가 당해 제조물을 공급할 당시의 법령이 정하는 기준을 준수함으로써 발생한 사실
④ 원재료 또는 부품의 경우에는 당해 원재료 또는 부품을 사용한 제조물 제조업자의 설계 또는 제작에 관한 지시로 인하여 결함이 발생하였다는 사실

마. 연대책임

① 동일한 손해에 대하여 배상할 책임이 있는 자가 2인 이상인 경우에는 연대하여 그 손해를 배상할 책임이 있다
② 피해자는 결함에 의한 손해를 발생시킨 제조업자나 공급업자, 완성품 제조업자나 부품 제조업자 각자에 대하여 손해의 전부를 배상할 것을 요구할 수 있다.

바. 면책의 제한

이 법에 의한 손해배상책임을 배제하거나 제한하는 특약은 무효로 한다.
다만, 자신의 영업에 이용하기 위하여 제조물을 공급받은 자가 자신의 영업용 재산에 대하여 발생한 손해에 관하여 그와 같은 특약을 체결한 경우에는 그러하지 아니한다.

사. 결함 및 인과관계에 대한 입증책임

제조물책임법은 입증책임에 관하여 아무런 규정을 두고 있지 않음. 따라서 피해자측이 다음과 같은 사실을 입증해야 한다.
① 제조물에 결함에 존재한다는 사실

② 손해가 발생하였다는 사실
③ 손해가 결함 때문에 발생하였다는 사실
- 최근 법원판례의 경향은 결함과 인과관계에 대하여 사실상의추정을 활용함으로써 소비자의 입증책임을 완화시키는 방향으로 나아가고 있음.

*사실상의 추정 이라함은 실제의 재판에 있어서 법원이 소비자가 제품의 특성을 잘 모르고 사용하고 있는 점을 고려하여, 피해자가 통상적인 방법으로 사용하고 있었는데 사고가 발생하였다는 사실만을 입증하면, 해당 제품에 결함이 있고 그 결함으로 인하여 사고가 발생한 것으로 추정하는 것임

현재 급격한 경제성장과 고도화된 시민권리 의식 등으로 인한 손해배상에 대한 관심이 고조되기 시작하여 초기의 과실책임주의에서 과실유,무에 관계없이(손해가 행위자에 의하여 생긴 사실이 있는 한 이를 부담해야 한다)는 무과실 책임주의로 전환되어 배상책임에 대한 준비가 없이는 기업의 막대한 손실을 방지할 방법이 없게 되었다.(거증책임)

5) 영업배상책임보험은 기업주(피보험자)를 대신하여 제3자의 피해에 대하여 피보험자가 부담하여야 할 민법상의 배상책임(법률상배상책임)을 보상하는 보험이다. 피보험자의 업무 중에 발생하는 우연한 사고로 제3자에게 신체장해나 재물손해를 입힘으로써 부담하는 법률상의 배상책임을 담보하는 보험상품으로서, 업종별로 아래의 특별약관을 첨부하여야 구체적인 담보를 받을 수 있다.

가. 시설소유(관리)자 배상책임

① 담보내용

피보험자가 소유, 사용, 관리하는 시설과 그 시설을 본래의 용법에 따라 이용하는 중에 발생하는 사고로 제3자에게 신체장해나 재물손해를 입힘으로써 부담하는 법률상 배상책임을 보상하는 보험.

② 구내치료비담보 추가특별약관

피보험자의 시설 구내에서 발생한 제3자의 신체상해사고에 대하여 피보험자에게 손해배상책임이 없을 경우에도 신체상해를 입은 자의 손해액 중 치료비만을 보상한다.

나. 도급업자 배상책임

피보험자가 수행하는 작업(공사)의 잘못이나, 그 작업을 위해 소유, 사용 또는 관리하는 시설로 생긴 우연한 사고로 타인의 신체나 재산에 손해를

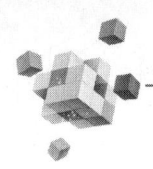

입힘으로써 피보험자가 부담하게 되는 법률상 손해배상책임을 보상하는 보험

다. 임차자 배상책임

피보험자가 임차한 부동산에 생긴 우연한 사고로 당해 부동산에 대하여 정당한 권리를 가지는 자(임대인)에게 부담하는 법률상 손해배상책임을 보상하는 보험

라. 학교경영자 배상책임

학교경영자 배상책임보험은 시설소유관리자 배상책임보험에 의한 인수대상인 학교의 구체적 위험담보에 적합하도록 특화한 보험으로 교실, 체육관, 강당, 도서관, 운동장과 같이 학생의 교육과 일상적, 직접적으로 관련된 학교시설과 학교업무에 기인된 사고로 인한 학생이나 일반 제3자에 대한 배상책임을 보상하는 보험

마. 차량정비업자 배상책임

차량정비를 목적으로 보관 중인 고객의 차량에 입힌 손해 및 차량정비를 위하여 소유, 사용, 관리하는 시설과 그 시설의 용도에 따른 업무활동에 기인된 사고로 타인에게 입힌 법률상 배상책임을 보상하는 보험

바. 주차장 배상책임

피보험자가 소유, 사용, 관리하는 주차시설과 그 시설의 용도에 따른 주차업무 수행 중 주차를 목적으로 수탁받은 차량이나 타인에게 입힌 법률상 배상책임을 보상하는 보험

사. 곤도라운영자 배상책임

피보험자가 소유, 사용, 관리하는 곤도라 및 그 시설의 용도에 따른 업무의 수행 중 생긴 우연한 사고로 이삿짐 및 기타 제3자에 입힌 법률상 배상책임을 보상하는 보험

아. 건설기계업자 배상책임

피보험자가 소유, 사용, 관리하는 건설기계 및 그 건설기계의 용도에 따른 업무의 수행 중 생긴 우연한 사고로 인하여 제3자에게 입힌 법률상 배상책임을 보상하는 보험

자. 체육시설업자배상책임보험

체육시설 내에서 발생할 수 있는 다수피해자에 대한 구제책을 강구하고자 사고발생의 가능성이 높은 업종으로서 일정규모 이상인 체육시설의 경영 중 발생하는 이용자의 피해를 체육시설업자가 보상하도록 "체육시설의 설치 및 이용에 관한 법률"에 의거하여 손해보험 가입을 의무화 하고 있는 보험으로서 소규모의 영세시설을 제외하고는 실제로 거의 모든 체육시설은 의무가입 대상이다. 피보험자가 소유, 사용, 관리하는 체육시설 및 그 시설의 용도에 따른 직무수행으로 생긴 우연한 사고로 타인의 신체 또는 재물에 입힌 법률상의 손해를 보상하여 드리는 보험상품이다.

3. 영업배상책임 관련 사고 예시

1) 계단에서 넘어진 고객이 청구한 치료비

   호텔계단에서 내려가다가 멀쩡한 계단인줄 알았으나 계단이 깨져있어 그것을 모르고 밟아 넘어져서 발목골절과 손목골절이 발생하여 수술적 치료를 시행하였다. → 피보험자에게 손해배상 청구를 할 수 있다. → 보험사에게 알린다. → 배상 금액(보험금)지급

2) 놀이기구의 결함으로 다친 고객의 의료비
3) 주유 중 혼유 사고로 발생한 차량 수리비

※ 전부 영업배상책임으로 인정되지는 않기 때문에 이점 확실하게 알아보고 진행해야 한다.

4. 주요 보상하지 않는 손해

① 보험계약자 혹은 피보험자의 고의로 생긴 손해에 대한 배상책임
② 지진, 분화, 홍수, 해일, 태풍 등의 천재지변으로 생긴 손해에 대한 배상책임
③ 특허권이나 상표권 등 무체물에 입힌 손해
④ 피보험자와 타인간 계약이나 약정에 의해 가중되는 손해배상책임
⑤ 공해물질로 인해 발생하는 모든 손해
⑥ 피보험자가 소유, 점유, 임차, 사용하거나 보호, 관리, 통제하는 재물이 손해를 입음으로써 그 재의 정당한 권리를 가진 사람에게 발생하는 손해배상책임

⑦ 피보험자의 근로자가 업무중에 입은 신체상해에 대한 배상책임
⑧ 시설의 신축, 개조, 수리 또는 철거공사로 발생하는 손해에 대한 배상책임

주차장 배상책임보험의 단체계약 — 제2절

1. 주차장 배상책임보험의 단체계약

1) 주차장 개별가입대비 원활한 인수심사
2) 계약업무 및 사고처리 업무의 일원화를 통화 편리성
3) 단체를 통한 할인율 적용가능

2. 단체계약의 프로세스

상품서비스 가입을 원하는 회원을 대상으로 보험사에서 회원명부를 통지하고, 보험회사는 가입대상 고객에게 상품안내 및 보험료 수납, 증권발급사고처리등의 업무로 진행

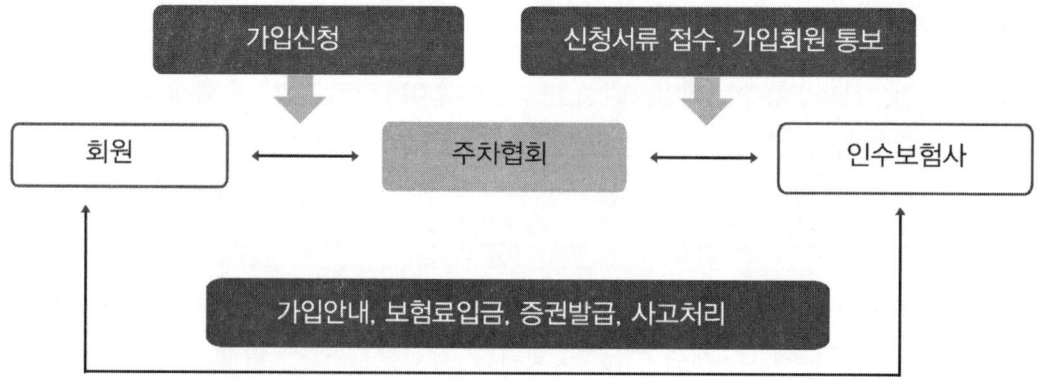

운영절차

주차협회는 상품서비스 가입을 원하는 회원을 대상으로 보험사에 회원명부를 통지하고, 보험회사는 가입대상 고객에게 상품안내 및 보험료수납, 증권발급, 사고처리, 상조서비스 제공

chapter 04 주차장 관련 각종 사고사례

사례 1

유료주차장에 주차를 해 놓았는데 누군가에 의해서 흠집이 나거나 파손을 당하고, 뺑소니를 당했다면, 손해를 주차장업체에게 책임을 물을 수 있을까?

🌐 **상법 152조(공중접객업자의 책임)**

1. 공중접객업자는 자기 또는 그 사용인이 고객으로부터 임치 받은 물건의 보관에 관하여 주의를 게을리 하지 아니하였음을 증명하지 아니하면 그 물건의 멸실 또는 훼손으로 인한 손해를 배상할 책임이 있다.
2. 공중접객업자는 고객으로부터 임치 받지 아니한 경우에도 그 시설 내에 휴대한 물건이 자기 또는 그 사용인의 과실로 멸실 또는 훼손되었을 때에는 그 손해를 배상할 책임이 있다.
3. 고객의 휴대물에 대하여 책임이 없음을 알린 경우에도 공중접객업자는 제1항과 제2항의 책임을 면하지 못한다.

   다시 말해, 공중접객업자는 손님이 맡긴 물건이 없어졌거나 훼손이 되었을 때, 공중접객업자가 자신의 무과실을 입증하지 못하면 손해를 배상해 주어야 한다는 것이다.

   유료주차장에 주차한 것일 경우에는 유료 주차장 측에 내가 차량을 맡긴 것이 되므로 그 유료주차장에 맡겨진 차량에 누가 뺑소니로 흠집을 내거나, 파손을 하고 도주를 했다면 그 책임을 유료주차장 측에 물을 수 있다.

대법원에서는 마트나 주자창의 차단기가 설치되어 있으면, 마트나, 주차장의 관리를 맡은 업체가 그 손해를 배상해야 한다고 보고 있다. 아파트라고 하더라도 차단기가 설치되어 있었다면 관리사무소에 당연히 책임을 물을 수 있다는 것이다.

무료주장일경우도 우리가 물건을 살 경우에는 물건값에 주차비가 포함되어 있다고 보아야 하기 때문에 그 경우에도 보상을 받을 수가 있다.

주차장법 시행규칙 6조 11항

11. 주차대수 30대를 초과하는 규모의 자주식주차장으로서 지하식 또는 건축물식 노외주차장에는 관리사무소에서 주차장 내부 전체를 볼 수 있는 폐쇄회로 텔레비전 및 녹화장치를 포함하는 방범설비를 설치·관리하여야 하되, 다음 각 목의 사항을 준수하여야 한다.

   가. 방범설비는 주차장의 바닥면으로부터 170센티미터의 높이에 있는 사물을 알아볼 수 있도록 설치하여야 한다.
   나. 폐쇄회로 텔레비전과 녹화장치의 모니터 수가 같아야 한다.
   다. 선명한 화질이 유지될 수 있도록 관리하여야 한다.
   라. 촬영된 자료는 컴퓨터보안시스템을 설치하여 1개월 이상 보관하여야 한다.

30대 이상 주차를 할 수 있는 공간이 있다면, CCTV를 꼭 설치해야 하고, CCTV의화질도 선명하게 녹화가 되어야 한다는 것으로 무료주차장의 뺑소니 사고라도 30대 이상 주차할 규모의 주차장이라면 무료주차장내의 뺑소니 사고의 책임을 주차장관리업체에게 물을 수 있는 것이다. 그런데, 30대 미만의 주차공간에 주차를 하거나, 일반적으로 공터에 주차해서 생긴 사고에 대해서는 그 관간의 관리책임업체에게 책임을 물을 수가 없다.

사례 2

발렛파킹(Valet parking)을 맡겼는데 그 발렛파킹을 하던 사람이 사고를 낸 상황이면 발렛파킹 업주에게 보상을 요구해야 맞을까? 아니면 음식점 주인에게 보상을 요구하는 게 맞을까?

● 법원의 판례

대리주차업체가(발렛파팅)1차적으로 차량을 맡았고, 사고를 낸 것은 맞지만, 대리주차는 음식점이 고용한 것이기 때문에 음식점이 궁극적으로 손해 배상을 하여야 한다.

사례 3

이중 주차 차량을 이동시키다 발생한 사고, 운행자 책임 소재 판례
(전주지방법원 2005가단323830 판결선고일 2008.3.14)

● 쟁점

1. 차량의 시동을 끄고 이중주차된 차량을 이동시키다 발생한 사고도 자동차손해배상보장법에서 정한 운행 중 사고에 해당 하는지의 여부
2. 제동장치를 하지 아니하고 경사가 있는 주차장에 차량을 이중주차한 운전자의 과실과 이중 주차된 차량 내부에 운전자의 연락처가 있음에도 따로 연락하지 않고 차량을 이동시키고 경사를 따라 빠르게 이동하는 차량 앞을 가로막아선 피해자의 과실비율

● 사건의 개요

000사건은 2004년 9.16 전주시 완산구 중노송동에 있는 전주영상진흥원 주차장(이하'이사건주차장'이라고 한다)에 이 사건 차량을 제동장치를 풀고 변속기

는 중립으로 한 채 차량들이 주차되어 있는 주차선 밖 차량 통로에 이중주차를 하였고, 차량내부에 자신의 연락처와 근무처를 기재한 메모지를 남겨 놓았다.

원고000는 같은 날 12 : 15경 이사건 주차장에 주차되어 있는 자신의 차량을 운행하기 위하여 위와 같이 이중주차 되어 있는 이 사건 차량을 이동시키려고 뒤에서 차량 정면 방향으로 밀었으나 경사 때문에 멈추지 않고 그 곳에 있는 건물 벽면 쪽으로 계속 진행 하였다. 원고 000는 위 차량 앞부분을 붙잡아 멈추려 했으나, 오히려 이 사건 차량과 건물 벽 사이에 오른쪽 다리가 끼어 상해를 입었다.

● 당사자의 주장

원고들은 이중주차도 차량 운행의 일종이므로 그로 인하여 발생한 사고에 대하여 소유자 및 보험자도 책임을 져야 하고, 경사가 있는 주차장에 제동장치를 하지 않고 이중주차한 운전자의 과실이 차량을 밀다가 다친 피해자의 과실보다 훨씬 크다고 주장

이에 대하여 피고들은 시동이 꺼진 채 주자 중인 차량을 움직이다 발생한 사고는 운행 중의 사고가 아니므로 소유자 및 보험자는 면책되어야 한다고 다툼. 가사 책임이 있더라고 차량을 움직인 원고의 과실이 크다고 주장함.

● 법원의 판단

1. 자동차를 안전하가 주·정차하기 어려운 곳에 주정차하거나 주차하면서 지형과 도로 상태에 맞추어 변속이나 제동장치 등을 조작하지 아니함으로 인하여 사람이 사망하거나 부상한 경우 주차 행위는 원칙적으로 자배법상의 운행에 해당하고, 그 과정에서 발생한 사고는 운행 중의 사고로 보아야 한다.

2. 경사가 있어 차량이 한쪽 방향으로 밀릴 위험이 있는 곳에 주차를 하는 운전자는 차량의 제동장치를 하고 변속기를 조작하여 주차 중인 차량이 이동하지 않도록 조처하여야 하고 가사 제동장치를 하지 아니한 채 주차하더라도 고임목 등을 사용하여 차량이 갑자기 밀리 않도록 할 주의의무가 있다.

3. 이중주차된 차량을 이동시키려 하는 사람은 차량 내에 운전자의 연락처가 있는지를 살펴 운전자에게 차량의 이동을 요구하고, 운저자의 도움 없이 차량을 이동시키더라도 주차장의 경사를 살핀 후 차량을 이동하여 한다. 나아가 고임목 등을 이용하여 차량이 갑자기 이동하는 것을 막고 만약 차량이 갑자기 움직여 통제할 수 없게 된다하더라도 무리하게 차량을 멈추게 하여서는 아니 된다.

4. 이 사건 사고는 피해자인 원고가 무리하게 차량을 막아서는 바람에 손해가 발생, 확대된 측면이 크대 때문에 피해자의 과실을 70%하고, 피고의 과실을 30%로 함

사례 4

열쇠 안 맡긴 차량 도난 때도 주차장 책임
- 서울지법 민사항소3부. 2001. 03. 27

사고내용

(주)삼성화재보험이 주차장 업주 홍모씨를 상대로 "홍씨의 주차장에서 도난사고가 발생한 만큼 홍씨에게 손해배상책임이 있다"며 낸 구상금 청구소송(2000나 56203)을 제기함.

판결요지

차주인 임모씨가 정기주차계약을 맺은 홍씨의 주차장에 주차를 시키며 주차장 측에서 주차사실을 알리지 않았을 뿐만아니라 차량 열쇠도 맡기지 않은 사살을 인정할 수 있지만, 임씨의 과실이 홍씨의 배상책임을 면제할 정도에는 이르지 않았다. 그러나 임씨에게도 과실이 있는 만큼 홍씨의 책임은 50%라며 책임을 제한함.

주차관련법규 & 운영

사례 5

주점 주차장에 주차 후 열쇠의 보관을 의뢰받은 주점 경영주의 책임
- 대법원 1997.12.26 선고97다35115

● 사고내용

1. 보관을 의뢰받은 열쇠를 주점안에 설치된 열쇠함에 넣어두고 퇴근하면서 주점 도급마담의 종업원으로 일하며 기숙사에서 숙식하던 자에게 다음날 아침 손님이 차를 찾으러 오면 열쇠를 돌려주라고 말하고 그대로 퇴근하였는데 그 종업원이 열쇠를 꺼내어 무단으로 운행하다 발생한 사고임.

2. 판결요지 : 위 승용차 열쇠의 보관 및 관리 상태, 종업원이 승용차를 운행하게 된 경위, 주점 경영주와 종업원의 관계 등에 비추어 볼 때 위 사고에 있어서 주점 경영주의 위 승용차에 대한 운행지배와 운행이익이 완전히 상실되었다고 볼 수 없다고 한 사례.

사례 6

아파트 주차장에서의 사고와 관리수탁회사의 책임관계
-대법원 1998.7.10 선고98다2617

● 사고내용

주민이 아파트 주차장에 이중 주차되어 있는 차량을 밀어 통로를 확보하던 중 차량이 경사면을 따라 구르자 이를 정지시키려다 그 차량에 치어 사망한 사고

● 판결요지

아파트 관리회사는 입주자대표회의와의 위수탁관리계약에 의하여 아파트 부대시설인 주차장에서의 차량 주차와 관련한 안전관리업무도 위탁받았다는 이유로 그의 손해배상책임을 인정한 사례

사례 7

주차장을 관리, 운영하는 자가 주차차량의 멸실, 훼손에 관하여 손해배상책임을 지기 위한 요건
- 대법원 1998. 10. 23 선고 98다 31479

● 판결요지

일반적으로 주차장을 관리, 운영하는 자가 주차차량의 멸실, 훼손에 관하여 손해배상책임을 지기 위해서는 주차장 이용객과 사이에 체결된 계약에서 주차차량의 보관이나 그에 대한 감시의무를 명시적으로 약정하거나, 혹은 주차장의 관리, 운영자가 이용객을 위하여 제공하거나 이용객이 거래통념상 전형적으로 기대할 수 있었던 안전조치의 정도와 주차요금의 액수, 차량의 주차상황 및 점유상태 등에 비추어 그러한 보관 혹은 감시의무를 묵시적으로 인수하였다고 볼 수 있는 경우라야 하고, 그렇지 아니한 경우에는 그 주차장이 주차장법의 적용대상이어서 주차장법 제 10조의 제2항, 제17조 제3항 및 제19조의 3 제3항의 규정에 따라 주차차량에 대한 선량한 관리자의 주의의무가 법률상 당연히 인정되는 경우라야 한다.

사례 8

공중접객업자의 주차장에서 발생한 차량파손 및 도난사고
-대법원 1998.12.8 선고 98 다 37507

● 판결요지

공중접객업자가 이용객들의 차량을 주차할 수 있는 주차장을 설치하면서 그 주차장에 차량출입을 통제할 시설이나 인원을 따로 두지 않았다면 그 주차장은 단지 이용객의 편의를 위한 주차장소로 제공된 것에 불과하고 공중접객업

자와 이용객 사이에 통상 그 주차차량에 대한 관리를 공중접객업자에게 맡긴다는 의사까지는 없다고 봄이 상당하므로 공중접객업자에게 차량시동열쇠를 보관시키는 등의 명시적이거나 묵시적인 방법으로 주차차량의 관리를 맡겼다는 등의 특수한 사정이 없는 한 공중접객업자에게 선량한 관리자의 주의로써 주차차량을 관리할 책임이 있다고 할 수 없다.

사례 9

여관부설주차장 차량 도난시 주인 책임없다.
-1998.12.11 한국일보 스크랩

● 판결요지

판결요지 : 대법원 민사2부(주심 정귀호 대법관)는 11일 동양화재해상보험이 여관주인인 김모씨를 상대로 낸 차량도난 피해배상청구소송 상고심에서 "차량관리인이나 통제시설이 없는 여관 부설 주차장에 세워둔 차량이 도난당했더라도 주인에게는 배상 책임이 없다"며 원고패소 판결을 내린 원심을 확정했다.

재판부는 판결문에서 차량통제시설이 없는 여관 주차장의 경우 주인에게 주차사실을 통보하거나 열쇠를 맡기는 등의 차량관리를 위임하는 의사표시가 없는 한 단순히 투숙객의 편의를 위해 제공된 것으로 봐야한다고 밝혔다.

사례 10

노외주차장에서 이용시간외에 발생한 차량사고
-대법원 1999.4.9 선고 98다55307

● 판결요지

주차장법에 의하여 설치된 노외주차장의 관리자가 주차장 이용시간에 관하여 1일에 있어 이용이 개시되는 시간과 종료하는 시간 및 휴업일에 관한 사항을 정한 경우에는 그와 같은 주차장 이용시간 중에 발생한 주차 자동차의 멸실, 훼손에 한하여 주차장법 제 17조 제3항에 따라 손해배상책임을 부담한다고 할 것이고 주차요금을 월단위로 지급하기로 하였다고 하여 당연히 해당 월 내내 정하여진 이용시간 외에도 보관, 감시의무를 인수하기로 하는 주차장 이용계약이 성립되었다고 할 수 없다.

사례 11

폐장시간 차 도난 주차장 책임없다.
-1999년 4월 16일 매일경제 스크랩

● 판결요지

유료주차장과 월 단위 이용계약을 했더라도 이용시간이 아닌 야간에 차량도난, 훼손사건이 발생했다면 주차장측이 차량관리 책임을 질 필요가 없다는 판결이 나왔다. 대법원 민사2부(주심 김형선 대법관)는 15일 S보험사가 주차장 운영자인 이모씨를 상대로 낸 구상금 청구소송 상고심에서 이같이 원결, 원고 승소 판결을 내린 원심을 깨고 사건을 대구지법 합의부로 돌려보냈다.

주차관련법규 & 운영

사례 12

CCTV 설치된 주차장 관리업체가 배상책임
- 1999. 06.30 매일경제 스크랩

● 판결요지

1. 무인카메라가 설치된 아파트 지하주차장에서 차량 파손등 사고가 발생한 경우 아파트 관리업체가 손해액을 배상해야 한다는 판결이 나왔다. 서울지법 민사 2부(재판장 정은환 부장판사)는 29일 아파트 지하주차장에 승용차를 주차했다. 차량이 파손되고 카오디오 등을 도난당한 유모씨가 아파트 관리회사인 D사를 상대로 낸 손해배상 청구소송에서 피고는 원고에게 수리비 280여만원을 배상하라고 원고 승소 판결을 내렸다.

2. 재판부는 판결문에서 지하주차장에 설치한 무인카메라를 통해 40여분 동안이나 낯선 사람이 승용차 주위를 배회하는 장면이 경비실 모니터에 잡혔는데도 경비원이 이를 확인하지 않아 사고가 난 것은 아파트 주민과 관리회사간 수탁관리계약 위반이라고 밝혔다. 재판부는 또 무인카메라가 설치돼 있기 때문에 관리회사 책임이 명백한 것으로 판단했다고 설명했다.

사례 13

주차장 도난차량 건물주에 책임 못 물어

● 판결요지

1. 주차관리요원이 있는 주차장에서 차를 도난당했다고 해서 무조건 건물주에게 책임을 물을 수는 없다는 판결이 나왔다.

2. 서울지법 민사합의 9부(재판장 윤영선)는27일 D보험사가 건물주차장에서 차를 도난당한 고객에게 물어준 보험금을 배상하라며 건물주를 상대로 낸

680여만원의 구상금 청구소송 항소심에서 원심을 깨고 원고패소 판결했다.

3. 재판부는 주차장에서 관리원 근무시간 외에 도난사건이 발생했거나 열쇠보관 책임을 따로 맡고 있지 않았다면 건물주에게는 배상책임이 없다고 밝혔다. 재판부는 그러나 통상 출입통제 장치나 관리원을 통해 열쇠를 보관케 하는 등 출입을 엄격히 통제했다면 이는 이용자 편의를 위한 단순한 장소 제공이 아니라 이용자와 임시 보관계약을 묵시적으로 체결한 것으로 볼 수 있어 배상책임을 물을 수 있다고 덧붙였다.

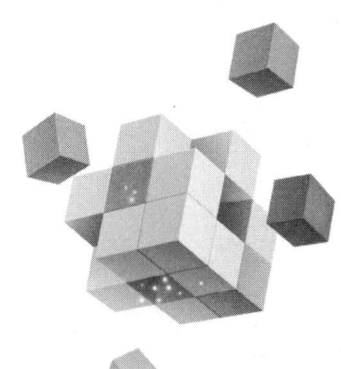

주차관련법규 & 운영

제4장 | 주차장의 경영

01 인사노무관리 및 노동법의 이해

02 주차장 회계와 경영분석

03 basic 세금

chapter 01 인사노무관리 및 노동법의 이해

제1절 노동법의 특징

1. 노동법의 특징

인간을 존중하고, 경제개발을 하고, 경제 위기를 극복하기 위한 노동법은 어떤 성격을 갖고 있을까? 근대시민법과 다른 노동법률의 특징을 살펴보자.

1) 국가가 반드시 준수할 것을 요구하는 법 (강행성 – 사법과 공법의 중간)

근대시민사회의 국가는 시민의 안정과 재산의 안전을 제3자로부터 보호하기 위해 치안과 국경 등의 업무에 전념하고 개인간의 관계는 개입하지 말아야 하는 야경국가이다. 이러한 기능을 수행하기 위하여 국가는 질서를 지키기 위한 법을 만들어 집행할 수 있는 권한을 가지게 되었고, 이러한 법은 위반하였을 경우에는 개인의 의도와 상관없이 법의 심판을 받아야 한다. 이러한 법을 공법이라고 하며, 가장 대표적인 공법은 형법이다.

개인간의 관계는 계약에 의해 이루어지고, 이러한 개인간의 계약에 적용되는 법을 일반사법(우리나라의 민법)이라 한다. 이런 민법을 위반한 경우에는 국가에 의한 처벌을 받는 것이 아니라 계약을 위반한 상대방에게 손해배상을 청구한다. 그러나 손해가 발생한 경우에 당사자 간에 손해배상에 관하여 합의하면 더 이상 문제가 되지 않는다. 국가는 사인간의 거래관계 위반에 관하여는 형법과 같은 강제력을 행사하지 않는다.

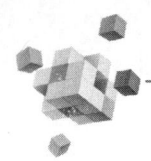
주차관련법규 & 운영

근로계약은 회사와 근로자 간의 개인이므로 사인간의 계약이 분명하다. 그러나 국가가 어린아이들의 근무시간을 하루 12시간으로 제한하는 법을 만들고, 이를 지키는지 감독하기 위하여 근로감독관 제도를 만들었으며, 위반시에는 국가의 강제력 즉 형벌을 처하고 있다.

그래서 근로기준법을 벌칙조항을 보면 "00년 이하의 징역 또는 000이하의 벌금"이라고 되어 있다. 따라서 근로기준법을 위반한 후에 근로자로부터 동의서 등을 받는 것은 민법상 손해배상 등과 관련하여 효력이 있을지는 모르지만, 근로기준법을 위반하였다는 사실은 변함이 없다.

2) 최저기준을 정한 법

노동법은 근로계약에 관하여 국가가 일정한 조건을 제한하는 법이다. 국가가 정한 공법은 모든 국민에게 차별없이 적용되어야 하며, 모든 국민은 이를 준수하여야 한다. 따라서 법은 모든 국민이 반드시 지켜야만 하는 사항만을 포함하여야 한다.

동법도 이러한 원칙에 따라 모든 국민이 반드시 지켜야 할 사항만을 규정하고 있다. 너무 높은 수준을 규정하면 국민들을 범죄자로 만들 수 있는 것이다. 즉, 노동법이 준수하라고 요구하는 근로조건은 그 수준이 최저수준일 수 밖에 없다.

> **관련 규정**
>
> 근로기준법 제3조(근로조건의 기준) 이 법에서 정하는 근로조건은 **최저기준**이므로 근로관계 당사자는 이 기준을 이유로 근로조건을 낮출 수 없다.

3) 위반 시 국가가 정한 기준을 적용하는 법

민법은 계약 내용의 일부가 위법하여 무효가 되는 경우에는 계약 자체가 무효가 된다. 하지만 노동법에서는 근로계약의 일부가 노동법령에 위반되었다 하더라도 계약 자체는 유효하고, 위반된 부분은 국가가 정한 법정기준을 적용한다.

2. 근로계약

1) 근로계약서의 작성

근로관계는 원칙적으로 사인(私人)간의 관계이므로 종속관계 아래서 근로가 개시되면 서면계약이 없더라도 구두계약, 관행·관습에 의하여 근로관계는 성립된다.

그러나 단시간근로자 및 기간제 근로자 등을 고용할 때는 반드시 근로계약서를 작성하여 교부하도록 되어 있고, 2007. 1. 26. 개정 근로기준법은 임금의 구성항목 등의 사항을 서면으로 명시하고 근로자의 요구가 있을 경우에는 명시된 서면을 교부하도록 규정(근기법 제17조 하단)하였다가, 2012. 1. 1. 부터는 근로자의 요구가 없어도 서면으로 근로자에게 교부하도록 2010. 5. 25. 다시 개정하였으므로 (근기법 제17조), 각 시설에서는 반드시 모든 근로자와 근로계약서를 작성하여야 할 것이다.(위반시 500만원 이하의 벌금)

2) 근로조건의 명시

근로계약을 체결할 때에 명시하여야 할 근로조건은 다음과 같다.
① 임금 (구성항목, 계산방법 및 지급방법 등)
② 소정근로시간 (휴게 등)
③ 휴일 (법정휴일, 약정휴일)
④ 연차유급휴가
⑤ 취업의 장소와 종사하여야 할 업무에 관한 사항
⑥ 취업규칙 (필수)기재사항
⑦ 사업장의 부속기숙사 규칙에 관한 사항.
　☞ 명시된 근로조건이 사실과 다를 경우에는 근로자는 근로조건 위반을 이유로 손해의 배상을 노동위원회에 신청할 수 있으며 즉시 근로계약 해제가능, 근로계약이 해제된 경우 취업을 목적으로 거주를 변경하는 근로자에게 귀향 여비 지급

3) 근로계약 기간

근로계약기간에 관한 규정이 2007. 6. 30. 삭제되었기에 근로기간은 양 당사자가 임의의 기간으로 결정할 수 있다. 하지만 총 계속근로기간이 2년을 초과하는 경우에는 "기간제 및 단시간 근로자 보호 등에 관한 법률" 제5조 제2항의 규정에 의거 기간의 정함이 없는(정년퇴직하는) 근로계약을 체결한 근로자가 된다.

4) 제한되는 근로계약

① 위약금 또는 손해배상액 예정

사용자는 근로계약불이행에 대한 위약금 또는 손해배상액을 예정하는 계약을 체결하지 못한다. 근로자가 실제 손해액에 비해 부당하게 배상을 강요받고, 자유의사에 반하는 강제근로의 위험에 처해질 수 있기 때문이다.

② 전차금 상계금지

사용자는 전차금이나 그 밖에 근로할 것을 조건으로 하는 전대채권과 임금을 상계하지 못한다. 근로자의 신분이 부당하게 구속되고, 근로자로 하여금 불리한 근로조건을 감수하게 하는 것을 방지하기 위해 마련된 규정으로 이를 위반한 근로계약 또는 의사표시는 사법상 무효이며, 임금전액이 지급되어야 한다.

③ 강제저축과 저축금관리[1]

사용자는 근로계약에 덧붙여 강제저축 또는 저축금관리를 규정하는 계약을 체결하지 못하며, 근로자의 위탁으로 관리하는 경우에도 일정한 의무를 이행하여야 한다.

5) 근로관계의 기본원칙

① 근로조건은 최소한 근로기준법상의 조건보다 높아야 한다.
② 성·국적·신앙·사회적 신분을 이유로 근로조건에 대한 차별적 처우를 하지 못한다.
③ 사용자는 근로자의 자유의사에 어긋나는 근로를 강요하지 못한다.
④ 사용자는 어떠한 이유로도 근로자에게 폭행을 하지 못한다.

---

[1] 내국인에 대한 강제저축은 없어졌으나, 외국인근로자에 대한 강제저축은 존재함.

⑤ 사용자는 근로자가 근로시간 중 공민권 행사를 위해 필요한 시간을 청구하면 거부하지 못한다.

6) 시용·수습

① 시용은 정식채용을 전제로 작업능력과 기업적응성을 판단하는 기간, 수습기간은 정식채용 후 근로자의 직업능력 양성을 목적으로 하는 기간
② 수습은 수습기간이 만료되면 자동적으로 정식직원이 됨. 수습은 일반적으로 무경력자가 대상

3. 취업규칙

1) 취업규칙의 의의

취업규칙이란, 사업장 내 다수의 개별적 근로관계의 일률적 처리를 위하여 근로계약관계에 적용되는 근로조건이나 복무규율 등에 대하여 사용자가 일방적으로 작성하여 자신의 근로자들에게 공통적으로 적용하는 일반적 규정을 의미하는데, 복무규율과 임금 등 근로조건에 관한 준칙의 내용을 담고 있으면 그 명칭을 불문한다.

2) 작성신고 의무자

상시 10인 이상의 근로자를 사용하는 사용자는 취업규칙을 작성하여 고용노동부장관에게 신고하여야 한다.

취업규칙의 작성의 장소적 기준은 사업장단위로 보아야 하지만 사업의 종류에 따라 수개의 사업장이 동질성을 가지고 있는 경우에는 두 개 이상의 사업장에서 사용하는 근로자가 10인 이상인 경우에도 작성할 의무가 있다.(사업장의 독립성 유무에 따라 결정된다.)

하나의 사업장에서 노무직과 사무직을 나누어 별도의 취업규칙을 작성할 수도 있고, 하나의 사업장에서 수개의 사업장이 있는 경우 모든 사업장에 적용할 통일된 취업규칙을 작성할 수도 있다. (위반시 500만원 이하의 벌금)

주차관련법규 & 운영

3) 기재사항

취업규칙의 기재사항에는 반드시 취업규칙에서 기재하여야 할 필요적 기재사항과 그 밖에 사용자가 임의로 기재할 수 있는 임의적 기재사항이 있다. 사용자는 법령이나 단체협약에 위반하지 않는 위배되지 않는 한 근로조건 및 시설 유지에 필요한 사항을 임의적 기재사항으로 기재할 수 있다.

※ 취업규칙 (필수)기재사항

① 업무의 시작과 종료 시각, 휴게시간, 휴일, 휴가 및 교대근로에 관한 사항
② 임금의 결정・계산・지급방법, 임금의 산정기간・지급시기 및 승급에 관한 사항
③ 가족수당의 계산・지급방법에 관한 사항
④ 퇴직에 관한 사항
⑤ 「근로자퇴직급여보장법」에 의한 퇴직금, 상여 및 최저임금에 관한 사항
⑥ 근로자의 식비, 작업용품 등의 부담에 관한 사항
⑦ 근로자를 위한 교육시설에 관한 사항
⑧ 출산전후휴가・육아휴직 등 근로자의 모성보호 및 일・가정 양립지원에 관한 사항
⑨ 안전과 보건에 관한 사항
⑩ 근로자의 성별・연령 또는 신체적 조건 등의 특성에 따른 사업장 환경의 개선에 관한 사항
⑪ 업무상과 업무외의 재해부조에 관한 사항
⑫ 표창과 제재에 관한 사항
⑬ 그 밖에 해당 사업 또는 사업장의 근로자 전체에 적용될 사항
☞ 교대근로, 승급, 가족수당, 상여 등은 '임의적 근로조건'으로 취업규칙에 명시하지 않아도 근로기준법 위반이 아님

4) 취업규칙의 제정
   ① 사용자가 단독 제정
   취업규칙의 작성변경에 관한 권한은 원칙적으로 사용자에게 있으므로 단체협약 또는 노사협의회에서 다른 정함이 없는 한 사용자 단독으로 작성하고 변경할 수 있다.
   ② 근로자의 의견청취
   그러나 근로기준법은 취업규칙이 근로자의 근로조건에 직접 영향이 미치는 규범이기 때문에 그 작성에 근로자단체의 의견청취를 요구하고 있다. 다만 판례는 근로자 측의 의견청취 등 절차를 취하지 아니하였다 하여 그 취업규칙이 효력이 없다고 할 수는 없다고 판시하고 있다.(대판 1989.05.09, 88다카4277).

5) 취업규칙의 개정
   ① 취업규칙을 변경하고자 할 때에는 해당 사업 또는 사업장 근로자 과반수의 의견을 들어야 한다.
   ② 근로자에게 불리하게 변경되는 경우는 의견청취가 아닌 동의를 받아야 한다.
   ③ 근로자의 과반수로 조직된 노동조합이 있는 경우에는 노동조합의 의견을 듣거나, 동의를 받아야 한다.
   ④ 다만, 취업규칙의 변경이 당시의 상황을 근거로 판단할 때 그 필요성 및 내용이 근로자가 입게 될 불리함을 고려하더라도 변경된 조항의 법적규범성을 인정할 수 있을 정도로 사회통념상 합리성이 있다면, 종전 근로자의 집단적인 의사결정방법에 의한 동의가 없다는 이유만으로 그 적용을 부정할 수 없다.
   ⑤ 불이익변경의 판단시점은 취업규칙의 변경이 이루어진 시점이며, 유효한 절차를 거쳤다는 입증책임은 사용자에게 있다.
   ⑥ 동의를 받지 않은 불이익변경의 경우 변경된 부분은 원칙적으로 무효이나, 신규 입사한 근로자에게는 변경된 취업규칙이 적용된다.

6) 주지의무

사용자는 근로기준법과 동법 대통령령의 요지와 취업규칙을 근로자가 자유롭게 열람할 수 있는 장소에 항상 게시하거나 갖추어 두어 근로자에게 널리 알려야 한다. (위반시 500만원 이하의 과태료)

이에 휴게실 등에 비치하는 방법, 인터넷 홈페이지의 자료실 등에 게시하고 자유롭게 인쇄할 수 있게 하는 방법 등을 사용할 수 있다.

7) 취업규칙과 법령, 단체협약, 근로계약과의 관계

① 취업규칙은 법령이나 해당 사업 또는 사업장에 대하여 적용되는 단체협약과 어긋나서는 아니 된다.(근기법 제96조 1항)
② 취업규칙에 정한 기준에 미달하는 근로조건을 정한 근로계약은 그 부분에 관하여는 무효로 한다. 이 경우 무효로 된 부분은 취업규칙에 정한 기준에 따른다. (근기법 제97조)

4. 근로시간과 휴게 · 휴가 · 휴일

【참조】 주40시간제 : 2011년 7월 1일부터 모든 사업 또는 사업장에 적용

구분	주40시간제	주44시간제
법정근로 시간	1일 8시간, 주40시간	1일 8시간, 주44시간
휴게	4시간 30분, 8시간 1시간 이상	
주휴일	1주일 개근, 1일 유급휴가	
연장근로 제한	12시간 한도 (최초3년 16시간)	12시간 한도
휴무일	주5일근무시 근무 안하는 1일 (유급 의무 없음)	해당 없음
월차휴가	삭제(단, 1년 미만 인정) (단체협약 가능)	1개월 개근, 1일 유급휴가
연차휴가	8할 15일	개근 10일, 9할 8일
보건휴가	유급의무 없음	유급
기타	근로자의 날(유급), 공휴일 · 경조사(유·무급 결정)	

1) 근로시간이란?

　　근로자가 사용자의 작업상의 지휘·감독 아래 있는 시간 또는 사용자의 명시 또는 묵시의 지시에 의하여 그 업무에 종사하는 시간을 말한다. 따라서 사용자의 지시에 따라 이루어지는 교육시간이나, 업무 외의 행사가 소정근로시간 중에 행하여지는 경우, 중심업무에 부속되는 시간 등은 근로시간에 해당한다.

2) 법정근로시간과 소정근로시간

① 법정근로시간 : 일8시간, 주40시간(1일은 통상적으로 0시부터 24시까지를 의미하는 것이 원칙, 1주일이라 함은 반드시 일요일부터 토요일까지를 의미하지 않으며 취업규칙 등에서 정한 특정한 날을 기산일로 함)
② 소정근로시간 : 법정근로시간 내에서 일하기로 약속한 시간

3) 연장·야간·휴일근로

　가. 연장근로

　　당사자가 합의하면 1주간에 12시간을 한도로 근로시간을 연장할 수 있다. 연소근로자에 대해서는 당사자 합의에 따라 1일에 1시간, 1주일에 6시간을 한도로, 출산 후 1년이 지나지 않은 여성에 대하여는 1일 2시간, 1주일에 6시간, 1년에 150시간을 초과하는 시간외근로를 시키지 못한다.

　나. 야간근로

　　오후10시부터 오전6시까지의 근로가 야간근로이며, 근로의 전부는 물론이고 일부라도 이 시간대에 이루어지면 야간근로가 된다. 18세 이상 여성 근로자는 본인의 개별적 동의가 있으면 야간근로가 가능하다. 18세 미만 연소근로자의 동의가 있는 경우, 산후 1년이 지나지 않은 여성근로자의 동의가 있는 경우, 임신 중인 여성근로자가 명시적으로 청구하는 경우에는 고용노동부장관의 인가를 얻어 야간근로를 시킬 수 있다.

　다. 휴일근로

　　휴일근로라 함은 휴일에 직접 근로를 제공한 것은 물론이고, 사용자의 지휘·명령 아래서 이루어진 야유회, 교육 등을 포함할 수 있다. 휴일근로를 하기위해서는 근로자의 개별적인 동의가 필요하다.

근로자 성별 및 임신 등에 따른 근무시간

구분		기준근로시간		연장근로시간		야간근로 및 휴일근로
		1주	1일	요건	제한	
18세 이상	남성근로자	40시간	8시간	당사자 합의	1주 12시간	본인동의
	여성근로자			당사자 합의	1주 12시간	본인동의
	출산 후 1년 미만 여성근로자			당사자 합의	1일 2시간 1주 6시간 1년 150시간	본인동의와 고용노동부장관 인가
	임신중인 여성근로자			불가	불가	본인의 명시적 청구와 고용노동부장관 인가
	유해위험작업 근로자	34시간	6시간	불가	불가	
18세 미만 연소근로자		40시간	7시간	당사자 합의	1일 1시간 1주 6시간	본인동의와 고용노동부장관 인가

라. 휴일대체제도

① 개념 : 특정된 휴일을 근로일로 하고 대신 통상의 근로일을 휴일로 대체할 수 있는 제도이다.

② 요건 : 근로자의 의사가 반영이 되어야 하고, 사유를 밝히며 사전에 근로자에게 통보해야 한다. 또한 변경된 휴일을 당초의 휴일로부터 6일 이내 또는 다음 주휴일 전에 부여해야 한다.

③ 효과 : 당초의 휴일은 근로일이 되며, 그날 근로를 하지 않은 경우 결근으로 처리될 수 있다. 적법한 휴일대체가 되는 경우 원래의 휴일은 통상의 근로일이 되고, 그 날의 근로는 휴일근로가 아닌 통상근로가 되므로 사용자는 근로자에게 휴일근로수당을 지급할 의무를 지지 않는다.

4) 보상휴가제도

사용자는 근로자대표와의 서면합의에 따라 연장근로·야간근로 및 휴일근로에 대해 임금을 갈음하여 휴가를 줄 수 있다. 보상휴가제의 대상은 연장 및 휴일근로시간과 그 가산임금에 해당하는 시간, 야간근로가산임금에 해당하는 시간이 된다. 보상휴가는 소정근로시간 중에 부여되어야 하며, 근로자가 휴가를 사용하지 않으면 해당임금이 지급되어야 한다.

> ▶ **보상휴가제**
> 연장, 야간, 휴일 근로에 대하여 임금을 갈음하여 휴가부여
>
> ▶ **근로시간저축제**
> 연장, 야간, 휴일 근로를 적립했다가 수당 대신 휴가로 사용하거나, 휴가를 먼저 사용하고 나중에 초과근로로 보충하는 제도
> (2011. 4. 12. 국무회의통과 근로기준법 개정안 중에서 / 보류 됨)

5) 유연적 근로시간제

① 탄력적 근로시간제

일정기간을 평균하여 1일간 또는 1주일간 근로시간이 법정근로시간을 초과하지 않으면, 특정일 또는 특정 주에 법정근로시간을 초과하더라도 근로시간 위반 및 가산임금이 발생하지 않는 제도이다. 2주 이내(특정주 근로시간48시간 초과 금지) 또는 3개월 이내(특정주 52시간, 특정일 12시간 초과 금지)의 탄력적 근로시간제의 두 가지 유형이 있다.

② 선택적 근로시간제

취업규칙에 의해 시업 및 종업시각을 근로자의 결정에 맡기기로 한 근로자에 대해 근로자대표와의 서면합의에 의하여 1월 이내의 정산기간을 평균하여 1주간의 근로시간이 주40시간을 초과하지 않는 범위 안에서 주40시간, 일8시간을 초과하여 근로하게 할 수 있다.

③ 사업장 밖 간주근로시간제

출장 기타의 사유로 근로시간의 전부 또는 일부를 시설 밖에서 근로하여 근로시간을 산정하기 어려운 경우, 소정근로시간을 근로한 것으로 간주한다. 해당 업무를 수행하기 위해 통상적으로 소정근로시간을 초과하여 근로할 필요가 있는 경우 그 업무의 수행에 통상 필요한 시간을 근로한 것으로 본다. 노사간 서면합의를 한 때에는 주 12시간을 초과하여 연장근로를 하게 하거나 휴식시간을 변경할 수 있다.

6) 휴게시간

근로시간이 4시간인 경우 30분 이상, 8시간인 경우 1시간 이상의 휴게시간을 근로시간 도중에 부여해야 한다. 법정 휴게시간 이상의 휴게시간을 부여해야 하며, 근로시간 도중에 주어야 하고 근로 시작 전이나 끝난 후 부여하는 것은 위법에 해당한다. 또한 지나치게 세분화된 휴게시간은 근로기준법의 취지와 어긋나므로 인정되지 않는다.

7) 근로시간 및 휴게시간의 특례

① 운수업, 영화제작 및 흥행업, 광고업, 의료 및 위생사업, 소각 및 청소업, 기타 대통령령이 정하는 사업(사회복지사업)은 근로기준법 제53조에 규정된 주12시간을 초과하여 연장근로하거나 제54조의 휴게시간을 변경할 수 있다.
　　☞ 휴일근로를 연장근로에 포함 근로기준법 개정추진
② 휴일근로가 연장근로에 포함될 경우 기존 휴일근로에 대한 50%의 가산임금과 함께 연장근로 임금 50%를 추가로 지급해야 한다.

8) 연차휴가

① 1년간 80% 이상 출근한 근로자에게 15일의 유급휴가를 주어야 한다.
② 1년간 80% 미만 출근한 근로자에게 1개월 개근 시 1일의 유급휴가를 주어야 한다.
③ 3년 이상 계속 근무한 근로자에게는 최초 1년을 초과하는 계속근로년수 매 2년에 대하여 1일을 가산한 유급휴가를 주어야 한다.
④ 가산휴가를 포함한 총 유급휴가는 25일을 한도로 한다.

근로연수별 유급 연차휴가 가산

1년	2년	3년	5년	10년	15년	17년	19년	21년 이상
15일	15일	16일	17일	19일	22일	23일	24일	25일

⑤ 업무상 재해로 인한 휴업기간과 출산 전·후 휴가 및 유·사산휴가로 근무하지 못한 경우에는 출근율 산정시 출근한 것으로 본다.

출근율(%) = 출근한 날 / 소정근로일수

⑥ 휴가부여시기

'시기지정권'이 있는 근로자는 시기지정에 대해 언제부터 언제까지로 특정해야 하며, '시기변경권'이 있는 사용자는 '사업 운영에 막대한 지장'이 있는 경우 시기변경권의 행사가 가능하다.

⑦ 휴가청구권 행사

휴가청구권의 소멸시효는 근로자가 휴가를 청구할 지위를 얻게 된 다음 날부터 진행되며, 연차유급휴가는 1년간 행사하지 아니하면 소멸된다. 다만, 사용자의 시기변경권 행사로 근로자가 휴가를 사용하지 못한 경우 휴가청구권 발생일로부터 1년이 지나더라도 휴가청구권은 소멸되지 않고 이월된다.

⑧ 연차유급휴가수당의 지급 시기와 시효

지급 시기는 휴가청구권이 소멸된 직후의 임금지급일이며, 시효기간은 휴가사용권이 소멸한 때로부터 3년이다.

9) 1년 미만 직원의 연차휴가

① 계속근로연수가 1년 미만인 직원에 대하여는 1월간 개근시 1일의 유급휴가를 주어야 한다. (구 : 월차휴가 개념)

② 최초 1년간의 연차유급휴가는 매월 발생한 연차휴가를 포함하여 15일로 하고, 그 동안에 이미 휴가를 사용한 경우에는 연차휴가일수를 15일에서 사용한 휴가일수를 빼고, 나머지 일수를 주어야 한다.

10) 연차유급휴가의 사용촉진 및 효과

① 연차유급휴가 사용기간이 끝나기 6개월 전을 기준으로 10일 이내에 사용하지 않은 휴가일수를 알려주고, 근로자가 그 사용 시기를 정하여 통보하도록 서면으로 촉구하여야 한다.

② 근로자가 촉구를 받은 때로부터 10일 이내에 사용 시기를 통보하지 아니하면, 휴가사용기간이 끝나기 2개월 전까지 사용자가 휴가사용시기를 정하여 근로자에게 서면 통지해야 한다.

③ 사용자의 귀책사유가 아닌 이유로 근로자가 연차휴가를 사용하지 않은 경우에 연차휴가수당을 지급할 의무가 없다.

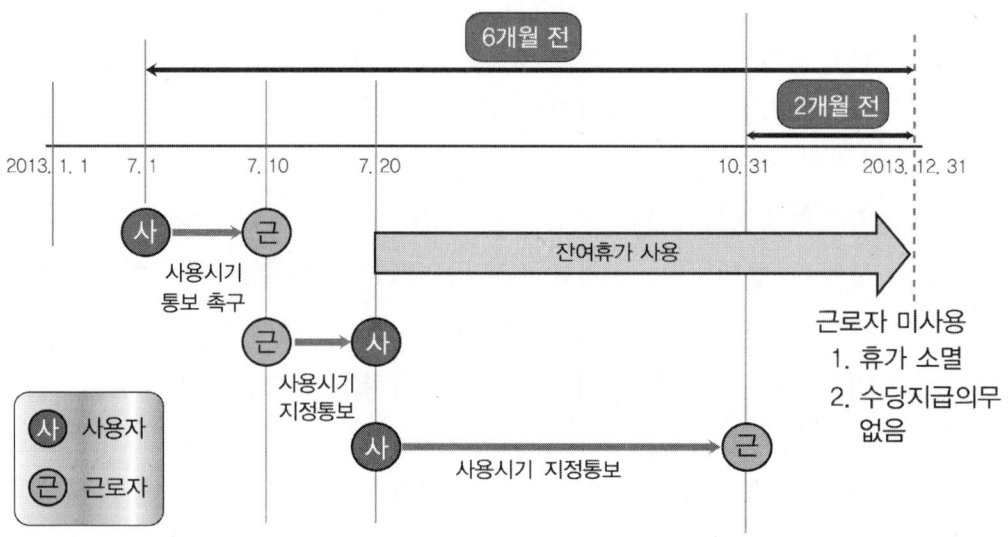

11) 연차유급휴가의 대체

근로자대표와의 서면 합의에 따라 연차휴가일을 갈음하여 특정한 근로일에 근로자를 휴무시킬 수 있다.

12) 휴일

가. 휴일의 개념
1주일에 평균 1회 이상의 유급 휴일을 주어야 한다. 휴일은 취업규칙이나 근로계약 등에 따라 근로의 의무가 없는 날 즉, 소정근로일이 아닌 날을 의미하며 반드시 일요일에 부여할 필요가 없다.

나. 부여요건
1주간 소정근로일을 개근하여야 유급휴일의 부여가 가능하다. 주중에 결근이 있는 경우 주휴일은 발생하나, 무급으로 휴일이 인정된다.

다. 부여시간
원칙적으로 오전0시부터 오후 12시까지의 역일 단위로 부여하나, 예외적으로 교대제 등의 경우 계속 24시간 부여해도 무방하다.

라. 법정휴일과 약정휴일
① 법정휴일 : 법률에 의하여 근로제공의무가 없는 유급휴일로 근로기준법에 의한 주휴일, 근로자의 날 제정에 관한 법률에 따른 근로자의 날이 있다. 법정휴일에 근로하는 경우 통상임금의 250%를 가산하여 지급해야 한다.(4.임금)

② 약정휴일 : 단체협약, 취업규칙 등에 의하여 근로제공의무 없는 휴일을 의미한다.(유/무급 여부는 약정으로 정함) 공휴일이나, 일요일, 국경일, 기념일, 기타 정부에서 임시로 정하는 날이나 기업이 정하는 휴일 등이 이에 해당한다.

13) 공휴일

① 공휴일·일요일, 국경일(3일 : 삼일절, 광복절, 개천절), 기념일(3일 : 어린이날, 현충일, 한글날), 민속일(7일 : 신정 1일, 설날 3일, 추석 3일), 탄신일(2일 : 석가탄신일, 기독탄신일), 「공직선거법」제34조에 따른 임기만료에 의한 선거일 기타 정부가 수시로 정하는 날(임시공휴일)

② 공휴일에 대하여 별도로 정한 바가 없다면 사용자가 근로자에게 공휴일을 휴일로 부여할 의무는 없으며, 동 휴일에 근무하더라도 휴일근로수당이 발생치 아니한다(1991.3.23., 근기01254-4043)

5. 교대제 근로

1) 장시간의 연속작업을 하기 위해 근로자를 2교대조 이상으로 조직하고 하루를 2개 이상의 시간계열로 구분하여 동일 근로자를 일정한 기간마다 교대로 작업하게 하는 근무형태를 의미한다. 교대제 하에서도 휴일·휴가, 가산임금 등의 규정이 적용된다.

2) 교대제 근로 도입시 고려사항

가. 취업규칙 등에 제도화
① 교대제를 운영하기 위해서 근로계약을 체결시 근로조건으로 약정이 되어 있어야 하며, 교대제 운영을 하고 있지 않다가 교대제로 전환할 때는 근로자의 동의가 있어야 한다.
② 교대제에 관한 사항은 취업규칙의 필수적 기재사항이며, 교대제의 형태를 바꾸고자 할 때는 취업규칙 변경에 대한 일반 법원리가 적용된다.

나. 주휴일
① 교대제를 운영하더라도 주휴일은 부여해야 한다. 교대조별로 주휴부여를 위한 '1주'의 기산점이 달라질 수 있으나, 주휴일이 미리 예측 가능하도록 지정되어야 한다.
② 주휴일은 0시부터 24시까지 역일단위로 주어져야 하지만 교대제 운영을 위해 불가피한 경우에는 1주일에 1회 이상 계속하여 24시간의 휴식이 부여되면 주휴일을 부여한 것으로 본다.
③ 교대조와 관계없이 주휴일을 특정일로 정한 상태에서 휴일의 사전대체가 규칙적으로 이루어짐으로써 결과적으로 주휴일의 취지에 맞게 운영되더라도 이는 유효하다.(1994.5. 9, 근기 68207-761)

다. 휴게시간·휴가

교대제 근로라 하더라도 휴게시간은 부여해야 하며, 연차휴가, 생리휴가, 출산 전·후 휴가 등 법정휴가나 기타 약정휴가가 있는 경우 비교대제 근로자와 동일하게 부여되어야 한다.

라. 법정기준근로시간, 연장근로, 야간근로

① 교대제 형태를 취하더라도 법정기준근로시간은 적용된다.
② 교대제 근로라 하더라도 연장근로는 당사자 간 합의가 있어야 하며 1주에 12시간을 초과할 수 없다. 이 경우 주당 총 근로시간이 주당기준근로시간을 넘는 연장근로시간이 12시간 이내여야 함과 동시에, 1일의 연장근로시간을 1주간 합한 시간도 12시간 이내여야 한다.

3) 연중무휴 가동 사업장과 적합한 교대제

가. 연중무휴 가동이 가능한 교대제

- 4조 이상의 교대제(4조 3교대제, 5조 3교대제 등)이어야 함

나. 연중무휴 가동이 적절하지 않은 교대제

- 3조(3조 2교대제, 3조 3교대제) 형태로 하여 휴게시간을 충분히 부여할 경우 근무편성표상으로는 연중무휴 가동이 가능함. 그러나, 연장근로가 상태화(常態化)되어 법 위반의 소지가 있고, 또한 근로자의 건강·안전에 문제점이 많아 지양되어야 함
- 2조(2조 격일제, 2조 2교대제) 형태는 연중무휴 가동이 불가능

> 「근로시간 및 휴게시간의 특례 사업(§ 58)」및 「근로시간 등의 적용제외 업무(§ 63)」에 규정된 근로자는 3조 또는 2조 등 교대조 형태와 상관없이 연중무휴 가동이 가능하나, 근로자 건강보호 등을 이유로 가급적 지양되어야 함

주차관련법규 & 운영

4) 유형별 교대제 근로의 검토

2조 격일제

가. 개념
① 조를 2개조로 나누어 1개조가 24시간 연속근무를 2역일에 걸쳐 반복하여 근무하는 형태
② 아파트 경비업무 등에서 활용

나. 근무편성표

일 수 교대조	제1일	제2일	제3일	제4일	제5일	제6일	제7일
1조	근무		근무		근무		근무
2조		근무		근무		근무	

※ 근무 : 7시 ~ 다음날 7시까지

다. 연중무휴 가동을 위한 근로시간 검토
① 1주 7일 계속 가동을 위해서는 1조는 4일간 근무하면서 1일 최대 11시간(연장 3시간, 휴게 1시간 제외)까지 근무하고, 2조는 3일간 근무하면서 1일 최대 12시간(연장 4시간, 휴게 1.5시간 제외)까지 근무
② 따라서 1일 24시간 계속 근무하는 근무편성은 불가능하나, 근로시간 및 휴게시간의 특례 사업(§59) 및 근로시간 등의 적용제외 업무(§63)에 종사하는 근로자는 1일 24시간 계속 근무편성이 가능

2조 2교대제

가. 개념
조를 2개로 나누어 2개의 근무조가 1일을 전반기, 후반기로 나누어 근무순번을 1주 또는 2~4주단위로 계속 바꿔가면서 근무하는 형태

나. 근무편성표(순환 : 1근무조 → 2근무조 → 1근무조)

교대조 \ 일 수	제1주		제2주	
	제1일~제5일	제6일~제7일	제8일~제12일	제13일~제14일
1조	1근무조	휴	2근무조	휴
2조	2근무조	휴	1근무조	휴

※ 1근무조 : 0시~12시, 2근무조 : 12시~24시, 휴 : 1일의 휴일, 1일의 휴무일

다. 연중무휴 가동을 위한 근로시간 검토

① 1개조가 1일 10시간 24분 근무 가능(연장 2시간 24분, 휴게 1시간 제외)하여 1일 최대 20시간 48분까지 근무할 수 있고, 각 조별로 1주 5일 가동방식으로 1일의 휴일과 1일의 휴무일을 일괄 부여

② 따라서 1일 24시간 가동을 위해서는 각 조별로 휴게시간을 더 많이 부여(1시간 36분 이상)하여야 함. 그러나, 연장근로가 상태화(常態化)되어 법위반 소지가 있으므로 가급적 지양되어야 함

3조 2교대제

가. 개념

3개의 교대제를 두어 근무형태를 3조로 나누고, 1일 근로를 2근무로 나누어 1일 기준으로 2개조는 근무하고, 1개조는 휴무하는 형태

나. 근무편성표

① 1주 5일 가동 방식(순환 : 1근무조→2근무조→휴무조→1근무조)

구분	제 1 주						제 2 주						제 3 주					
	1일	2일	3일	4일	5일	6일~7일	8일	9일	10일	11일	12일	13일~14일	15일	16일	17일	18일	19일	20일~21일
1조	휴	1근	2근	휴	1근	휴	2근	휴	1근	2근	휴	휴	1근	2근	휴	1근	2근	휴
2조	1근	2	휴	1근	2근	휴	휴	1근	2근	휴	1근	휴	2근	휴	1근	2근	휴	휴
3조	2	휴	1근	2근	휴	휴	1근	2근	휴	1근	2근	휴	휴	1근	2근	휴	1근	휴

※ 1근(1근무조) : 0시~8시, 2근(2근무조) : 8시~16시, 휴 : 휴무조,
  휴 : 1일의 휴일, 1일의 휴무일

〈연중무휴 가동을 위한 근로시간 검토〉

• 2개조는 3일간 1일 11시간(휴게 1시간 제외)근무하여 1주 33시간, 나머지 1

개조는 4일간 1일 11시간(휴게 1시간 제외) 근무하여 1주 44시간 각각 근무
- 3개월 이내 탄력적 근로시간제로 할 경우 특정주 52시간, 특정일 12시간 이내에서 연장근로 가산임금 지급에 대한 부담없이 운영 가능

② 1주 7일 가동 방식(순환 : 1근무조→2근무조→휴무조→1근무조)

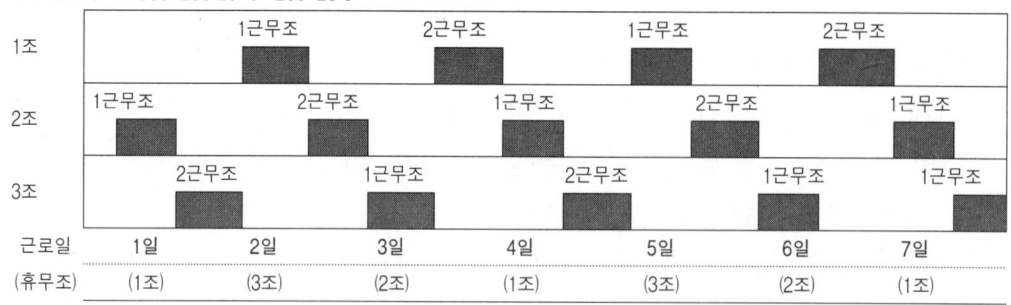

(단위 : 시간)

구분	근로일	실근로시간		휴게시간		연장근로시간	
		1일	1주	1일	1주	1일 기준 시간 초과	1주 기준 시간 초과
1조	4일	11	44	1	4	3	12
2조	5일	11	55	1	5	3	15
3조	5일	11	55	1	5	3	15

※ 1근무조 : 8시~20시, 2근무조 : 20시~다음날 8시, 휴무조 : 휴무

〈연중무휴 가동을 위한 근로시간 검토〉
- 1개조는 4일간 1일 11시간(휴게 1시간 제외) 근무, 나머지 2개조는 5일간 1일 11시간(휴게 1시간 제외) 근무하여 4일간 근무하는 조는 1주 연장근로의 합계가 12시간이나, 나머지 5일 근무하는 2개조는 각 15시간으로 법 위반이 됨
- 따라서 연중무휴 가동을 위해서는 5일 근무하는 2개조에서 휴게시간을 더 많이 부여(1시간 36분 이상)하고 근로시간을 10.4시간(연장 2.4시간 포함)으로 하여야 함. 그러나, 연장근로가 상태화되어 법 위반 소지가 있으므로 가급적 지양되어야 함

3조 3교대제

가. 개념

3개의 조를 두고 1일 근로를 3근무조로 나누어 각 교대조별로 근무조를 적절히 배합하여 운용하는 형태로 1주 5일 가동방식과 1주 7일 가동방식이 있음

나. 근무편성표

① 1주 5일 가동 방식(순환 : 1근무조 → 2근무조 → 3 근무 조 → 1근무조)

구 분	제 1 주		제 2 주		제 3 주	
	제1일 ~제5일	제6일 ~제7일	제8일 ~제12일	제13일 ~제14일	제15일 ~제19일	제20일 ~제21일
1조	1근무조	휴	2근무조	휴	3근무조	휴
2조	2근무조	휴	3근무조	휴	1근무조	휴
3조	3근무조	휴	1근무조	휴	2근무조	휴

※ 1근무조 0시~8시, 2근무조 8시~16시, 3근무조 16시~24시, 휴 : 1일의 휴일, 1일의 휴무일

- 각 근무조의 1일 근로시간은 7시간 30분(휴게 30분 제외)
- 모든 근무조가 1일 7시간 30분, 1주 37시간 30분을 근무하여 연장근무가 없으나, 1일의 휴일과 1일의 휴무일을 일괄 부여하므로 연중무휴 가동은 불가

② 1주 7일 가동 방식 [주6일 근로(순환 : 3조→2조→1조→3조)]

		1일	2일	3일	4일	5일	6일	7일
1주	1조	0~8 (7.5)	0~12 (11)	0~8 (7.5)	0~12 (11)	0~8 (7.5)	휴 일 (0)	0~8 (7.5)
	2조	8~16	12~24	8~16	휴 일	8~16	0~12	8~16
	3조	16~24	휴 일	16~24	12~24	16~24	12~24	16~24
2주	1조	16~24	12~24	16~24	12~24	16~24	휴 일	16~24
	2조	0~8	0~12	0~8	휴 일	0~8	0~12	0~8
	3조	8~16	휴 일	8~16	0~12	8~16	12~24	8~16
3주	1조	8~16	0~12	8~16	12~24	8~16	휴 일	8~16
	2조	16~24	12~24	16~24	휴 일	16~24	0~12	16~24
	3조	0~8	휴 일	0~8	0~12	0~8	12~24	0~8

※ ( )는 법정휴게시간 부여시 실근로시간

- 각 조는 1주 52시간 근무
- 1근무조 0시~8시, 2근무조 8시~16시, 3근무조 16시~24시

〈연중무휴 가동을 위한 근로시간 검토〉

- 쉬는 조가 없는 날은 각 조가 7시간 30분(휴게 30분 제외)씩 근무, 쉬는 조가 있는 날은 2개조가 11시간(휴게 1시간 제외)씩 근무
- 따라서 각 조의 주당 총근로시간이 52시간(연장 12시간 포함)으로 연장근로가 상태화되어 있어 휴가활용시 법 위반소지가 있고, 또한 연장근로를 하면서 주40시간제를 6일제로 운영하는 것에 근로자가 쉽게 동의하지 않아 연중무휴 가동에 활용이 곤란함

③ 주5일 근로(순환 : 3조→2조→1조→3조)

		1일	2일	3일	4일	5일	6일	7일
1주	1조	0~8 (7.5)	0~12 (11)	0~12 (11)	휴 (0)	0~12 (11)	0~12 (11)	휴 (0)
	2조	8~16	12~24	휴	0~12	12~24	휴	0~12
	3조	16~24	휴	12~24	12~24	휴	12~24	12~24
2주	1조	16~24	12~24	12~24	휴	12~24	12~24	휴
	2조	0~8	0~12	휴	0~12	0~12	휴	0~12
	3조	8~16	휴	0~12	12~24	휴	0~12	12~24
3주	1조	8~16	0~12	12~24	휴	0~12	12~24	휴
	2조	16~24	12~24	휴	12~24	12~24	휴	12~24
	3조	0~8	휴	0~12	0~12	휴	0~12	0~12

※ ( )는 법정휴게시간 부여시 실근로시간

- 각 조는 1주 51.5시간 근무
- 1조 : 0시~8시, 2조 : 8시~16시, 3조 : 16시~24시, 휴 : 1일의 휴일, 1일의 휴무일

〈연중무휴 가동을 위한 근로시간 검토〉

- 쉬는 조가 없는 날은 각 조가 7시간 30분(휴게 30분 제외)씩 근무, 쉬는 조가 있는 날은 2개조가 11시간(휴게 1시간 제외)씩 근무
- 따라서 각 조의 주당 총근로시간이 51.5시간(연장 11.5시간 포함)으로 연장근로가 상태화되어 휴가 활용시 법 위반 소지가 있고, 또한 연중무휴 가동시 근무시간대 간에 간격이 너무 짧거나 휴일이 불규칙하여 근로자 건강보호나 생산성 측면상 바람직하지 않음

4조 3교대제

가. 개념
① 조를 4개조로 나누어 3개조는 3근무조로 나누어 교대 근무하고 1개조는 휴무하는 형태로 1일 24시간, 1주 7일 가동에 적합
② 근로시간대간의 간격을 정상적으로 유지, 야간근로 등으로 인한 피로회복을 위해 휴식시간이 충분히 주면서 운용

나. 근무편성표
① 3근 1휴 방식(순환 : 1근무조→2근무조→3근무조→1근무조)
- 4조의 가장 전형적인 형태로 각 교대조가 3일 근무 1일 휴무를 규칙적으로 반복하는 방식으로 휴무 다음날에 근무조가 전환됨
- 12일을 주기로 9일 근무하고 3일은 쉬는데 휴일은 휴무일 중에 적정한 날을 휴일로 부여

구분	1일	2일	3일	4일	5일	6일	7일	8일	9일	10일	11일	12일
1조	1근	1근	1근	휴	2근	2근	2근	휴	3근	3근	3근	야휴
2조	휴	2근	2근	2근	휴	3근	3근	3근	야휴	1근	1근	1근
3조	2근	휴	3근	3근	3근	야휴	1근	1근	1근	휴	2근	2근
4조	3근	3근	야휴	1근	1근	1근	휴	2근	2근	2근	휴	3근

구분	1일	2일	3일	4일	5일	6일	7일	8일	9일	10일	11일	12일
1조	1근	2근	3근	야휴	1근	2근	3근	야휴	1근	2근	3근	야휴
2조	2근	3근	야휴	1근	2근	3근	야휴	1근	2근	3근	야휴	1근
3조	3근	야휴	1근	2근	3근	야휴	1근	2근	3근	야휴	1근	2근
4조	야휴	1근	2근	3근	야휴	1근	2근	3근	야휴	1근	2근	3근

※ 근 : 근무, 휴 : 휴무, 1일 8시간 근무, 야휴 : 야간근로 후의 휴무
- 1근(1근무조) : 6시~14시
- 2근(2근무조) : 14시~22시, 3근(3근무조) : 22시~6시

② 4근 1휴(2→1) 방식(순환 : 1근무조→2근무조→3근무조→1근무조)
- 각 교대조가 4일 근무 1일 휴무한 후 근무조 변경, 4일 근무 2일 휴무한 후 다시 근무조 변경, 4일 근무 1일 휴무한 후 또 다시 근무조 변경을 반복하는 방식
- 16일 주기로 12일을 일하고 4일을 쉬는데 그 중 1일은 야간근로 후 휴무, 휴일은 휴무일 중에 적정한 날을 휴일로 부여

구분	1일	2일	3일	4일	5일	6일	7일	8일	9일	10일	11일	12일	13일	14일	15일	16일
1조	2근	2근	2근	2근	휴	3근	3근	3근	3근	야휴	휴	1근	1근	1근	1근	휴
2조	휴	3근	3근	3근	3근	야휴	휴	1근	1근	1근	1근	휴	2근	2근	2근	2근
3조	3근	야휴	휴	1근	1근	1근	1근	휴	2근	2근	2근	2근	휴	3근	3근	3근
4조	1근	1근	1근	휴	2근	2근	2근	2근	휴	3근	3근	3근	3근	야휴	휴	1근

※ 근 : 근무, 휴 : 휴무, 1일 8시간 근무, 야휴 : 야간근로 후의 휴무
   1근 : 1근무조, 2근 : 2근무조, 3근 : 3근무조

③ 5근 2휴(1→2) 방식(순환 : 1근무조→2근무조→3근무조→1근무조)
- 각 교대조가 5일 근무 2일 휴무한 후 근무조를 변경, 5일 근무 1일 휴무한 후 다시 근무조를 변경, 또다시 5일 근무 2일 휴무한 후 근무조를 변경하는 반복하는 방식
- 20일을 주기로 15일을 근무하고 5일은 쉬는데 그 중 1일은 야간근로 후 휴무, 휴일은 휴무일 중에 적정한 날을 휴일로 부여

구분	1일	2일	3일	4일	5일	6일	7일	8일	9일	10일	11일	12일	13일	14일	15일	16일	17일	18일	19일	20일
1조	3근	3근	3근	3근	3근	야휴	휴	1근	1근	1근	1근	1근	휴	2근	2근	2근	2근	2근	휴	휴
2조	야휴	휴	1근	1근	1근	1근	1근	휴	2근	2근	2근	2근	2근	휴	휴	3근	3근	3근	3근	3근
3조	1근	1근	휴	2근	2근	2근	2근	2근	휴	3근	3근	3근	3근	3근	야휴	휴	1근	1근	1근	1근
4조	2근	2근	2근	휴	휴	3근	3근	3근	3근	3근	야휴	휴	1근	1근	1근	1근	1근	휴	2근	2근

※ 근 : 근무, 휴 : 휴무, 1일 8시간 근무, 야휴 : 야간근로 후의 휴무
   1근 : 1근무조, 2근 : 2근무조, 3근 : 3근무조

6. 임금

1) 임금의 개념

사용자가 근로의 대가로 근로자에게 임금, 봉급 기타 어떠한 명칭으로든지 지급하는 일체의 금품으로, 근로자에게 계속적·정기적으로 지급되며 그 지급에 관하여 단체협약, 취업규칙, 급여규정, 근로계약, 노동관행 등에 의하여 사용자에게 지급의무가 지워져 있고, 또한 일정 요건에 해당하는 근로자에게 일률적으로 지급하는 것이라면 그 명칭여하를 불문하고 임금으로 보아야 한다.(대판 2003.2.11., 2002다50828)

■ 임금 해당성 여부

구분		원칙		예외
은혜/호의적	×	경조금, 회사창립기념일에 지급되는 금품, 취업규칙 등에 근거 없이 일시적으로 지급되는 성과급 등	○	취업규칙 등에 지급조건 명시되고 정기적/계속적으로 지급되는 경우
실비변상적 금품	×	작업복 구입비, 출장비, 여비, 판공비, 해외근무수당 등	○	일·숙직비 (일·숙직의 근로대가성 인정)
복리후생비	×	일시적이거나 일부 근로자에게만 지급되는 교통비, 학자보조금 등	○	취업규칙 등에 정하거나 관행에 의해 정기적으로 전 근로자에게 같은 금액을 지급하는 경우
현물급여	○	취업규칙 등에 지급조건이 명시되어 있고, 정기적, 일률적으로 지급되며 명백하게 통화환가 가능한 경우	×	취업규칙 등에 지급조건이 명시되어 있지 않고, 일시적 지급

2) 임금지급의 4대 원칙 : 직접불·전액불·통화불·월 1회 이상 정기불의 원칙

① 직접불의 원칙

근로자에게 직접 지급해야 하며, 근로자의 희망에 의해 지정된 은행의 본인 계좌에 입금하는 것은 본인에게 지급한 것과 같은 효과를 내므로 인정된다.

② 통화불의 원칙

국내법에 의해 강제통용력이 있는 통화로 지급되어야 한다. 은행이 지급을 보증하는 자기앞수표는 통화로 인정되나 주식이나 어음, 당좌수표로 지급되는 것은 허용되지 않는다.

③ 전액불의 원칙

　　세금, 보험료 등 법령으로 정해져 있거나 본인이 동의한 경우를 제외한 전액을 지급해야 한다. 임금의 일부 공제는 법령 또는 단체협약에 특별한 규정이 있어야 한다.

④ 정기불의 원칙

　　임금은 매월1회 이상 일정한 날짜를 정하여 지급하여야 하며, 취업규칙에 반드시 임금지급시기를 명시해야 한다.

3) 연장근로 및 가산수당

구 분	일한 시간	가산임금	합 계
연장근로	100%	50%	150%
야간근로	100%	50%	150%
연장 + 야간근로	100%	50%+50%	200%
유급휴일	100%	(휴일) 50%	150%
무급휴일	100%	(연장) 50%	150%
유급휴일+연장+야간	100%	50%+50%+50%	250%
무급휴일+연장+야간	100%	50%+50%	200%

4) 휴업수당

　　사용자의 귀책사유로 휴업하는 경우, 휴업기간동안 근로자에게 평균임금의 100분의 70 이상의 수당을 지급하는 제도로 성립요건으로 휴업과 사용자의 귀책사유를 요한다. 다만, 사용자귀책사유가 있더라도 부득이한 사유로 사업을 계속하는 것이 불가능하여 노동위원회의 승인을 받은 경우, 사용자는 평균임금의 100분의 70 또는 통상임금 이하의 휴업수당을 지급할 수 있다.

5) 최저임금법(2014년 5,210원 /시급, 2015년 5,580원)

　　① 적용범위 : 근로자를 사용하는 모든 사업 또는 사업장
　　② 적용제외 : 정신 또는 신체의 장애로 근로능력이 현저히 낮은 자
　　③ 최저임금액 미만 지급 : 3개월 내 수습사용 중인 자, 감시 또는 단속적 근로자로서 사용자가 고용노동부장관의 승인을 받은 자(최저임금의 90%, 4,690원)

6) 주지의무

사용자는 근로자에게 적용을 받는 최저임금액, 최저임금에 산입하지 아니하는 임금, 최저임금의 적용을 제외할 근로자의 범위, 최저임금의 효력발생 연월일을 최저임금의 효력발생일 전일까지 주지시켜야 한다.(참조 : 취업규칙 주지의무)

7. 모성보호

1) 모성의 근로시간 보호

구 분	법정근로시간	연장근로 제한	휴일·야간근로
18세 이상 성인 여성	1일 8시간, 1주 40시간	당사자 간의 합의가 있는 경우에 1주 12시간 한도	여성 : 근로자 동의
임신 중의 여성		시간외근로 금지	명시적인 청구, 고용노동부장관 인가
산후 1년이 경과되지 아니한 여성		1일 2시간, 1주일 6시간, 1년 150시간 한도	본인 동의, 고용노동부장관 인가

2) 생리 휴가

생리현상이 있는 여성 근로자가 청구하면 월1일의 생리휴가를 주어야 한다. (유급 의무가 없음)

3) 유해·위험작업 사용금지

사용자는 임신 중이거나 '출산 후 1년이 지나지 아니한 여성'을 도덕상 또는 보건상 유해·위험한 사업에 사용하지 못하며, '임산부가 아닌 18세 이상의 여성'에 대해서도 보건상 유해·위험한 사업 중 임신 또는 출산에 관한 기능에 유해 위험한 사업에 사용하지 못한다.

4) 임산부의 보호

가. 태아검진시간의 허용

임신한 여성 근로자가 근로시간 중에 「모자보건법」제10조에 따라 임산부의 진단과 종합검진 및 산전·분만·산후관리 또는 임산부의 건강상의 위해요인 발견을 위하여 임산부 정기건강검진을 받고자 필요한 시간을 청구하는 경우

① 임신 7월까지는 매 2월에 1회
② 임신 8월에서 9월까지는 매 1월에 1회
③ 임신 10월 이후에는 매 2주에 1회의 시간을 유급으로 부여한다.

나. 임신 중 근로시간 단축

① 임신 후 12주 이내 또는 36주 이후에 있는 여성 근로자가 1일 2시간의 근로시간 단축을 신청하는 경우 이를 허용하여야 한다. 다만, 1일 근로시간이 8시간 미만인 근로자에 대하여는 1일 근로시간이 6시간이 되도록 근로시간 단축을 허용할 수 있다.〈신설 2014.3.24.〉

② 사용자는 임신 후 근로시간 단축을 이유로 해당 근로자의 임금을 삭감하여서는 안된다.〈신설 2014.3.24.〉

【시행일】
❶ 상시 300명 이상의 근로자를 사용하는 사업 또는 사업장
  : 공포 후 6개월이 경과한 날
❷ 상시 300명 미만의 근로자를 사용하는 사업 또는 사업장 :
  : 공포 후 2년이 경과한 날

다. 유·사산 휴가

임신 중의 여성이 임신 유산 또는 사산한 경우에도 근로자가 청구하면 임신기간에 따라 유급보호휴가를 주어야 한다. 다만, 모자보건법 제14조 규정을 제외한 인공임신중절에 의한 유산의 경우에는 적용하지 않는다.

※ 고용보험법상 우선지원대상기업은 출산 전·후 휴가 급여 90일 지원
  (광업 300인, 제조업 500인, 건설업 300인, 운수·창고 및 통신업 300인,
  기타 100인 이하 사업장)

임신기간	유사산휴가기간
11주 이하	유산 또는 사산한 날부터 5일까지
12주 이상 15주 이내	유산 또는 사산한 날부터 10일까지
16주 이상 21주 이내	유산 또는 사산한 날부터 30일까지
22주 이상 27주 이내	유산 또는 사산한 날부터 60일까지
28주 이상	유산 또는 사산한 날부터 90일까지

라. 출산 전·후 휴가

임신 중인 여성근로자에게 산전과 산후를 통하여 90일의 유급보호휴가를 주어야 하며, 산후에 45일 이상이 되어야 한다. 또한 근로자가 유산의 경험 등으로 출산 전 휴가를 청구하는 경우, 출산 전 어느 때라도 휴가를 나누어 사용할 수 있도록 하여야 한다.

마. 쉬운 종류의 업무로 전환

근로자의 요구가 있는 경우 쉬운 종류의 근로로 전환해야 한다. 이 때 '쉬운 종류의 업무'의 내용은 근로기준법에 정함이 없으나 원칙적으로 해당 근로자가 청구한 업무로 전환시키는 것이 타당하다.(단, 청구가 사회통념 상 합리성이 있어야 한다.)

5) 배우자 출산휴가

① 근로자가 배우자의 출산을 이유로 휴가를 청구하는 경우 5일의 범위에서 3일 이상의 유급휴가를 준다. (이 때 최초 3일은 유급)

② 배우자가 출산한 날로부터 30일이 지나면 청구할 수 없다.

③ 다태아 출산 전·후 휴가 일수 증가

2014년 7월 1일부터 다태아(쌍둥이, 세쌍둥이) 자녀를 출산한 근로자의 경우에 출산 전·후 휴가를 120일까지 사용할 수 있게 되었다. 유급휴가 부분 또한 기존 60일에서 75일로 확대하였다.〈개정 2014.7.1. 시행〉

6) 육아시간

생후 1년 미만의 유아를 가진 여성 근로자가 청구하면 1일 2회 각각 30분 이상의 유급수유시간을 준다.

7) 육아휴직

① 만 8세 이하 또는 초등학교 2학년 이하 자녀를 양육하기 위하여 (남녀)근로자가 그 영유아의 양육을 위하여 휴직(이하 "육아휴직"이라 한다.)을 신청한 경우에 이를 허용하여야 한다.〈개정 2014.1.14. 단, 이 법 시행 후 육아휴직을 신청한 근로자부터 적용〉이에 대하여 시기변경권 행사는 불가하다.

② 쌍생아일 경우 출산 전후 휴가기간이 120일로 확대되어 120일과 중복되는 기간을 제외한 30일 이상 육아휴직을 부여받은 피보험자 중 일정 요건을 갖춘 경우 육아휴직 급여를 지급한다.〈개정 2014.7.1.개정〉

【육아휴직과 관련한 근로조건】

❶ 복직 근무지 : 사업주는 육아휴직근로자에 대해 육아휴직을 마친 후, 휴직 전과 같은 업무 또는 같은 수준의 임금을 지급하는 직무에 복귀시켜야 한다.

❷ 근속기간 : 승진·승급·퇴직금 또는 연차유급휴가일수가산 등의 기초가 되는 근속기간에 포함된다.

❸ 임금과 육아휴직급여 : 취업규칙 등에 따로 정하지 않으면, 육아휴직기간에 대해 임금 지급의무 없다.(고용보험에서 지급)

❹ 평균임금산정 : 육아휴직기간은 평균임금산정기간에서 제외된다.

❺ 퇴직금 산정시 : 계속근로연수에 육아휴직기간 포함한다.

---

8) 육아기 근로시간 단축 및 지원

① 육아휴직을 신청할 수 있는 근로자가 육아휴직 대신 근로시간의 단축(이하 "육아기 근로시간 단축"이라 한다)을 신청하는 경우에 사용자는 이를 허용하여야 한다.

② 육아기 근로시간 단축제도를 허용하지 않는 경우
- 단축개시예정일의 전날까지 계속 근로기간이 1년 미만인 경우
- 같은 영유아의 육아를 위해 배우자가 육아휴직을 하고 있는 경우
- 사업주가 직업안정법에 따라 구인신청을 하고, 14일 이상 대체인력을 채용하기 위해 노력했으나 대체인력을 채용하지 못한 경우. 다만, 직업소개를 정당한 이유 없이 2회 이상 거부한 경우 제외

- 근로자의 업무성격상 근로시간 분할이 어렵거나 사업의 정상적인 운영에 중대한 지장을 초래하는 경우로 사업주가 이를 증명하는 경우
    ☞ 단, 이 경우 해당 근로자에게 사유를 서면으로 통보하고, 육아휴직을 사용하게 하거나 그 밖의 조치를 통하여 지원할 수 있는지를 해당 근로자와 협의해야 함

③ 육아기 근로시간 단축 근로자의 근로조건

육아기 근로시간 단축을 한 근로자의 근로조건은 서면으로 정하고, 근로시간에 비례하여 적용하는 경우 외에는 육아기 근로시간 단축을 이유로 근로조건을 불리하게 해서는 안 된다. 단축된 근로시간 외에 연장근로 요구는 불가하나, 근로자가 명시적으로 청구하는 겨우 주12시간 이내에서 연장근로가 가능하다.

④ 육아기 근로시간 단축 장려금 지급
- 고용보험에서 근로자의 신청에 따라 육아휴직 대신 육아기 근로시간 단축을 30일 이상 허용하고, 그 기간이 끝난 후 그 근로자를 30일 이상 계속 고용하는 사업주에게 육아기 근로시간 단축에 대한 장려금을 지급한다.
- 쌍생아일 경우 출산 전후 휴가기간이 120일로 확대되어 120일과 중복되는 기간을 제외한 30일 이상 육아휴직을 부여받은 피보험자 중 일정 요건을 갖춘 경우 육아기 근로시간 단축 급여를 지급한다.〈개정 2014.7.1. 개정〉

9) 가족돌봄 휴직

부모, 배우자, 자녀 또는 배우자의 부모의 질병, 사고, 노령으로 인하여 그 가족을 돌보기 위해 가족돌봄휴직을 신청할 수 있다. 가족돌봄휴직 기간은 연간 최장 90일로 하며, 나누어 사용할 수 있고, 이 경우 나누어 사용하는 1회의 기간은 30일 이상이 되어야 한다. 다만, 대체인력 채용이 불가능한 경우, 정상적인 사업 운영에 중대한 지장을 초래하는 경우 등의 사유가 있는 경우에는 가족돌봄휴직이 허용되지 않는다. 가족돌봄휴직을 허용하지 않는 경우 해당 근로자에게 서면으로 통보하고 업무의 시작과 종료 시간을 조정하거나, 연장근로를 제한하는 등 사업장 사정에 맞는 지원조치를 하도록 노력해야 한다.

8. 산업재해보상

1) 산업재해보상법의 의의

산재근로자와 그 가족의 생활을 보장하기 위하여, 국가가 사업주로부터 소정의 보험료를 징수하여 그 기금으로 사업주를 대신하여 산재근로자를 보상해주는 제도이다. 무과실 책임주의로 보험료는 사업주가 전액 부담하는 것이 원칙이다.

2) 보험관계의 적용

적용대상은 근로자를 사용하는 모든 사업장, 적용단위는 사업 또는 사업장으로 동일한 장소에 있는 것은 하나의 사업을 하고, 장소적으로 분리되어 있는 경우에는 별도의 사업으로 적용한다. 근로자를 1인 이상 사용하는 모든 사업 또는 사업장은 당연적용사업에 해당한다.

3) 산재 가입 및 적용 특례

① 중·소기업 사업주에 대한 특례(법 제88조, 임의가입)
 상시 근로자 50인 미만의 근로자를 사용하는 사업주는 공단의 승인을 얻어 산재보험에 가입할 수 있다.
② 현장실습생에 대한 특례(법 제89조)
 「산업재해보상보험법」이 적용되는 사업에서 현장실습을 하고 있는 직업훈련생 중 고용노동부장관이 정하는 직업훈련생은 근로자로 보아 보험급여를 지급해야 한다.

4) 업무상재해 요건(판단기준)

① 업무수행성 : 업무를 수행하는 과정에서 재해를 입은 경우
② 업무기인성 : 업무수행 중 사고가 아닐지라도, 업무와 질병 사이에 인과관계가 있는 경우

9. 징계 및 해고

1) 징계의 의의

사용자가 기업의 경영목적을 위하여 불가결하게 요청되는 기업질서를 정립하기 위하여 근로자의 기업질서 위반행위에 대하여 견책, 경고, 감급에서 해고에 이르기까지 행하는 일정한 불이익 조치이다.

2) 징계정당성 판단기준

① 징계사유의 정당성 : 해고사유
② 징계절차의 정당성 : 인사위원회, 변명권
   노사협정이나 단체협약에 규정된 절차를 거치지 않거나 불성실한 징계심의 절차에 의한 징계처분은 무효이고, 징계절차규정이 없는 경우에는 절차를 밟지 않았다고 해서 징계가 무효가 되는 것은 아니다.

3) 해고

가. 해고의 사유

해고의 정당한 사유란 사회통념상 근로계약을 계속시킬 수 없을 정도로 근로자에게 책임이 있는 사유가 있다든지, 근로계약을 유지하기 어려운 부득이한 경영상의 필요가 있는 경우를 말한다.

나. 해고의 절차

① 해고절차에 관한 규정이 있는 경우
   단체협약이나 취업규칙 등의 해고절차에 위반한 해고는 무효가 원칙이다. (그 위반의 정도가 경미하거나 실질적으로 해고자에 대한 변명의 기회가 있었다면 절차를 위반한 해고라도 유효)
② 해고절차에 관한 규정이 없는 경우
   인사위원회의 개최 또는 소명기외 부여 등의 절차를 거치지 않은 경우라도 무효가 되는 것은 아니다.

다. 해고의 제한

① 정당한 이유 없는 해고, 휴직, 정직, 전직, 감봉 기타 징벌은 금지되며, 근로자가 업무상 부상 또는 질병의 요양을 위해 휴직한 기간과 그 후 30

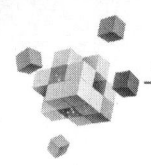

일간 또는 출산 전·후의 여성이 근로기준법에 의해 휴직한 기간과 그 후 30일간은 해고가 금지된다.

② 다만, 근로기준법 제84조에 따른 일시보상을 행하였을 경우 또는 사업을 계속할 수 없게 된 경우는 제외된다. 또한 근로자를 해고하려면 반드시 해고사유와 해고일자를 서면으로 통지해야 한다.

라. 해고의 예고

① 해고의 예고 및 해고예고 수당

해고예고는 적어도 30일 이전에 하여야 하며, 그렇지 않은 경우에는 30일 분 이상의 통상임금을 해고예고수당으로 지급해야 한다. 문서와 구두 모두 무방하며, 해고될 근로자와 해고사유 및 해고될 날을 명시해야 한다. 다만, 천재, 사변 기타 부득이한 사유로 사업계속이 불가능한 경우 또는 근로자에게 귀책사유가 있는 경우로 고용노동부령이 정하는 사유인 경우에는 예고하지 않을 수 있다.

② 해고예고 적용의 제외
- 일용근로자로서 3개월을 계속 근무하지 않은 자
- 2월 이내의 기간을 정하여 사용된 자
- 월급근로자로서 6월이 되지 못한 자
- 계절적 업무에 6월 이내의 기간을 정하여 사용된 자
- 수습 사용한 날로부터 3월 이내인 근로자

4) 해고 사유 등의 서면통지

① 사용자는 근로자를 해고하려면 해고사유와 해고시기를 서면으로 통지하여야 하며, 서면으로 통지하여야 해고의 효력이 있다.

② 사용자가 해고의 예고를 해고사유와 해고시기를 명시하여 서면으로 한 경우 서면통지를 한 것으로 본다. 〈신설 2014.3.24.〉

10. 퇴직급여(근로자퇴직급여보장법)

1) 퇴직급여의 발생요건

근로자로 인정되는 경우 계속근로연수 1년에 대하여 30일분의 평균임금이 퇴

직급여로 발생한다. 근로자를 사용하는 모든 사업 또는 사업장에 적용되며, 적용대상은 근로자, 사용자 및 퇴직연금사업자이다.

2) 퇴직금 중간정산

① 의의 : 대통령령이 정하는 사유로 근로자가 요구하는 경우, 근로자가 퇴직하기 전 해당 근로자의 계속 근로한 기간에 대한 퇴직금을 미리 정산하여 지급이 가능하다.

② 퇴직금 산정시 기산점
퇴직금의 중간정산 지급 이후의 퇴직금 산정을 위한 계속근로연수는 정산시점부터 새롭게 기산한다.

3) 퇴직연금제도 : 확정급여형, 확정기여형, 근로자 개인형퇴직연금제도

① 확정급여형 퇴직연금제도(DB : Defined Benefit)
근로자가 퇴직시에 수령할 퇴직급여가 근무기간과 평균임금에 의해 사전적으로 확정되어 있는 제도가 확정급여형 퇴직연금제도이다. 사용자가 적립금을 직접 운용하므로 운용결과에 따라 사용자가 납입해야 할 부담금 수준이 변동될 수 있다. 또한, 임금인상률·퇴직률·운용수익률 등 연금액 산정의 기초가 되는 가정에 변화가 있는 경우에도 사용자가 그 위험을 부담한다.

② 확정기여형 퇴직연금제도(DC : Defined Contribution)
사용자가 매년 근로자 연간 임금의 1/12 이상을 부담금으로 납부하고, 근로자가 적립금의 운용방법을 결정하는 제도이다. 근로자의 적립금 운영성과에 따라 퇴직 후의 연금 수령액이 증가 또는 감소하게 되며, 결과적으로 적립금 운용과 관련한 위험을 근로자가 부담하게 된다.

③ 개인형퇴직연금제도(IRP : Individual Retirement Pension)
근로자 직장 이전시 퇴직연금 유지를 위한 연금통산장치 또는 10명 미만 사업체에 적용되는 퇴직 연금으로 근로자가 적립금 운용방법을 결정하며, 퇴직일시금 수령자 가입시 일시금에 대해 과세가 이연된다. 기업부담금은 없으나 10인 미만 사업장에서는 확정기여형과 동일하며, 자산운용실적에 따라 퇴직급여의 수준이 변동된다.

11. 비정규직 관련

1) 단시간 근로자의 노무관리

① 단시간 근로자란

단시간근로자란 1주간의 소정근로시간이 당해 사업장의 동종 업종에 종사하는 통상근로자의 1주간의 소정근로시간에 비하여 짧은 근로자를 뜻한다. 아르바이트·파트타임·시간제사원 등 명칭을 문제 삼지 않으며, 소정근로시간의 짧은 정도는 무관하다.

② 단시간 근로자의 근로조건 : 시간비례원칙

같은 사업장의 동종 업무에 종사하는 통상근로자의 근로시간을 기준으로 산정한 비율에 따라 결정한다.

> ▶ **단시간 근로자의 연차유급휴가**
>
> $$\text{통상근로자의 연차휴가일수} \times \frac{\text{단시간 근로자의 소정근로시간}}{\text{통상 근로자의 소정근로시간}} \times 8\text{시간}$$

③ 단시간 근로자의 초과근로

소정근로시간을 초과하여 근로하게 하려면 그 근로자의 동의를 받아야 하며, 이 경우 1주 동안에 12시간을 초과할 수 없다. 또한 1일 및 1주의 총근로시간이 법정근로시간을 초과하지 않는 한 가산수당 지급의무가 없다고 규정하였으나, 개정법에 따르면 사용자는 단시간 근로자의 초과근로에 대하여 법정근로시간 이내라도 통상임금의 100분의 50이상을 가산하여 지급해야 한다.〈2014.9.19. 개정〉

④ 현저히 짧은 단시간 근로자(초단시간 근로자)

4주간을 평균하여 1주 소정근로시간이 15시간 미만인 근로자를 의미하며, 주휴일, 연차유급휴가, 퇴직급여의 적용이 제외된다. 4대 보험은 일부 미적용된다.(건강보험, 국민연금, 고용보험은 미적용하나 산재보험은 적용)

2) 기간제 근로자의 사용기간 제한 및 갱신기대권

① 사용기간 제한

총 사용기간을 2년으로 제한하고, 2년을 초과하는 경우에는 기간의 정함이 없는 근로계약으로 간주한다.

② 기간제한 예외
- 사업완료, 특정업무 완성에 필요한 기간을 정한 경우
- 휴직, 파견 등(출산, 질병, 군입대, 장기파견)으로 결원이 발생한 경우
- 학업, 직업훈련 등의 이수에 필요한 기간
- 고령자(55세)와 근로계약을 체결하는 경우
- 전문 지식·기술이 필요한 업무, 정부정책에 의해 일자리를 제공하는 경우
- 그 밖의 합리적인 사유가 있는 경우로서 시행령으로 정한 경우

③ 갱신기대권
- 근로계약이 수차례 갱신되어 형식에 불과한 경우나 기간을 정하여 근로계약을 체결한 근로자에게 기간만료에도 근로계약이 갱신될 수 있으리라는 정당한 기대권이 인정되는 경우 기대권에 반하는 사용자의 부당한 근로계약 갱신 거절은 부당해고가 성립된다.
- 근로계약이 갱신된다는 취지의 규정을 두고 있거나, 그러한 규정이 없더라도 근로계약의 내용과 근로계약이 이루어지게 된 동기 및 경위, 계약갱신의 기준 등 갱신에 관한 요건이나 절차의 설정 여부 및 실태, 근로자가 수행하는 업무의 내용 등 당해 근로관계를 둘러싼 여러 사정을 종합하여 볼 때 근로계약이 갱신된다는 신뢰관계가 형성되어 있는 경우 정당한 갱신기대권이 인정된다. (判例 2011.4.14. 2007두1729)

3) 비정규직 차별 사례 및 대응

① 차별처우의 판단기준

동일사업장, 동종·유사업무, 정규직 또는 통상근로자와의 합리적 이유가 없는 차별인지, 세부적인 판단기준은 법에서 규정하고 있지 않다.

② 차별의 종류
- 규정상의 차별 ; 취업규칙 등에 차별적 규정이 명시된 경우 차별여부의

주차관련법규 & 운영

　　　　판단이 용이, 임금차별, 상여금차별, 휴일부여, 성과급 등
- 사실상의 차별 : 차별여부의 판단이 곤란, 유사한 업무를 하면서도 과다한 임금격차가 있는 경우(예 : 40~50%)

　　③ 차별처우의 비교대상
　　　기간제 근로자는 정규직, 단시간 근로자는 통상근로자.

12. 직장내 성희롱 예방

1) 직장내성희롱 규정

① 직장내 성희롱의 금지
남녀고용평등과 일·가정 양립 지원에 관한 법률 제12조

② 직장내 성희롱예방교육 (동법 제13조)
사업주로 인한 직장 내 성희롱을 예방하기 위하여 사업주도 직장 내 성희롱 예방 교육을 받도록 명시하였다.〈신설 2014.1.14.〉

③ 직장내 성희롱예방교육기관 (동법 제13조의2)

2) 직장 내 성희롱(성적괴롭힘)의 정의

"직장 내 성희롱"이라 함은 사업주, 상급자 또는 근로자가 직장 내의 지위를 이용하거나 업무와 관련하여 다른 근로자에게 성적인 언동 등으로 성적굴욕감 또는 혐오감을 느끼게 하거나, 성적언동 기타 요구 등에 대한 불응을 이유로 고용상의 불이익을 주는 것(고평법 제2조 제2항)을 의미한다.

3) 직장 내 성희롱의 성립요건 및 판단기준

가. 성립요건

① 당사자(행위자와 피해자) : 사업주·상급자·동료 근로자·하급자 모두 포함되나, 거래처 관계자나 고객 등 제3자는 제외

② 직장 내의 지위를 이용하거나 업무와의 관련성이 있을 것 : 사업장 안 및 근무시간뿐만 아니라 직장 내의 지위를 이용하거나 업무와의 관련성이 있다면 사업장 밖 근무시간 외에도 성립

③ 환경형 성희롱 : 성적인 언동 등으로 성적 굴욕감 및 혐오감을 느끼게 할 것
④ 조건형 성희롱 : 성적인 언동 또는 그 밖의 요구 불응을 이유로 고용상의 불이익을 줄 것

나. 판단기준

피해자의 주관적 사정을 고려하되, 사회통념상 합리적인 사람이 피해자의 입장이라면 문제가 되는 행동에 대하여 어떻게 판단하고 대응하였을 것인가를 함께 고려하여야 하며, 결과적으로 위협적·적대적인 고용환경을 형성하여 업무능률을 떨어뜨리게 되는지를 검토하여야 한다.

4) 고객 등에 의한 성희롱 방지

사업주는 고객 등 업무와 밀접한 관련이 있는 자가 업무수행 과정에서 성적인 언동 등을 통하여 근로자에게 성적 굴욕감 또는 혐오감 등을 느끼게 하여 해당 근로자가 그로 인한 고충 해소를 요청할 경우 근무 장소 변경, 배치전환 등 가능한 조치를 취하도록 노력하여야 하며, 근로자가 피해를 주장하거나 고객 등으로부터의 성적 요구 등에 불응한 것을 이유로 해고나 그 밖의 불이익한 조치를 하여서는 아니 된다. (5년 이하의 징역 또는 3천만원 이하의 벌금)

5) 성희롱 피해자 불이익 조치 금지

사업주는 피해자가 상담·고충의 제기 또는 관계 기관에의 진정·고소 등을 한 것을 이유로 그 피해 근로자에게 고용상의 불이익 조치를 취해서는 안 된다.

6) 직장 내 성희롱 예방교육

가. 교육 횟수

사업주는 직장 내 성희롱 예방교육을 연1회 이상 실시하여야 하며, 이 때 사업주는 근로자의 업무여건·출장·휴가 등을 고려하여 성희롱 예방교육에 대한 계획을 수립하여 전체근로자가 교육을 받을 수 있도록 해야 한다. 이 때 사업주도 함께 교육을 받아야 한다.(2014.1 개정)

나. 교육방법

① 사업장의 규모와 사정을 고려하여 직원연수·정례조회·부서별 회의 등을 통하여 이루어져야 하며, 비디오 테이프 등 시청각 교재를 보조자료로 활용 가능
② 문서 및 교재의 회람, 인터넷 메일에 의한 자료배부는 교육 불인정
③ 상시 10명 미만의 근로자를 사용하는 사업, 사업주의 친족만을 근로자로 사용하는 사업, 사업주 및 근로자 모두가 남성 또는 여성의 어느 한 성으로 된 사업의 사업주는 홍보물을 게시하거나 배포하는 방법으로 직장 내 성희롱 예방교육 실시 가능
④ 사업주가 소속 근로자에게 근로자직업능력개발법에 따른 성희롱 예방교육이 있는 훈련과정을 수료하게 한 경우 그 훈련과정을 마친 근로자는 예방교육을 받은 것으로 봄

주차장 회계와 경영분석

제1절 재무관리

1. 회계의 개념

1) 회계의 정의

기업의 수많은 거래를 체계적으로 기록·정리·요약하여 보고함으로써 정보이용자의 합리적 의사결정에 필요한 재무적 정보를 식별, 측정, 전달하는 과정을 말한다.

2) 회계의 목적

투자자와 채권자가 합리적인 의사결정을 하는데 유용한 정보제공을 목적으로 한다.

3) 회계 용어

① 회계기간 : 기업의 경제활동에 대한 회계처리에 있어서 계속 기업의 공준에 따라 연속적 영업활동의 실태를 정기적으로 파악하기 위한 회계적인 기간구분을 회계기간이라고 한다. 국가의 회계연도는 매년 1월 1일에 시작하여 12월 31일 종료한다. 회계기간 마지막 날을 결산일, 대차대조표일, 회계연도 말, 기말 등의 용어를 사용하고 있다.

② 차변과 대변 : 복식 회계에서의 양변을 말하며 좌측은 차변(借邊), 우측은 대변(貸邊)으로 나뉜다. 이 두 변의 값은 항상 일치해야 하는데, 이를 대차평균의 원리라고 한다.

③ 거래의 8요소

차변요소	대변요소
자산의 증가: 차량취득, 예금불입	자산의 감소: 토지 매각, 차량매각
부채의 감소: 미지급비용 지불, 차입금상환	부채의 증가: 차입금으로 토지 구입
자본의 감소: 자본금 반환	자본의 증가: 자본금 납입
비용의 발생: 인건비, 소모품구입	수익의 발생: 제품 매출, 용역수입

④ 재무제표 구성

자산	미래의 경제적 효익
부채	미래의 경제적 효익의 희생
자본	자산에서 부채를 차감한 잔여지분
수익	일정기간 영업활동에 따른 순자산의 증가
비용	일정기간 영업활동에 따른 순자산의 감소
이익	수익에서 비용을 차감한 것

⑤ 계정 : 계정(account)이란 자산, 부채, 자본, 수익 및 비용의 세부항목별로 그 증가·감소를 기록하는 장소를 말한다.

⑥ 재무상태표 등식

$$자산 \quad = \quad 부채 \; + \; 자본$$
$$(왼쪽\ 차변) \qquad (오른쪽\ 대변)$$

⑦ 전산회계시스템 : 기업의 회계전산 시스템이 도입되기 전에는 대부분 수작업으로 장부를 작성하였다. 이제는 많은 기업들이 준비된 컴퓨터 프로그램에 분개내용만 입력하면 컴퓨터에서 원장전기를 한다. 전산회계시스템으로 말미암아 시간과 노력을 줄일 수 있다. 전산회계시스템은 회계기말의 재무제표 작성을 하는데도 편리하게 되었다. 회계업무를 처리하는 데 많이 편리해졌지만 분개업무를 대신할 순 없다. 분개하는 데는 사람의 판단이 필요하다.

4) 회계의 분류

① 재무회계 : 투자자, 채권자 등과 같은 외부정보이용자가 경제적 의사결정

에 유용한 정보를 제공할 것을 목적으로 한다. 회계기준을 준수해야 하며, 기업의 과거활동에 대한 정보를 제공한다.

② 관리회계 : 내부정보 이용자인 경영자가 경영의사결정을 하는데 유용한 회계정보를 제공할 목적으로 한다. 회계기준에 구속되지 않고, 미래 예측 정보도 생산한다.

③ 세무회계 과세소득을 산정하기 위해 재무회계를 기초로 세무조정을 거쳐 정부나 국세청 등 세무당국에 제출할 목적으로 한다. 세법규정에 따라 기업의 과세대상소득을 측정하고 세액을 계산한다.

5) 부기와 회계

부기	회계
부기란 '장부기입'의 약칭, 기업의 경영활동에 따른 재산의 증감변화에 따라 기록·계산·정리하는 것을 말한다. 부기는 단식부기와 복식부기로 나눈다.	회계란 기업의 이해관계자들이 기업에 대한 합리적 의사결정을 할 수 있도록 기업의 재무상태와 경영활동에 관한 정보를 측정하여 제공하는 정보 생산체계이다.[2]

6) 회계의 순환

① 회계거래의 식별 : 회계처리의 대상이 되는 거래인지 식별해야 한다. 회계상 거래의 요건은 회사재산의 증가 혹은 감소를 가져오거나 수익이나 비용의 금액을 측정할 수 있어야 한다. 물품을 주문서를 발송하거나, 토지 매입 계약서만을 작성한 것으로는 거래가 되지 않는다.

② 분개 및 전기 : 회계상 거래로 식별된 경우 그 거래 내용을 차변요소와 대변요소로 세분하여 어느 계정에 얼마의 금액을 적어 넣을 것인지 결정하는 일체의 절차를 분개라고 하며, 총계정원장 해당 계정에 전기한다.

③ 시산표 작성 : 회계기간 말에 기간 중에 발생한 계정기록의 정확성여부를 검증하기 위해 시산표를 작성한다. 시산표는 기말 수정분개 전에 결산절차의 사전 작업을 위해 수정전시산표를 작성한다. 시산표의 종류는 합계 시산표, 잔액시산표, 합계잔액시산표가 있다.

④ 수정분개 및 전기 : 수정 전 시산표를 통해 각 계정의 정확성이 확인되면

---

[2] 김권중(2009) New 회계원리, 창민사

각 계정잔액을 확정하는 작업을 한다. 계정잔액을 확정하기 위한 수정분개를 하여 각 계정에 전기한다.

⑤ 재무제표 작성 : 결산정리분개와 수정 후 시산표의 작성이 끝나고 모든 계정의 잔액이 확정되면 재무상태변동표와 포괄손익계산서를 작성한다.

⑥ 계정의 마감 : 회계순환의 마지막 단계로서 마감분개와 전기를 한다. 마감분개는 수익과 비용계정의 금액을 0(零)으로 만들고 이익잉여금 계정을 추가하는 분개이다. 자산과 부채 및 자본은 다음회계기간으로 이월되므로 0(零)으로 하지 않는다.

7) 회계원칙

① 회계처리의 기준이며 회계행위의 지침으로서 일반적으로 인정된 회계원칙(GAAP: Generally Accepted Accounting Principles)이다. 2011년부터 한국채택국제회계기준과 일반기업회계기준, 특수분야회계기준을 적용한다.

② 역사적 원가주의(취득원가주의 원칙)

③ 수익인식의 원칙(실현주의 원칙): 수익 가득과정이 종료되고 판매 등의 교환거래가 발생하여 수익의 금액을 객관적으로 측정할 수 있을 때 재무제표에 반영한다

④ 수익·비용대응의 원칙(발생기준원칙): 수익을 인식할 때 인과관계가 있는 비용을 인식하여 당기순손익을 산출할 수 있도록 하는 원칙이다.

⑤ 계속성의 원칙(일관성의 원칙): 한 번 채택한 회계처리기준이나 방침은 당기 이후에도 계속 적용하여 재무제표에 작성하여야 한다는 원칙이다.

⑥ 완전공시의 원칙: 정보이용자의 의사결정에 영향을 미칠 수 있는 중요한 경제적 정보는 모두 공시되어야 한다는 원칙이다.

2. 부기의 개념

1) 단식부기

재산의 모든 변동상황을 일정한 원리나 원칙이 없이 현금이나 재화의 증감변화만을 기록, 계산하는 방법이다. 비영리 회사 또는 소규모의 상점 등에서 적용한다.

2) 복식부기

거래의 양면성에 따라 거래의 양면성을 모두 기록하는 방법으로 일정한 원리, 원칙에 따라 조직적으로 재화의 증감, 손익의 발생을 기록·계산하는 방법이다. 영리회사, 대규모 기업에 적용한다.

> ❖ **복식부기의 원리** ❖
>
> 모든 거래는 동전의 앞면·뒷면 혹은 원인·결과 등의 이중성을 갖고 있으므로 차변요소와 대변요소로 분리 가능하다. 이는 좌우로 거래금액을 기록하는 복식부기의 특징이다. 대차평균의 원리를 성립케 하여 회계기록의 완전성과 정확성을 검증할 수 있다.
> 어떤 회계거래이든지 간에, 거래를 분개하면 차변 기입액 합계와 대변 기입액의 합계는 항상 같다.

3. 재무제표

1) 개요

재무제표는 기업의 재무상태나 경영성과 등을 보여주는 표다. 회계실체의 이해관계자에게 유용한 재무적 정보를 제공하는 회계보고서이다. 기업의 이해관계자는 기업에 관한 정보를 얻을 수 있는 기회가 제한되어 있기 때문에 이들에게 재무제표는 매우 중요하다. 기본적인 재무제표는 재무상태표, 포괄손익계산서, 자본변동표, 현금흐름표가 있다. 재무상태표는 한 시점을 기준으로 작성되며, 포괄손익계산서, 자본변동표, 현금흐름표는 일정기간을 기준으로 작성된다. 포괄손익계산서는 발생주의에 따라 현금흐름표는 현금주의에 따른다.

2) 재무상태표(Statement of financial position, balance sheet, B/S)

일정시점에 기업이 보유하고 있는 경제적 자원인 자산과 경제적 의무인 부채, 자본에 대한 재무보고서를 말한다. 정보이용자들이 기업의 유동성, 재무적 탄력성, 수익성과 위험 등을 평가하기위한 정보를 제공해 준다.

재무상태표 양식은 T계정식(차변에 자산, 대변에 부채와 자본을 배열), 보고

식(자산, 부채, 자본을 상, 하로 배열), 한국채택국제회계기준에 따른 재무상태표 양식이 있다.

3) 재무상태표 계정과목

유동자산	유동부채
현금 또는 12개월 이내의 기간에 현금화 되거나 사용되어 소멸될 자산〉 현금, 보통예금, 당좌예금, 현금성자산, 매출채권, 미수금, 미수수익, 단기대여금, 선급금, 선급비용, 재고자산	기업의 정상적인 영업주기내에 결제가 예상되거나 보고일 후 12개월 내에 결제되어야 하는 부채〉 매입채무, 단기차입금, 미지급금, 선수금, 예수금, 미지급비용, 미지급배당금, 선수수익, 유동성장기부채
비유동자산	비유동부채
12개월 이후 기간에 현금화되거나 장기 사용 목적으로 보유하는 자산〉 장기대여금, 장기매출채권, 유형자산, 무형자산, 투자부동산	1년이내 상환기일이 도래하는 부채〉 사채, 장기차입금, 장기성매입채무, 장기미지급금

4. 유동자산 계정과목 해소

1) 현금

현금은 통화와 대용증권을 말한다. 통화대용증권은 타인발행수표(당좌수표, 자기앞수표)와 우편환증서, 만기도래어음, 공사채이자표, 배당지급통지가 있다.

2) 보통예금

은행에 예치되어 있는 요구불 예금을 말한다.

3) 당좌예금

기업이 은행과 당좌거래약정을 맺고 당좌수표를 발행할 수 있는 은행계좌이다. 기업의 현금관리업무는 당좌예금을 통해 가능하며 수표를 발행한다는 점이 다르다. 당좌예금 잔액을 초과하여 지급된 금액은 당좌차월이라고 하며 당좌차월은 유동부채로서 단기차입금이다.

4) 현금성자산

현금을 단기적으로 운용하여 이익을 얻기 위해 투자한 것으로 현금과 거의 유사한 환금성을 갖는 자산을 말한다. 취득당시의 만기가 3개월 이내에 도래하는 채권이나 취득당시의 상환일까지의 기간이 3개월 이내인 상환우선주, 3개월 이내의 환매조건인 환매채 등이 있다.

5) 매출채권

기업이 상품이나 제품, 또는 용역을 신용으로 매출했을 때 발생하는 수취채권을 말한다. 주로 외상매출금이나 받을 어음이 해당된다.

6) 미수금

상품이외의 물건인 공구, 기구 유가증권 등을 매각하고 발생된 미수채권을 말한다.

7) 미수수익

수익과 관련된 사항으로 이미 제공하였으나 기간의 미경과로 인하여 아직 받지 못한 금액을 말한다. 물론 수익 등을 제공한 사항과 관련한 금액은 당기에 수익으로 처리하여야 한다.

8) 단기대여금

단기대여금은 상대방에게 차용증서나 어음을 받고 금전을 빌려준 경우로서 회수가 1년 이내에 가능한 대여금을 말한다.

9) 선급금

기업이 상품이나 원재료 등을 미래에 받기로 거래처와 약정하고 매입대금의 일부 또는 전부를 미리 지급한 것을 말한다. 추후에 상품이나 원재료 등이 들어왔을 때는 해당 계정과목으로 대체한다.

10) 선급비용

선급보험료, 선급임차료 등과 같이 미래에 발생할 비용을 미리 지급한 것을 말한다. 보험서비스나 임차기간이 경과하면 선급비용은 없어지고 해당 비용의 계정과목으로 대체한다.

11) 재고자산

① 재고자산은 영업활동과정에서 판매를 목적으로 보유하고 있는 자산이다. 재고자산은 판매를 목적으로 하는 자산이므로, 물리적 형태가 동일한 자산이라도 판매목적으로 보유하는 것이 아니면 재고자산으로 분류하지 않는다. TV와 같은 가전제품은 제조회사 입장에서는 제품이지만 전자대리점 입장에서는 상품으로 처리한다.

② 재고자산 취득원가 결정은 매입가격 총액에 매입 부대비용을 포함하고 매입환출 및 에누리는 제외한다. 매입부대비용은 매입운임, 매입수수료, 보관료 등을 포함한다. 매입환출은 매입한 물품을 반품하는 것을 말한다. 매입에누리는 구매자가 구입한 상품이나 원재료에 하자가 발생하여 원래가격에서 깎는 것을 말한다.

> 순매입액 = (총매입액 + 매입부대비용) − 매입에누리와 환출액 − 매입할인액

③ 재고자산 평가방법

실지재고조사법	계속기록법
회사가 창고에 보관하고 있는 재고자산의 수량을 일일이 세어보아서 몇 개인지 파악하는 방법	재고자산의 변동이 있을 때마다 상품재고원장에 그 변동내용을 기록하는 방법. 상품재고원장만 보면 현황을 파악할 수 있는 방법

5. 비유동자산 계정과목 해소

1) 장기대여금

유동자산에 속하지 않는 대여금이다. 회수기일이 대차대조표 작성일로부터 1년 이후에 도래하는 대여금을 말한다. 여기에는 관계회사의 장기대여금, 주주·임원·종업원 장기대여금도 포함된다.

2) 장기매출채권

전세권, 전신전화가입권, 임차보증금, 영어보증금, 장기매출채권은 기타비유동자산으로 분류한다.

3) 유형자산

유형자산이란 형태가 있는 자산으로 영업활동을 위하여 장기간 소유하고 있는 비유동자산을 말한다.

항목	내용
토지	대지, 임야, 전·답이며 감가상각 대상자산이 아니다.
건물	회사의 사옥이나 건물 및 건물 부속물을 포함
구축물	토지 위에 건설한 건축물 외의 설비를 말한다. 교량, 갱도, 주차장, 기타 토목설비
기계장치	회사의 제조용 기계장치, 운송설비 등과 기타의 부속설비
건설중인 자산	자체 사용할 목적으로 현재 건설 중에 있는 유형자산
기타유형자산	차량운반구, 선박, 항공기, 비품, 공기구 등

4) 무형자산

물리적 형체가 없는 장기 자산으로 이 자산을 소유함으로써 미래의 경제적 효익을 얻을 수 있는 자산이다.

항목	내용
영업권	기업 간 매수합병에서 취득하는 무형의 자원으로 일종의 '권리금'이다.
산업재산권	• 특허권 : 일정기간 그 발명품에 대하여 독점적으로 이용할 수 있는 권리로서 특허법에서 규정 • 실용신안권 : 물건의 구조와 용도를 경제적으로 개선하여 생활에 편익을 줄 수 있도록 고안되어 전용권을 얻은 것 • 상표권 : 상품을 제조, 판매하는 자가 자신의 상품에 상표를 사용할 수 있는 전용권
개발비	미래 경제적 효익을 창출할 것으로 기대되는 새로운 제품, 장치, 시스템, 소프트웨어 등의 생산을 위한 계획이나 설계에 적용하는 활동으로 발생된 비용이다.
컴퓨터 소프트웨어	외부에서 구입한 소프트웨어, CD 형태로 구성되어 있으나 무형자산으로 계상한다.
기타 무형자산	• 라이선스 : 자기가 직접 생산한 상품에 다른 기업의 상표를 사용할 수 있는 권리이다. • 프랜차이즈 : 자신의 상호·상표를 제공하는 것을 영업으로 하는 말하며 이를 영업으로 하는 자는 가맹업자이다. • 저작권 : 저작자가 자신의 저작물에 대해 복제, 번역, 방송 등을 할 때에 이를 독점적으로 이용할 수 있는 권리이다.

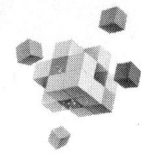

5) 투자부동산

임대 또는 시세차익을 얻기 위해 소유자나 금융리스의 이용자가 보유하고 있는 부동산을 말한다. 다만 재화의 생산이나 용역의 제공 또는 관리목적에 사용하는 경우, 정상적인 영업과정에서 판매하는 부동산은 제외한다.

6. 유동부채 과목해소

부채는 1년 기준에 따라 만기가 1년 이내에 도래하는 부채를 유동부채로 분류한다.

항목	내용
매입채무	회사의 정상적인 영업활동을 위해 상품을 매입하는 과정에서 발생한 외상매입금과 지급어음
단기차입금	변제기한이 1년 이내에 도래하는 차입금, 일반적으로 운전자금으로 많이 이용
미지급금	일반적 상거래 이외에서 발생한 채무(미지급비용 제외)
선수금	거래처로부터 주문받은 상품 또는 제품을 인도하거나 공사를 완성하기 이전에 그 대가의 일부 또는 전부를 수취한 금액. 선수금은 현금으로 반제되는 부채가 아니라 물품 또는 용역을 인도함으로서 그 채무가 소멸
예수금	일반적 상거래 이외에서 발생한 일시적 예수금. 종업원에게 급여를 지급할 때 근로소득세 납부금액을 미리 차감한 금액을 예수금계정으로 처리
미지급비용	이미 발생된 비용이지만 아직 지급하지 않은 비용
미지급법인세	법인세 등 미지급액
유동성장기부채	비유동부채 중 1년이내에 상환할 부채
선수수익	대가의 수입은 이루어졌으나 수익의 귀속시기가 차기 이후인 것으로서 계속적인 용역의 제공으로 변제되는 부채.

7. 비유동부채 과목해소

유동부채에 해당하지 않는 부채로서 부채상환기간이 재무제표 기준 1년 이후에 도래하는 부채를 말한다.

1) 사채

사채란 기업이 회사의 의무를 나타내는 증서를 발행해 주고 일반투자자들로부터 거액의 자금을 조달하는 방법이다. 회사채 중에서 1년 이후의 사채금액을 말한다.

2) 장기차입금

은행과 같은 금융기관에서 장기간 차입한 부채로서 재무보고기간 말로부터 1년 이후에 상환기일이 도래하는 차입금이다.

3) 장기성매입채무

신용거래 채무로 외상매입금 및 지급어음 중 1년 이후 상환할 금액이다.

4) 퇴직급여충당부채

기업의 종업원들이 재무제표 작성일을 기준으로 모든 직원이 퇴직한다고 가정했을 때 지급해야할 퇴직금, 즉 미래 퇴직급여와 관련하여 인식하는 충당부채를 말한다.

5) 장기제품보증충당부채

제품 보증에 대한 채무로써 보증기간 동안 기업이 지출해야 할 무상수리비 예상액을 부채로 인식한 부채이다.

8. 재무제표 양식

1) 재무상태표 계정과목

자산계정 〈현금 및 현금성 자산〉	부채 및 자본계정 〈매입채무 및 기타채무〉
매출채권및기타채권 / 기타유동자산 종속기업및관관계기업투자 / 매도가능금융자산 / 유형자산 / 투자부동산 / 무형자산	단기차입금 / 당기법인세부채 / 기타비금융부채 / 확정급여부채 / 기타금융부채 / 이연법인세부채 / 자본금 / 기타불입자본 / 이익잉여금기타자본구성요소

2) 포괄손익계산서 계정과목

비용계정	수익
매출원가, 급여, 감가상각비, 대손상각비, 연구비, 이자비용, 임차료, 유형자산처분손실, 당기손익인식금융자산처분손실, 보험료	매출, 이자수익, 배당금수익, 임대료, 유형자산처분이익, 당기손익이식금융자산처분이익

3) 재무제표 양식

① 재무상태표 : 재무상태표(statement of financial position)는 회계연도말 현재 기업의 재무상태에 대한 정보를 제공하는 보고서를 말한다. 재무상태표에 표시되는 정보는 기업이 보유하고 있는 자산, 부채, 자본에 대한 정보이다. 재무상태표의 구조는 크게 자산(차변), 부채 및 자본(대변)으로 기재되며 각 요소는 화폐금액으로 표시된다.

재 무 상 태 표

제2기 20*3년 12월 31일

주차안전(주)　　　　　　　　　　　　　　　　　　　　　　　　　　(단위:천원)

계정과목	금액	계정과목	금액
자산		**부채**	
유동자산		유동부채	
현금및현금성자산	***	매입채무및기타채무	***
매출채권및기타채권	***	단기차입금	***
기타유동자산	***	당기법인세부채	***
유동자산합계	****	기타비금융부채	***
		유동부채합계	****
비유동자산		**비유동부채**	
종속기업및관관계기업투자	***	확정급여부채	***
매도가능금융자산	***	기타금융부채	***
유형자산	***	이연법인세부채	***
투자부동산	***	비유동부채합계	****
무형자산	***	부채총계	****
비유동자산합계	****		
		자본	
		자본금	***
		기타불입자본	***
		이익잉여금	***
		기타자본구성요소	***
		자본총계	***
자산합계	*****	**부채 및 자본총계**	*****

② 포괄손익계산서 : 포괄손익계산서(state of comprehensive income)는 일정기간 동안의 기업실체의 경영성과에 대한 정보를 제공하는 보고서이다. 회계기간 동안의 수익과 비용, 수익과 비용의 차액인 순익에 대한 명세를 화폐금액으로 표시한다.

포 괄 손 익 계 산 서

제2기 20*3년 1월 1일부터 20*3년 12월 31일까지
제1기 20*2년 1월 1일부터 20*2년 12월 31일까지

주차안전(주) (단위:천원)

과목	당기	전기
수익	***	***
매출원가	(***)	(***)
매출총이익(손실)	***	***
기타수익	***	***
물류원가	(***)	(***)
관리비	(***)	(***)
기타비용	(***)	(***)
금융원가	(***)	(***)
법인세비용차감전순손익	***	***
법인세비용	(***)	(***)
당기순손익	***	***
기타포괄손익		
매도가능금융자산평가손익	***	***
법인세비용차감후기타포괄손익	***	***
총포괄손익	***	***
주당손익(단위:원)		

③ 자본변동표

자본금, 자본잉여금, 자본조정, 기타포괄손익누계액, 이익잉여금의 변동내역을 나타내는 재무제표이다. 자본변동표에는 기업 소유주의 투자(증자)와 소유주에 대한 배당, 포괄이익(소유주와의 자본거래를 제외한 모든 원천에서 인식된 자본의 변동) 등에 대한 정보가 포함된다.

이익잉여금 처분계산서는 자본의 일부인 이익잉여금의 구성항목 중 미처분이익잉여금의 변동내용만을 나타낼 뿐 자본의 구성하는 보든 항목의 변동내용을 포괄적으로 제시하지 못한 한계가 있었다. 따라서 2007년부터 자본 구성항목의 모든 변동내용에 대한 포괄적인 정보제공을 위하여 자본변동표를 기본 재무제표로 새로이 채택되었다.

자 본 변 동 표
20*3년 1월 1일 ~ 20*3년 12월 31

주차안전(주)   (단위: 만원)

	자본금	주식발행초과금	이익잉여금	기타 포괄손익 누계액	자기주식	총계
기초: 201*/1/1						
현금배당(전기분)						
유상증자						
무상증자						
당기순이익						
자기주식취득						
기말: 201*/12/31						

④ 현금흐름표(cash flow statement, statement of cash flow: C/S)
기업 회계에 대해 보고하는 재무제표의 하나이다. 현금흐름표는 회계기간에 있어서으이 자금(현금 및 현금등가물)의 증감, 즉 수입과 지출(현금 흐름)을 영업활동, 투자활동, 재무활동으로 구분하여 표시한다.

현금흐름표는 미래 현금흐름에 관한 정보와 영업활동에서 발생한 순현금흐름과 당기순이익의 차이 및 그 이유에 관한 정보를 제공하고, 기업의 부채상환능력과 배당금 지급능력을 알 수 있다.

현 금 흐 름 표

영업활동 현금흐름
 - 영업활동 현금유입
 - 영업활동 현금유출

투자활동현금흐름
 - 영업용자산 처분대금 유입
 - 영업용자산 투자

재무활동 현금흐름
 - 재무활동 현금유입
 - 재무활동 현금유출

= **현금의 증가**(또는 감소)
 + **기초의 현금**

= **기말의 현금**

9. 비용 과목해소

1) 매출원가

상품 및 제품 등을 판매하는데 들어간 비용이다. 매출원가는 기초상품제고액에 당기상품매입액을 더하고 기말상품재고액을 차감해서 구한다. 제조기업인 경우에는 제품 매출원가를 구해야 한다.

> • 상품매출원가 = 기초상품제고액 + 당기매입액 - 기말상품재고액
> • 제품매출원가 = 기초제품재고액 + 당기제품제조원가 - 기말제품재고액

2) 판매비와 일반관리비

① 상품과 용역의 판매활동 또는 기업의 관리와 유지에서 발생하는 비용을 통틀어 판매비와 관리비라고 한다.
② 판매비와 일반관리비는 급여, 복리후생비, 임차료 접대비, 감가상각비, 세금과 공과, 광고선전비, 연구비, 경상개발비, 대손상각비, 여비교통비, 통신비, 수도광열비, 수선비, 차량유지비보험료, 운반비, 판매수수료 등이 있다.

3) 금융비용

기업이 외부로부터 차입한 자금에 대해 이자를 지급하는 비용. 제도권 금융기관으로부터 차입한 차입금에 대한 이자와 사채이자도 포함된다. 어음할인료, 회사채 이자 등도 금융비용의 대상이 된다. 금융비용이 늘어나면 기업의 경쟁력 약화요인이 된다.

10. 수익 과목해소

1) 매출

기업의 중요한 영업활동과 관련하여 재화나 용역을 제공함으로써 발생하는 수익을 말한다.

2) 기타수익

영업활동과 관련 없이 영업활동의 결과 부수적으로 발생하는 수익을 말한다.

기타수익에는 이자수익, 배당금 수익, 임대료 수익, 투자부동산평가이익, 투자부동산처분이익, 관계기업의 이익에 대한 지분, 당기손익인식금융자산평가이익, 유형자산 처분이익, 사채상환이익 등이 있다.

제2절 재무제표 분석

1. 개요

기업의 재무제표나 각종 경영 관련 자료를 종합하여 기업의 재무상태나 경영성과를 종합적으로 분석하는 것이다. 기업경영분석을 재무제표분석(financial statement analysis) 또는 재무분석(financial analysis)이라고 한다.

초기의 경영분석은 여신자의 입장에서 기업의 신용을 판단하기 위한 분석이어서 재무유동성을 분석하는 것이 그 주된 내용이었다. 그러나 기업의 규모가 확대됨에 따라 경영자의 효율적인 재무관리 및 경영합리화를 위한 수단으로 이용되는 등 사용범위가 점차 확대되었다.

주차안전(주)의 20*3년도말 재무상태표와 포괄손익계산서는 다음과 같다.

비 교 재 무 상 태 표

주차안전(주) (단위:천원)

	20*3년12월31일	20*2년12월31일	20*2년 대비 20*3년 증감	
			증감액	증감률(%)
자산				
유동자산	2,400,000	2,750,000	-350,000	-12.7
현금	60,000	50,000	10,000	20.0
매출채권	340,000	250,000	90,000	36.0
재고자산	2,000,000	2,450,000	-450,000	-18.3
비유동자산(유형자산)	6,000,000	5,000,000	1,000,000	20.0
자산총계	8,400,000	7,750,000	650,000	8.4
부채				
유동부채	1,230,000	750,000	480,000	64.0
단기차입금	500,000	300,000	200,000	66.7
매입채무	730,000	450,000	280,000	62.2
비유동부채	3,000,000	3,000,000	0	0.0
부채총계	4,230,000	3,750,000	480,000	11.3
자본				
자본금	2,500,000	2,500,000	0	0.0
주식발행초과금	1,200,000	1,200,000	0	0.0
이익잉여금	470,000	300,000	170,000	56.6
자본총계	4,170,000	4,000,000	170,000	4.2
부채와자본총계	8,400,000	7,750,000	650,000	8.4

비 교 포 괄 손 익 계 산 서

주차안전(주) (단위 : 천원)

	20*3년12월31일	20*2년12월31일	20*2년대비 20*3년 증감	
			증감액	증감률(%)
매출액	9,250,000	8,550,000	700,000	8.2
매출원가	6,850,000	6,350,000	500,000	7.9
매출총이익	2,400,000	2,200,000	200,000	9.1
판매비	720,000	650,000	70,000	10.8
관리비	860,000	800,000	60,000	7.5
영업이익	820,000	750,000	70,000	9.3
금융비용(이자비용)	270,000	250,000	20,000	8.0
법인세차감전순이익	550,000	500,000	50,000	10.0
법인세비용	130,000	120,000	10,000	8.3
당기순이익	420,000	380,000	40,000	10.5

2. 수익성분석

1) 개요

기업의 궁극적인 목적은 이익을 내는 것이다. 재무적인 안정성과 활동성 못지않게 수익성은 가장 중요시되는 지표라고 할 수 있다. 수익성이 낮은 기업은 현금을 창출할 수 있는 능력이 낮기 때문이다. 경영자는 자신이 운영하는 기업의 수익성이 어느 정도인지 파악해야 경영관련 의사결정을 바로 할 수 있기 때문이다. 위에 제시된 주차안전(주)의 재무제표를 기준으로 재무분석한 결과는 다음과 같다.

2) 자기자본순이익률(ROE : return on equity)

주주의 몫인 자기자본을 활용하여 채권자의 몫인 당기순이익을 얼마나 창출했는가를 판단하는 지표이다. 보통 20% 이상이면 우량기업으로 본다.

① 회계기간 중 유상증자가 없었을 경우

$$자기자본순이익률(ROE) = \frac{당기순이익}{자본총액} \times 100$$

② 회계기간 중 유상증자가 있었을 경우

$$자기자본순이익률(ROE) = \frac{당기순이익}{기초 및 기말의 자본총액} \times 100$$

$$= \frac{420,000}{4,085,000} \times 100 = 10.3\%$$

3) 총자산순이익률(ROA: return on assets)

기업의 관점에서 총자본이 얼마나 잘 운용되고 있는가를 분석하는 것은 무엇보다 중요하다. 당기순이익과 총자산의 관계를 나타내는 지표로서 기업의 수익성을 대표하는 비율이다. 순영업이익은 당기순이익에 이자비용을 더한 금액이다. 일정한 투자수익률을 갖는 기업이라 할지라도 업종별로 차이가 있으므로 업종 및 자본구조가 같은 기업끼리 비교해야 수준을 알 수 있다.

$$총자산수익률(ROA) = \frac{순영업이익}{기초 및 기말의 평균총자본} \times 100$$

$$= \frac{당기순이익 + 이자비용 \times (1-세율)}{기초 및 기말의 평균총자본} \times 100$$

$$= \frac{420,000 + 270,000 \times (1-0.26)}{\frac{7,750,000 + 8,400,000}{2}} \times 100 = 6.3\%$$

4) 총자본이익률

매출액순영업이익률과 총자본회전율은 영업활동에 따른 성과가 어느 정도였는가를 분석하고 향후 계획을 수립하는데 유용한 정보를 제공한다.

$$총자본이익률 = \frac{순영업이익}{기초 및 기말의 평균총자본} \times 100$$

$$= \frac{순영업이익}{매출액} \times \frac{매출액}{\frac{기초+기말}{2}}$$

$$= 매출액순영업이익률 \times 총자본회전율$$

$$= \frac{510,600}{9,250,000} \times \frac{9,250,000}{\frac{7,750,000+840,000,000}{2}}$$

$$= 5.52\% \times 1.15회 = 6.3\%$$

3. 유동성비율

1) 개요

기업의 단기지급능력은 현금화할 수 있는 자산의 규모에 따라서 달라진다. 기업의 단기부채 상환능력을 판단하는 비율을 총칭하여 유동성비율이라고 한다.

2) 유동비율

유동부채는 재무상태표의 유동자산 총액을 유동부채 총액으로 나눈 비율이다. 유동부채나 유동자산은 대부분 재무상태일로부터 1년 이내에 자산과 부채로 현금화하는 자산이다. 유동비율은 운전자본비율 및 실질비율이라고도 하며 단기채무를 지불할 수 있는 기업능력의 척도를 제공한다. 유동비율이 150% 또는 200% 이상일 때 안정적으로 본다.

$$유동비율 = \frac{유동자산}{유동부채} \times 100$$

$$= \frac{2,400,000}{1,230,000} \times 100 = 195\%$$

3) 당좌비율

유동자산에서 재고자산을 제외한 당좌자산만을 제외하고 유동부채로 나누어 계산한다. 유동비율에 비해 당좌비율은 당장 긴급하게 현금화를 시킬 수 있는 장점이 있어 유동비율 보다 지불능력이 확실한 방식이다. 선진국의 경우는 90-100% 정도가 평균이나 한국은 대략 70-80%이면 우량하다고 할 수 있다.

$$당좌비율 = \frac{재고자산 \ 이외의 \ 유동자산}{유동부채} \times 100$$

$$= \frac{60,000 + 340,000}{1,230,000} \times 100 = 32.5\%$$

4) 부채비율과 금융부채비율

기업의 타인자본 의존도를 분석하는데 사용되는 지표이다. 부채가 많은 기업은 부채가 적은 기업보다 상대적으로 부채지급의 불확실성이 높아져 건실한 기업으로 볼 수 없다. 금융부채비율은 차입금 비율이라고도 한다. 부채총액은 자본총액의 2배가 넘지 않아야 한다.

$$부채비율 = \frac{재무상태표상의 \ 부채총액}{재무상태표상의 \ 자본총액} \times 100$$

$$= \frac{4,230,000}{4,170,000} \times 100 = 101.4\%$$

$$금융부채비율 = \frac{재무상태표상의 \ 차입부채 \ 총액}{재무상태표상의 \ 자본총액} \times 100$$

$$= \frac{500,000 + 3,000,000}{4,170,000} \times 100 = 83.9\%$$

5) 이자보상비율

영업활동으로부터 얻어지는 현금흐름이 이자비용에 충당되는데 몇 배의 여유가 있는지 안전도를 나태내는 지표이다. 이자보상비율이 5배 이상일 경우 안정적이다.

$$이자보상비율 = \frac{당기순이익 + 이자비용 + 법인세비용}{이자비용} \times 100$$

$$= \frac{4,20,000 + 270,000 + 130,000}{270,000} \times 100 = 303\%$$

6) 고정장기적합률

100이하일 때 안정적이다. 100%를 초과한다는 것은 비유동자산이 일부 단기부채로 조달되었던 것을 의미한다. 보통 60%이하를 양호한 것으로 보고 있으며 150%를 넘으면 부실기업으로 분류한다.

$$고정장기적합률 = \frac{비유동자산}{비유동부채 + 자본금} \times 100$$

$$= \frac{6,000,000}{3,000,000 + 2,500,000} \times 100 = 109\%$$

3. 활동성 분석

1) 재고자산회전율

한 회계기간(1년 기준) 동안에 재고자산이 몇 회전을 하였는가를 나타내는 지표이다. 재고자산 회전율이 높다는 것은 재고자산이 기업의 창공에 머물러 있는 시간이 짧아 기업활동이 활발하다는 것을 의미한다. 재고자산회전율은 6회 이상이면 양호한 것으로 본다. 재고기간은 재고자산이 구입되어 팔리기까지 79일이 걸렸다는 것을 의미한다.

$$재고자산회전율 = \frac{매출액}{재고자산}$$

$$= \frac{9,250,000}{2,000,000} = 4.6회$$

$$= \frac{365일}{4.6회} = 79일(재고기간)$$

2) 매출채권회전율

매출채권이 현금화되는 속도 또는 매출채권에 대한 투자효율성을 나타내는 지표이다. 매출채권회수기간은 365일÷매출채권회전율로 계산되어지며 매출채권회수기간이 길면 채권회수에 문제가 있음을 나타내고 반면에 매출채권회수기간이 짧으면 채권의 빠른 회수를 보여준다. 매출채권회전율은 8회 이상이면 양호한 것으로 본다.

$$\text{매출채권 회전율} = \frac{\text{매출액}}{\text{매출채권}}$$

$$= \frac{9{,}250{,}000}{340{,}000} = 27\text{회}$$

$$= \frac{365\text{일}}{27\text{회}} = 13.5\text{일 (평균회수기간)}$$

3) 총자산회전율

자산의 효율적인 운영상태를 나타내는 지표이다. 총자산이 1년 동안 몇 번 회전하였는가를 나타내는 비율로서 기업의 활동성을 나타낸다. 총자산금액이 1년에 1.5회 이상을 양호한 것으로 본다.

$$\text{총자산회전율} = \frac{\text{매출액}}{\frac{(\text{기초총자산} + \text{기말총자산})}{2}}$$

$$= \frac{9{,}250{,}000}{\frac{7{,}750{,}000 + 8{,}400{,}000}{2}} = 1.14\text{회}$$

chapter 03 basic 세금

제1절 세금의 종류

1. 우리가 내는 세금에는 어떤 것이 있을까?

우리는 일상생활을 하면서 알게 모르게 많은 세금을 내고 있다. 사업을 해서 돈을 벌었으면 소득세를 내야 하고, 번 돈을 가지고 부동산이나 자동차를 사면 취득세를 내야 하며, 집이나 자동차 등을 가지고 있으면 재산세·종합부동산세·자동차세 등을 내야 한다. 뿐만 아니라 부동산을 팔면 양도소득세를 내야 하고, 자식에게 증여를 하면 증여세를, 부모가 사망하여 재산을 물려받으면 상속세를 내야 한다.

위와 같은 세금은 그래도 알고 내는 세금이지만 우리가 알지도 못하는 사이에 내는 세금도 한 두 가지가 아니다.

물건을 사거나 음식을 먹으면 그 값에 부가가치세가 포함되어 있고, 고급가구 등을 사면 개별소비세가, 술값에는 주세가, 담배값에는 담배소비세가 포함되어 있다.

그 뿐만 아니라 계약서를 작성하면 인지세, 면허를 가지고 있으면 면허세를 내야 하는 등등…… 각종의 세금들이 늘 생활에 포함되어 있다.

이렇듯 우리의 일상생활 속에서 세금문제는 피할 수가 없다. 소득과 재산이 있거나 거래가 이루어지는 곳에는 항상 세금이 따라 다니기 때문이다.

그러므로 우리는 세금에 대하여 무관심하거나 피하려고 하지 말고, 내가 내야하는 세금에는 어떤 것이 있으며 나는 그 세금을 적정하게 내고 있는지 관심을 갖는 것이 필요하다. 그래야 우리가 세금과 관련된 어떤 의사 결정을 하더라도 나중에 후회하는 일이 없을 것이다.

현재 우리나라에서 시행되고 있는 세금의 종류는 다음과 같다.

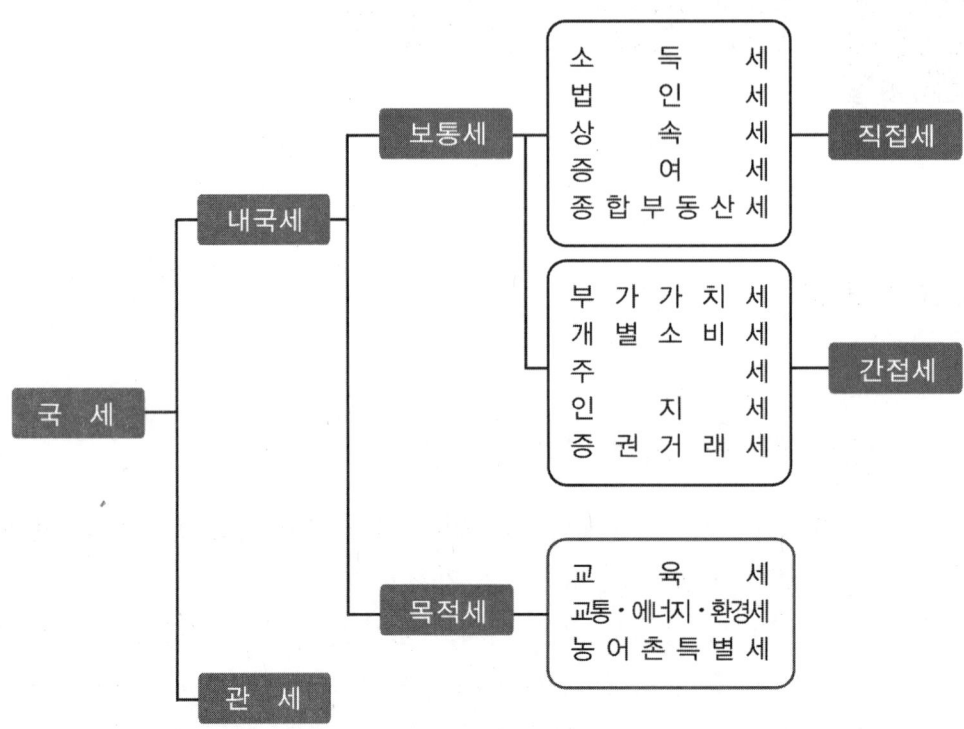

※ 국세는 중앙정부에서 부과·징수하는 세금으로 내국세와 관세로 구분된다.

2. '내국세'란 우리나라의 영토 안에서 사람이나 물품에 대하여 부과하는 세금으로 국세청에서 담당하고 있으며, '관세'란 외국으로부터 물품을 수입 할 때 부과하는 세금으로 관세청에서 담당하고 있다.

3. 보통세와 목적세는 세금을 징수하는 목적에 따라 구분하는 것으로, '보통세'는 국방·치안·도로건설 등 일반적인 국가운영에 필요한 경비를 조달하기 위하여 내는 세금이며, '목적세'는 교육환경 개선 등 특정한 목적의 경비를 조달하기 위하여 내는 세금이다.

> **Guide | 세금과 요금**
>
> 세금은 국가나 지방자치단체가 공공경비를 조달할 목적으로 개별적인 반대급부 없이 국민들로부터 강제적으로 징수하는 것이지만, 요금은 개인적인 필요에 따라 특정한 재화나 용역을 사용하고 그 대가로 내는 것을 말한다. 흔히들 전기나 수돗물 등을 사용하고 내는 대가를 전기세, 수도세라고 하는데 이는 세금이 아니며 전기요금, 수도요금이라고 해야 정확한 표현이다.

4. 지방세는 지역의 공공서비스를 제공하는데 필요한 재원으로 쓰기 위하여 지방자치단체별로 각각 과세하는 세금이다.

   ① 특별(광역)시세 : 취득세, 레저세, 담배소비세, 지방소비세, 지방교육세, 지방소득세, 자동차세, 지역자원시설세
   ② 자치구세 : 등록면허세, 재산세, 주민세

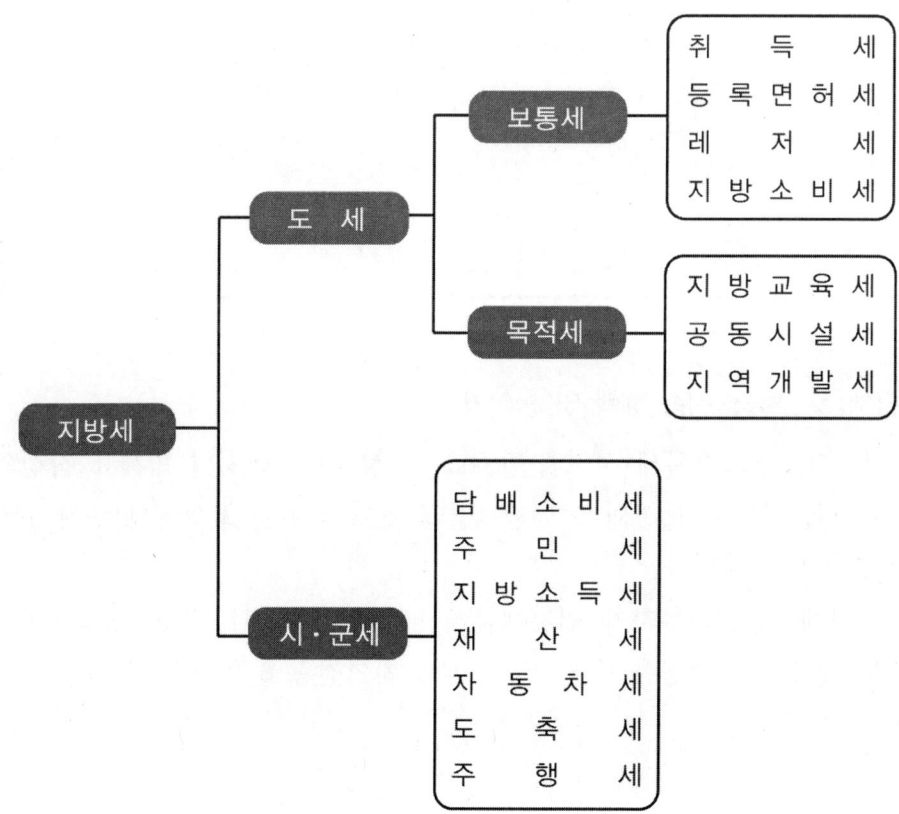

부가가치세 {제2절}

1. '부가가가치세'는 우리 생활 속에 밀접하게 연관되어 있는 세금이니만큼 많은 이들이 관심을 가지고 있는 세금이라 할 수 있다. 하지만 여전히 많은 개인 사업자들이 힘들고 어렵게 생각하는 부분이 바로 '부가가치세'다. 그러다 보니 부가가치세는 신고·납부 시 문제가 많이 생기는 세목 중 하나이다.

2. 전자세금계산서 발급 의무화

사업규모에 관계없이 모든 법인사업자와 직전년도 사업장별 공급가액 합계액이 일정규모 이상* 개인 사업자는 의무적으로 전자세금계산서를 발급하여야 한다.

개인 사업자 전자세금계산서 의무기준

공급가액 기준연도	기준금액	전자발급 의무기간
2013년	3억 원 이상	2014.7.1. ~ 2015.6.30.
2014년	3억 원 이상	2015.7.1. ~ 2016.6.30.

전자세금계산서 발급·전송 혜택 및 불이익

① (혜 택) 부가가치세 신고서(합계표) 작성 시 거래처별 명세표 작성의무 면제, 세금계산서 보관의무 면제, 발급 건당 200원 세액공제(연간 100만 원 한도, 법인 제외)

② (가산세) 발급의무자가 전자세금계산서를 미발급한 경우 : 공급가액의 2%, 지연발급 1%, 미전송 0.3%(법인 1%), 지연전송 0.1%(법인 0.5%)

3. 전자세금계산서 발급방법 등 자세한 사항은 e세로 홈페이지(www.esero.go.kr) 에서 확인할 수 있다

1) 재화나 용역의 매입 시 세금계산서를 발급받아야 부가가치세 매입세액을 공제받을 수 있다.
2) 다음의 경우 부가가치세 매입세액을 공제받을 수 없다.
    ① 세금계산서를 발급받지 않거나, 필수적 기재사항이 누락 또는 사실과 다르게 기재된 세금계산서인 경우
    ② 매입처별 세금계산서합계표를 제출하지 않거나 부실 기재한 경우
    ③ 사업과 직접 관련이 없는 매입세액
    ④ 개별소비세과세대상 승용자동차의 구입과 임차 및 유지에 관련된 매입세액 (운수업, 자동차 관련 업자가 직접 영업으로 사용하는 것은 제외)
    ⑤ 접대비지출 관련 매입세액
    ⑥ 면세사업 관련 매입세액 및 토지 관련 매입세액
    ⑦ 사업자등록 전 매입세액(다만, 공급시기가 속하는 과세기간이 지난 후 20일 이내에 등록 신청한 경우 등록 신청일부터 공급시기가 속하는 과세기간 기산일까지 역산한 기간 이내의 것은 가능)금계산서를 정확히 주고받아야 함
3) 세금계산서를 발급받을 때에는 거래상대방의 사업자등록 상태(휴·폐업자인지 여부), 과세유형(일반과세자인지 여부)과 아래의 필요적 기재사항이 정확히 기재되었는지 확인하여야 한다.
    ① 공급자의 등록번호, 성명 또는 명칭
    ② 공급받는 자의 등록번호
    ③ 공급가액과 부가가치세액
    ④ 작성연월일
4) 거짓 세금계산서를 주고받는 경우의 불이익

사업을 하다 보면 평소 거래를 하지 않던 사람으로부터 시세보다 싸게 물품을 팔테니 사겠느냐는 제의를 받고 이를 구입하는 경우가 있다.

이런 경우 거래 상대방이 정상사업자인지, 세금계산서는 정당한 세금계산서인

주차관련법규 & 운영

지 여부를 우선 확인해야 한다. 왜냐하면, 거래상대방이 폐업자이거나, 세금계산서가 실제 물품을 판매하는 사업자가 아닌 다른 사업자 명의로 발행된 때에는 실제로 거래를 하였다고 하더라도 매입세액을 공제받을 수 없기 때문이다.

5) 거짓 세금계산서란?

재화·용역의 실물거래 없는 세금계산서 및 필요적 기재사항이 잘못 기재된 세금계산서를 말한다.

6) 거짓 세금계산서를 발급받은 경우에는 매입세액을 공제받을 수 없으며, 공급가액의 2%에 상당하는 세금계산서 관련 가산세, 신고불성실가산세 및 납부불성실가산세를 물어야 한다.

- 소득금액 계산 시 비용으로 인정받지 못하며, 징역형 또는 무거운 벌금형에 처할 수도 있다.

7) 거짓 세금계산서를 발급한 경우에는 공급가액의 2%에 상당하는 세금계산서 관련 가산세(사업자가 아닌 자가 발급한 경우도 포함)를 물고 징역형 또는 무거운 벌금형에 처할 수도 있다.

조회 서비스 　　　　　　　　　제3절

1. 국세청 홈택스(www.hometax.go.kr)

⇨ 상대방 사업자등록번호를 입력하여 '과세유형 및 휴·폐업상태' 조회

⇨ 상대방 주민등록번호를 입력하여 '사업자등록유무'를 조회

주차관련법규 & 운영

2. 국세청 홈페이지(www.nts.go.kr)

⇨ 「조회·계산」→「사업자과세유형·휴폐업」코너를 클릭하여 본인 및 거래상대방의 사업자등록번호를 입력하여 조회

※ 부가가치세 신고·납부 시 유의사항을 살펴보고 부가가치세로 어려움을 겪는 일이 없도록 한다.

구분	홈택스 홈페이지 (www.hometax.go.kr)	국세청 홈페이지 (www.nts.go.kr)

제공 내용	• 사업자등록상태
	  (계속사업자, 휴·폐업 여부)
	• 과세유형
	• 사업자등록 유무
		• 사업자등록상태
		  (계속사업자, 휴·폐업 여부)
		• 과세유형

서비스 명칭	사업자등록상태 조회 조회서비스 → 사업자등록상태조회	사업자 과세 유형 휴·폐업 조회·계산 → 사업자 과세 유형·휴폐업
이용대상자	홈택스 가입자	세무서에 등록된 사업자
공인인증서	필요	불필요
자료제공 시기	매일 업데이트 (실제 자료와 1일간 시차 발생)	매주 월요일 업데이트 (실제 자료와 최장 1주일간의 시차 발생)

가산세 　　　　　　　　　　　　　　　　　　　제4절

1. 가산세란?

가산세는 세법에서 규정한 의무를 위반한 자에게 국세기본법 또는 세법에서 정하는 바에 따라 납부할 세액에 가산하거나 환급할 세액에서 공제하는 것을 말한다. 가산세는 신고의 형태, 일반적인 경우와 부정행위인 경우에 따라 계산 금액에 많은 차이가 있다.

1) 가산세 줄이려면 세금 낼 여유 없어도 신고부터 하자

많은 사업자들이 당장 여유자금이 부족하다는 이유로 세금 신고조차 안 하는 경우가 종종 있다. 그러나 가산세 규정에는 신고를 하지 않으면 불이익을 당할 수 있으므로 반드시 신고는 해야 한다. 신고 후 납부해야 될 세액을 납부하지 않는 경우에도 가산세(납부불성실)가 붙지만 신고를 아예 하지 않은 경우보다는 상황이 훨씬 낫기 때문이다.

가. 무신고 가산세

① 일반적인 경우

법정신고기한까지 세법에 따른 국세의 과세표준 신고를하지 아니한 경우 산출(납부)세액의 20%를 가산세로 납부한다. 다만, 아래사업자는 다음 금액을 가산세로 납부한다.

법인세, 소득세법상 복식부기 의무자 max (①, ②)	① (산출세액 − 기납부세액) × 20% ② (수입금액 − 기납부세액과 관련된 수입금액) 　× 7/10,000
부가가치세 영세율 과세표준이 있는 경우(① + ②)	① 납부세액 × 20% ② 영세율과세표준 × 5/1,000

② 부정행위인 경우

위 일반적인 무신고가 아닌 부정행위로 과세표준 신고를 하지 아니한 경우 산출(납부)세액의 40%를 가산세로 납부한다. 다만, 아래사업자는 다음 금액을 가산세로 납부한다.

법인세, 소득세법상 복식부기 의무자 max (①,②)	① (산출세액 −기납부세액) × 40% ② (수입금액 − 기납부세액과 관련된 수입금액) × 14/10,000
부가가치세 영세율 과세표준이 있는 경우 (① + ②)	① 납부세액 × 40% ② 영세율과세표준 × 5/1,000

나. 과소신고·초과환급 가산세

① 일반적인 경우

법정신고기한까지 세법에 따른 국세의 과세표준 또는 납부세액을 신고하여야 할 금액보다 적게 신고하거나 환급세액을 신고하여야 금액보다 많이 신고한 경우는 다음 금액을 가산세로 납부한다.

소득세, 법인세, 상속세, 증여세, 증권거래세, 종합부동산세의 과세표준 과소신고분 과세표준	(산출세액 × 과소신고분 과세표준/과세표준 − 기납부세액) × 10%
부가가치세, 개별소비세, 교통·에너지· 환경세 및 주세의 납부세액을 과소신고하거나 환급세액을 초과신고	(과소신고분 납부세액 + 초과신고분 환급 세액 − 기납부세액) × 10%
부가가치세 영세율 과세표준이 있는 경우 (① + ②)	① (과소신고분 납부세액 + 초과신고분 환급세액) × 10% ② 과소신고분 영세율과세표준 × 5/1,000

② 부정행위인 경우

위 일반적인 과소신고·초과환급 신고가 아닌 부정행위로 소득세, 법인세, 상속세·증여세, 증권거래세, 종합부동산세의 과세표준을 과소신고한 경우는 아래 ㉠, ㉡, ㉢을 합한 금액을 가산세로 납부한다.

  ㉠ 부정과소신고 가산세
     = 산출세액 × 부정과소신고 과세표준/과세표준 × 40%
  ㉡ 일반과소신고 가산세
     = 산출세액 × (과소신고분 과세표준 − 부정과소신고 과세표준) / 과세표준 × 10%
  ㉢ 부당감면 공제가산세 = 부당감면 공제세액 × 40%

다만, 아래의 경우에는 아래금액을 가산세로 납부한다.

법인세, 소득세법상 복식부기 의무자 (max(①, ②) + ③)	① 산출세액 × 부정과소신고 과세표준/과세표준 × 40% ② 부정과소신고 수입금액 × 14/10,000 ③ (일반과소신고산출세액* - 기납부세액) × 10% * 산출세액 ×(과소신고분 과세표준 - 부정과소신고 과세표준)/과세표준
부가가치세, 개별소비세, 교통·에너지·환경세 및 주세의 납부세액을 과소신고하거나 환급세액을 초과신고 (① + ②)	① 부정과소신고 납부세액 + 부정초과신고 환급세액) × 40% ② (일반과소신고 납부세액 + 일반초과신고 환급세액 - 기납부세액) × 10%
부가가치세 영세율 과세표준이 있는 경우 (① +② + ③)	① (부정과소신고 납부세액 + 부정초과신고 환급세액) × 40% ② (일반과소신고 납부세액 + 일반초과신고 환급세액 - 기납부세액) × 10% ③ 과소신고분 영세율과세표준 × 5/1,000

2. 납부불성실·환급불성실가산세

납세의무자가 세법에 따른 납부기한까지 국세의 납부를 하지 아니하거나 납부하여야 할 세액보다 적게 납부하거나 환급받아야할 세액보다 많이 환급받은 경우 아래 ①과 ②를 합한 금액을 가산세로 납부한다.

① 미납세액 또는 과소납부세액 × 납부기한의 다음날부터 자진납부일 또는 납세고지일까지의 기간의 일수 × 3/10,000
② 초과환급받은세액 × 환급받은 날의 다음날부터 자진납부일 또는 납세고지일까지의 기간의 일수 × 3/10,000

3. 원천징수납부 등 불성실가산세

국세를 징수하여 납부할 의무를 지는 자가 징수하여야 할 세액을 세법에 따른 납부기한까지 납부하지 아니하거나 과소납부한 경우 아래 ①과 ②중 적은 금액을 가산세로 납부한다.

① 미납세액·과소납부세액 × 3% + 미납세액·과소납부세액 × 납부기한의 다음날부터 자진납부일 또는 납세고지일까지의 기간의 일수 × 3/10,000

② 미납세액·과소납부세액 × 10%

▶ 과세표준수정신고서와 기한 후 신고·납부한 경우에는 가산세를 감면한다. (경정할 것을 미리 알고 제출한 것은 제외)

내 용		가산세	감면율
수정신고	법정신고기한 지난 후 6개월 이내	과소신고·초과환급 가산세	50%
	법정신고기한 지난 후 6개월 초과 1년 이내		20%
	법정신고기한 지난 후 1년 초과 2년 이내		10%
기한 후 신고·납부	법정신고기한 지난 후 1개월 이내	무신고가산세	50%
	법정신고기한 지난 후 1개월 초과 6개월 이내		20%

상기 외에도 세법에서는 다양한 가산세 제도를 규정하고 있다. 기타 궁금한 사항은 국세청 홈페이지 (www.nts.go.kr) 또는 국세청 126 세미래콜센터 (국번없이 126)로 문의하면 된다.

종합소득세 　　　　　　　　제5절

1. 잘못 알면 불이익을 받을 수도 있는 종합소득세

'2013년도 중에 폐업하여 부가가치세 신고만 하면 되는 줄 알고 미신고한 A씨', '부가가치세 간이과세자 중 납부면제자가 종합소득세도 면제받는 것으로 오인한 B씨', '2013년에 2곳 이상의 직장에 근무했으나 최종 근무지에서 전 근무지의 근로소득을 합산해 연말정산을 하지 않았는데도 종합소득세 신고를 안한 근로소득자 C씨'

이는 모두 종합소득세를 신고하지 않아 불이익은 받은 사례들이다. 매년 종합소득세 신고 대상자임에도 불구하고, 신고를 하지 않거나 잘못 신고해 불이익을 받는 사람들이 종종 있다.

1) 종합소득세는 개인이 지난해 1년간의 경제활동으로 얻은 소득에 대하여 납부하는 세금으로서 모든 과세대상 소득을 합산하여 계산하고, 다음 해 5월 1일부터 5월 31일(성실신고확인 대상 사업자는 6월 30일)까지 주소지 담당 세무서에 신고 · 납부하여야 한다.

2) 종합소득세 과세대상 소득은 사업소득, 이자·배당소득, 근로소득, 기타소득, 연금소득이 있다. (※ 분리과세 되는 이자·배당소득, 분리과세를 선택한 연 300만 원 이하의 기타소득 등과 양도소득, 퇴직소득은 종합소득세 합산신고 대상에서 제외)

3) 매년 11월에 소득세 중간예납세액을 납부하여야 하고, 다음 해5월 확정신고 시 기납부세액으로 공제한다.

4) 연도 중에 폐업하였거나 사업에서 손실이 발생하여 납부할 세액이 없는 경우에도 종합소득세를 신고하여야 한다.

5) 신고하지 않는 경우의 불이익은 다음과 같다.

① 담당 세무서장이 조사하여 납부세액을 결정하여 알린다.
② 특별공제와 각종 세액공제 및 감면을 받을 수 없다.
③ 무신고가산세와 납부불성실가산세를 추가로 부담하게 된다.

6) 장부 비치 · 기장 여부

   가. 장부를 비치 · 기장한 사업자의 소득금액은 다음과 같이 계산한다.
   소득금액 = 총수입금액 - 필요경비

   나. 장부를 비치 · 기장하지 않은 사업자의 소득금액은 다음과 같이 계산한다.
   ① 기준경비율 적용 대상자 소득금액
   = 수입금액 - 주요경비 - (수입금액×기준경비율)
   ② 단순경비율 적용 대상자 소득금액
   = 수입금액 - (수입금액×단순경비율)산출세액의 계산

7) 소득세 산출세액 계산

   산출세액 = 과세표준(소득금액 - 소득공제) × 세율

8) 종합소득세 기본세율(2013년 소득기준)

과세표준(소득금액-소득공제)	세율	누진공제
1,200만 원 이하	6%	-
1,200만 원 초과 4,600만 원 이하	15%	108만 원
4,600만 원 초과 8,800만 원 이하	24%	522만 원
8,800만 원 초과 3억 원 이하	35%	1,490만 원
3억 원 초과	38%	2,390만 원

가. 사업자는 사업과 관련된 모든 거래 사실을 복식부기 또는 간편장부에 의하여 기록·비치하고 관련 증빙서류 등과 함께 5년간(다만, 이월결손금을 공제받을 경우 11년간) 보관하여야 한다.

복식부기 의무자	직전년도 수입금액이 일정금액 이상인 사업자와 전문직사업자
간편장부 대상자	당해년도에 신규로 사업을 개시하였거나 직전년도 수입금액이 일정금액 미만인 사업자 (전문직 사업자는 제외)

나. 복식부기 의무자와 간편장부 대상자 판정기준 수입금액

업 종 구 분	직전년도 수입금액
가. 농업 및 임업, 어업, 광업, 도매업 및 소매업, 부동산 매매업, 아래 나 및 다에 해당되지 아니하는 업	3억 원
나. 제조업, 숙박 및 음식점업, 전기·가스·증기 및 수도사업, 하수·폐기물처리·원료재생 및 환경복원업, 건설업, 운수업, 출판·영상·방송통신 및 정보 서비스업, 금융 및 보험업, 상품중개업	1억5천만 원
다. 부동산임대업, 부동산 관련 서비스업, 임대업, 서비스업(전문·과학·기술·사업시설관리·사업지원·교육), 보건업 및 사회복지 서비스업, 예술 · 스포츠 및 여가관련 서비스업, 협회 및 단체, 수리 및 기타 개인 서비스업, 가구 내 고용활동	7천5백만 원

※ 전문직사업자는 수입금액에 관계없이 복식부기 의무가 부여됨

다. 장부를 기장하는 경우의 혜택은 다음과 같다.
　① 스스로 기장한 실제 소득에 따라 소득세를 계산하므로 적자(결손)가 발생한 경우 10년간 소득금액에서 공제받을 수 있다.
　② 간편장부 대상자가 단순경비율·기준경비율에 의해 소득금액을 계산하는 경우보다 최고 40%까지 소득세 부담을 줄일 수 있다.
　* 100만원 한도로 기장 세액공제(복식부기 시에 한함 20%) 적용, 무기장 가산세(20%) 적용배제

라. 전문직사업자의 범위, 간편장부 대상자에 대한 간편장부 작성요령 및 업종별 작성사례, 서식 등이 국세청 홈페이지(www.nts.go.kr)에 상세히 게시되어 있으니 참고하도록 한다.

마. 사업자들이 손해를 봤다고 이야기 하여도 납세자의 말만 듣고 손해 난 사실을 인정할 수는 없다. 세금은 장부와 증빙에 의하여 어떤 사실이 객관적으로 입증되어야만 그 사실을 인정받을 수 있다. 그러므로 적자가 난 사실을 인정받으려면, 장부와 관련 증빙자료에 의하여 그 사실이 확인되어야 한다.

바. 업종별 기준금액 이상인 개인 사업자 및 전문직사업자(복식부기 의무자)는 거래대금·인건비·임차료를 지급하거나 받는 경우 가계용과 분리된 별도의 사업용 계좌를 사용하여야 한다.

○ 신고기한 : 1.1. ~ 5.31. (사업장 관할세무서에 신고)

○ 사업용계좌 미신고시 불이익

① 사업용계좌 미신고시 가산세
- 미사용가산세 : 사용하지 아니한 금액의 0.2%
- 미신고가산세 : MAX(㉠, ㉡)

  ㉠ 신고하지 아니한 기간의 수입금액 0.2%

  ㉡ 거래대금·인건비·임차료 합계액의 0.2%

② 중소기업특별세액 등 감면혜택이 배제(조특법 §128④) 소득세 신고·납부 방법

※ 종합소득세 신고·납부요령에 관한 자세한 사항은 「국세청 홈페이지(www.nts.go.kr) → 신고·납부 → 종합소득세」를 참조하도록 한다.

제6절 사업자등록 및 폐업

우리나라 자영업자는 600만명에 이른다. 이는 경제활동인구 4.5명 중 1명 꼴로 그만큼 사업을 하는 사람들이 많다는 것을 알 수 있다. 하지만 사업을 시작한다고 해서 바로 사업장을 구비하고 사업을 시작할 수는 없다. 왜냐하면 사업개시일로부터 20일 이내에 사업자등록을 하지 않으면 공급가액의 1% 가산세를 물고 매입세액을 공제받을 수 없는 등 불이익이 있기 때문이다. 사업을 시작할 때는 반드시 사업자등록을 해야 하며 그 밖의 세금신고 절차와 내용 등 숙지해야 할 사항들이 많다.

1. 모든 사업자는 사업을 시작할 때 반드시 사업자등록을 하여야 한다. 사업자등록은 사업장(사업자단위과세사업자는 본점 또는 주사무소)마다 해야 하며 사업을 시작한 날로부터 20일 이내에 다음의 구비서류를 갖추어 가까운 세무서 민원봉사실에 신청하면 된다.

개인 사업자등록 신청 시 구비서류

1. 사업자등록신청서
2. 사업허가증·등록증 또는 신고필증 사본(허가를 받거나 등록 또는 신고를 하여야 하는 사업의 경우), 허가 전인 경우 허가신청서 사본 또는 사업계획서
3. 임대차계약서 사본(사업장을 임차한 경우)
4. 도면(상가건물임대차보호법이 적용되는 건물의 일부를 임차한 경우)
5. 자금출처명세서(금지금 도·소매업 및 과세유흥장소에의 영업을 영위하려는 경우)
6. 동업계약서(공동사업인 경우)
   ※ 대리인 신청 시 대리인 신분증, 위임장
   ※ 법인의 경우 정관, 주주 또는 출자자명세서를 구비하여야 하며 필요한 경우 법인 등기부등본을 제출하여야 한다.
   ※ 사업자등록증은 사업자등록 즉시 발급된다. 다만, 사전확인 대상 사업자의 경우 현장 확인 등의 절차를 거친 후 발급가능하며, 사업을 시작하기 전에 등록할 수도 있다.

주차관련법규 & 운영

화물운송·건설기계대여업 사업자등록 신청 시 구비서류

1. 사업자등록신청서
2. 건설기계대여업 신고증(건설기계대여업), 자동차등록원부(화물운송업) 사본
3. 기타 참고 서류 : 위·수탁 관리 계약서, 지입회사 사업자등록증 사본, 납세관리인 설정신고서 (납세자 인감증명서 1부, 외국인 제외)
   ※ 대리인 신청 시 대리인 신분증, 위임장

개인사업자등록 정정신고 시 구비서류

1. 사업자등록 정정 신고서
2. 사업자등록증 원본
3. 임대차계약서 사본(사업장을 임차한 경우)
4. 도면(상가건물임대차보호법이 적용되는 건물의 일부를 임차한 경우)
5. 사업허가증·등록증 또는 신고필증 사본(허가를 받거나 등록 또는 신고를 하여야 하는 사업의 경우), 허가 전인 경우 허가신청서 사본 또는 사업계획서
   ※ 대리인 신청 시 대리인 신분증, 위임장

교회 등 고유번호 신청 시 구비서류

1. 법인이 아닌 단체의 고유번호 신청서
2. 교단 등의 소속확인서
3. 단체의 정관 또는 협약서
4. 교단 등의 법인등기부 등본(세무서에서 확인이 가능한 경우는 제외)
5. 임대차계약서 사본(사업장을 임차한 경우)

휴·폐업 신고 시 구비서류

1. (휴)폐업신고서
2. 사업자등록증 원본

> ▶ **신청인에 따른 신분증명**
>
> 1) 본인신청
>   본인 신분증(주민등록증, 운전면허증, 공무원증, 국가기관이 발행한 자격증 등으로 사진이 부착되어 있고 주민등록번호, 주소 등 인적사항이 기재된 신분증)
>
> 2) 대리신청(가족 포함)
>   대리인 신분증, 위임장
>
> ▶ **민원증명의 종류**
>
> 사업자등록증명, 폐업사실증명, 휴업사실증명, 납세증명서(체납액이 없음을 증명), 납세사실증명, 소득금액증명, 부가가치세 과세표준증명, 부가가치세 면세사업자 수입금액증명, 연금보험료 등의 소득세액공제확인서, 표준재무제표증명(개인, 법인), 사업자단위과세 적용 종된 사업장증명, 모범 납세자 증명, 소득확인증명서(재형저축 가입용), 소득확인증명서(장기집합투자 증권저축)
>
> ※ 구비서류 관련 문의 : 국세청 홈페이지(http : //www.nts.go.kr/)
>   또는 국세청 126 세미래콜센터

2. 사업을 시작하기 전에 사업을 개시할 것이 객관적으로 확인되는 경우 사업자 등록증이 발급된다. 또한, 공급시기가 속하는 과세기간이 지난 후 20일 이내에 등록 신청한 경우 그 공급시기가 속하는 과세기간 내에 상품이나 시설자재 등을 구입하고 구입자의 주민등록번호를 적은 세금 계산서를 발급받은 경우 예외적으로 매입세액을 공제받을 수 있다.

3. 간이과세자가 되려면 간이과세 적용신고도 함께 하여야 한다.

1) 간이과세 적용기준

① 대상사업자 : 연간 공급대가(부가가치세 포함가격)가 4,800만원에 미달할 것으로 예상되는 사업자
② 4,800만원 미만자라도 아래 사업은 간이과세를 적용받을 수 없다.

주차관련법규 & 운영

가. 간이과세 배제사업
- 광업, 제조업(떡방앗간, 과자점, 양복점, 양장점, 양화점 등과 같이 최종소비자를 직접 상대하는 사업은 간이과세적용 가능)
- 도매업(소매업을 함께 영위하는 경우를 포함하되, 재생용 재료수집 및 판매업은 제외)
- 부동산매매업, 변호사업, 심판변론인업, 변리사업, 법무사업, 공인 회계사업, 세무사업, 경영지도사업, 기술지도사업, 감정평가사업, 손해사정인업, 통관업, 기술사업, 건축사업, 도선사업, 측량사업, 공인노무사업, 의사업, 약사업, 한의사업, 한약사업, 수의사업 그 밖에 이와 유사한 사업 서비스업으로서 기획재정부령이 정하는 것
- 사업장 소재지역, 사업의 종류, 규모 등을 감안하여 국세청장이 정하는 기준에 해당하는 사업

나. 일반과세 적용을 받는 다른 사업장이 있는 경우
(다만, 개인택시·용달차운송업, 이·미용업 등은 간이과세 계속 적용됨)
- 일반과세자로부터 포괄양수 받은 사업
- 복식부기의무자가 영위하는 사업
- 둘 이상의 사업장의 매출액 합계가 연간 4,800만원 이상인 경우

4. 사업자등록을 하지 않으면 다음과 같은 불이익을 받게 된다.

1) 무거운 가산세를 물게 된다
   ① 개인 : 공급가액의 1%(간이과세자는 공급대가의 0.5%)
   ② 법인 : 공급가액의 1%

2) 매입세액을 공제 받을 수 없다
   ① 사업자등록을 하지 않으면 세금계산서를 발급받을 수 없어 상품 구입 시 부담한 부가가치세를 공제받지 못하게 된다.
   ② 간이과세 적용신고는 사업자등록신청서의 해당란에 표시하면 된다.

5. 사업자등록을 신청하기 전에 다음 사항을 먼저 확인하면 등록절차가 쉬워진다.

   1) 과세업종인지 면세업종인지를 확인하여야 한다.
      ① 부가가치세가 과세되는 사업은 과세사업자등록을, 면제되는 사업은 면세사업자등록을 하여야 한다.
      ② 과세사업과 면세사업을 겸업할 때에는 과세사업자등록만 하면 된다.

   2) 사업자의 유형을 먼저 결정하여야 한다.
      ① 사업형태를 개인으로 할 것인가, 법인으로 할 것인가 또는 사업자의 유형을 일반과세자로 할 것인지, 간이과세자로 할 것인지를 결정하여야 한다.
      ② 개인과 법인은 창업절차 등 세법상 차이점이 있으므로, 이를 참고하여 개개인의 사정에 따라 선택하여야 하나, 선택하기가 어려울 경우 먼저 개인으로 시작을 하고, 나중에 사업규모가 커지면 법인으로 전환하는 방법도 고려해 볼 수 있다.
      ③ 개인사업자는 다시 매출액의 규모에 따라 일반과세자와 간이과세자로 구분되지만 간이과세자에 해당되더라도 세금계산서를 수수하여야 할 필요가 있는 사업자는 반드시 일반과세자로 신청하여야 하기 때문에 업종에 맞는 유형을 선택하여야 한다.

   3) 관련법규의 허가·등록·신고대상 업종인지 확인하여야 한다.

      허가·등록·신고 업종인 경우 사업자등록 신청 시 허가증·등록증·신고 필증 사본 등을 제출하여야 한다. 따라서 약국·음식점·학원 등 허가, 신고 또는 등록을 하여야 하는 업종인 경우 관련 공공기관으로부터 먼저 허가 등을 받아야 한다.

   4) 공동사업의 경우 관련 증빙서류를 제출하여야 한다.

      2인 이상의 사업자가 공동으로 사업을 하는 경우 이 중 1인을 대표자로 선정하여야 한다. 또한 공동으로 하는 사업임을 증명할 수 있는 동업계약서 등의 서류를 제출하여야 한다.

5) 사업자등록 신청 시 필요한 서류를 챙긴다.

사업자등록신청 시 업종에 맞는 구비서류를 잘 챙겨야 사업자등록증을 교부 받을 수 있다. 구비서류 : 국 세청 홈페이지(국세정보→사업자등록안내)참조 또는 '국세청 126 세미래콜센터'에 문의

6) 사업형태에 따른 구분

사업자 유형은 사업형태에 따라 개인사업자와 법인사업자가 있다.
① 개인사업자 : 개인사업자란 회사를 설립하는데 상법상 별도의 절차가 필요하지 않아 그 설립 절차가 간편하고 휴·폐업이 비교적 간단하며 부가가치세와 소득세 납세의무가 있는 사업자를 말한다.
② 법인사업자 : 법인사업자란 법인 설립등기를 함으로써 법인격을 취득한 법인뿐만 아니라 국세기본법의 규정에 따라 법인으로 보는 법인격 없는 단체 등도 포함되며 부가가치세와 법인세 등 납세의무가 있는 사업자를 말한다.

7) 과세유형에 따른 구분

개인사업자는 부가가치세의 과세여부에 따라 과세사업자와 면세사업자로 구분된다. 다만, 과세와 면세 겸업사업자인 경우에는 사업자등록증이 과세사업자로 발급된다.
① 과세사업자 : 과세사업자는 부가가치세 과세대상 재화 또는 용역을 공급하는 사업자로서 부가가치세 납세의무가 있는 사업자를 말한다.
② 면세사업자 : 면세사업자는 부가가치세가 면제되는 재화 또는 용역을 공급하는 사업자로서 부가가치세 납세의무가 없는 사업자를 말한다.
  ※ 부가가치세 면세사업자라도 소득세 납세의무까지 면제되는 것은 아니다.

8) 사업규모에 따른 구분

개인 과세사업자는 사업의 규모에 따라 일반과세자와 간이과세자로 구분 한다.
① 일반과세자 : 연간 매출액(둘 이상의 사업장이 있는 사업자는 그 둘 이상의 사업장의 매출 합계액)이 4,800만원 이상으로 예상되거나 간이과세가 배제되는 업종 또는 지역에서 사업을 하고자 하는 경우 일반과세자로 등록하여야 한다. 일반과세자는 10%의 세율이 적용되는 반면, 사업과 관련된 물건 등을 구입하면서 받은 매입세금계산서상의 부가가치세액을 전액 공제받을

수 있고, 세금계산서를 발행할 수 있다.
② 간이과세자 : 주로 소비자를 상대하는 업종으로서 연간매출액이 4,800만원에 미달할 것으로 예상되는 소규모사업자의 경우에는 간이과세자로 등록할 수 있다. 간이과세자는 업종별로 0.5~3%의 낮은 세율이 적용되지만, 매입세액의 5~30%만을 공제받을 수 있으며, 세금계산서를 발행할 수 없다.

개인과 법인의 세제상 주요 차이

구분	개인기업	법인기업
납부세금	소득세	법인세
세율구조	6~38%(5단계)	10~22%(3단계)
납세지	사업자 주소지	본점 · 주사무소 소재지
기장의무	간편장부 / 복식부기	복식부기
외부감사제도	없음	직전 자산총액 100억원 이상 법인 등

9) 확정일자란?

가. 건물소재지 관할세무서장이 그 날짜에 임대차계약서의 존재사실을 인정하여 임대차계약서에 기입한 날짜를 말한다. 상가건물이 경매 또는 공매되는 경우 임차인이 상가 건물 임대차보호법의 보호를 받기 위해서는 반드시 사업자등록과 확정일자를 받아 두어야 한다.

나. 확정일자를 받아 놓으면 건물을 임차하고 사업자등록을 한 사업자가 확정일자를 받아 놓으면 임차한 건물이 경매나 공매로 넘어갈 경우 확정일자를 기준으로 후순위권리자에 우선하여 보증금을 변제 받을 수 있다. 따라서 확정일자는 사업자등록과 동시에 신청하는 것이 가장 좋다.

다. 확정일자 신청대상 (상가건물임대차보호법 적용 대상)
환산보증금(보증금+월세의 보증금 환산액)이 지역별로 다음 금액 이하인 경우에만 보호를 받을 수 있다.

지역	환산보증금
서울특별시	4억원 이하
수도권정비계획법에 의한 수도권 중과밀억제권역(서울 제외)	3억원 이하
광역시(수도권 과밀억제권역과 군지역 제외), 안산시, 용인시, 김포시, 광주시(경기)	2억 4천만원 이하
기타지역	1억 8천만원 이하

※ 월세의 보증금 환산 : 월세 × 100

라. 확정일자 신청

아래의 서류를 구비하여 건물소재지 관할세무서 민원봉사실에 신청하면 된다.

① 신규사업자
- 사업자등록신청서
- 임대차계약서 원본
- 사업허가·등록·신고필증(법령에 의하여 허가·등록·신고 대상인 경우)
- 사업장 도면(건물 공부상 구분등기 표시된 부분의 일부만 임차한 경우)
- 본인 신분증(대리인이 신청 시 대리인 신분증)
   ※ 사업자등록신청 시 임대차계약서의 사업장소재지를 등기부등본 등 공부상 소재지와 다르게 기재한 경우 보호를 받지 못할 수 있으니 철저히 확인해야 한다.

② 기존사업자
- 사업자등록 정정신고서(임대차 계약이 변경된 경우)
- 임대차계약서 원본
- 사업장 도면(건물 공부상 구분등기 표시된 부분의 일부만 임차한 경우)
- 본인 신분증(대리인이 신청 시 대리인 신분증)

마. 사업자 명의

① 사업과 관련된 각종 세금이 명의를 빌려준 사람에게 나온다.

명의를 빌려간 사람이 세금을 신고하지 않거나 납부하지 않으면 사업자등록상 대표인 명의를 빌려준 사람에게 세금이 고지된다. 더구나 명의를 빌려준 사람이 근로소득이나 다른 소득이 있으면 합산되어 세금부담이 크게 늘어난다. 실제로는 소득이 없는 데도 소득이 있는 것으로 자료가 발생되므로 국민연금 및 건강보험료 부담이 늘어날 수 있다.

② <u>명의를 빌려간 사람이 세금을 못 낼 경우 명의를 빌려준 사람의 재산이 압류되어 공매되는 등 재산상 큰 피해를 볼 수 있다.</u>

명의를 빌려간 사람의 재산이 있더라도 명의를 빌려준 사람의 소유재산이 압류되며, 그래도 세금을 내지 않으면 압류한 재산을 공매처분하여 밀린 세금에 충당한다. 체납사실이 금융회사 등에 통보되어 은행대출금의 변제 요구 및 신용카드 사용이 정지되는 등 금융거래상의 불이익을 받을 수도 있다. 이 외에도 출국금지 조치를 당하는 등 생활에 불편을 겪을 수 있다.

③ <u>실질사업자가 밝혀지더라도 명의를 빌려준 책임은 피할 수 없다.</u>

명의를 빌려간 사람과 함께 조세범처벌법에 의하여 처벌(1년 이하의 징역 또는 1천만원 이하의 벌금)을 받을 수 있다. 명의대여 사실이 국세청 전산망에 기록·관리되므로 본인이 실제 사업을 하고자 할 때 불이익을 받을 수 있다.

6. 사업자폐업신고

1) 사업을 시작한다고 해서 바로 사업장을 구비하고 사업을 시작하는 것이 아니라 반드시 '사업자등록'을 해야 가산세 등 불이익이 없다. 하지만 사업자등록뿐 아니라 '사업자폐업신고'도 반드시 해야 한다. 사업자폐업신고를 하지 않으면 폐업신고를 한 경우보다 더 많은 세금을 추징당하게 된다.

2) 국세청 홈페이지(www.nts.go.kr/)에서 다운받거나 세무서에 비치된 폐업신고서를 작성하여 사업자등록증과 함께 가까운 세무서에 제출하면 된다. 또한 면허 또는 허가증이 있는 사업일 경우 당초 면허·허가를 받은 기관에 폐업신고를 하여야 한다.

① 부가가치세 확정신고서에 폐업연월일 및 사유를 기재하고 사업자등록증을 첨부하여 제출하면 폐업신고서를 제출한 것으로 본다.

② 홈택스 가입자로 공인인증서가 있으면 국세청 홈택스(www.hometax.go.kr/)

주차관련법규 & 운영

로 폐업신고가 가능하다.
③ 사업자등록을 말소하지 않아 사업 인수자가 계속 사용하면 사업자 명의대여에 해당되어 이에 따른 불이익을 받을 수 있다.
④ 면허·허가기관에 폐업신고를 하지 않으면 매년 1월 1일을 기준으로 면허가 갱신된 것으로 보아 등록면허세가 계속 부과된다.
  ※ 폐업신고 후 폐업사실증명서를 국민연금관리공단·국민건강보험공단에 제출하여야 보험료가 조정되어 불이익을 받지 않는다.
⑤ 폐업일이 속한 달의 말일부터 25일 이내에 신고·납부하여야 한다.

폐업시기	신고납부대상
1기(상반기) 중 폐업 시	1월 1일 ~ 폐업일까지의 사업실적
2기(하반기) 중 폐업 시	7월 1일 ~ 폐업일까지의 사업실적

⑥ 폐업 시 남아있는 제품이나 상품 등의 재화 : 자가공급에 해당되므로 폐업 시 잔존재화의 시가를 과세표준에 포함하여 부가가치세를 납부하여야 한다.
⑦ 감가상각자산의 간주공급 : 건물, 차량, 기계 등 감가상각자산도 세법에서 정한 방법에 따라 시가를 계산하여 부가가치세를 납부하여야 한다.
⑧ 사업의 포괄적 양도 : 사업의 경영주체만 변경되고 사업에 관한 권리와 의무를 포괄적으로 승계시키는 사업의 양도는 부가가치세 납부의무가 없으며, 이 경우 사업포괄 양도양수계약서를 제출하여야 한다.
⑨ 1월 1일~폐업일까지의 종합소득을 폐업일이 속하는 연도의 다음연도 5월 1일~5월 31일까지 확정신고·납부하여야 한다.
⑩ 폐업한 사업과 관련된 소득 이외에 다른 소득이 있는 경우는 합산하여 신고·납부하여야 한다.
  ※ 폐업을 하면서 시간적·경제적 여유가 없더라도 사업자폐업신고는 꼭 해서 불이익을 당하는 일 없도록 해야 한다.

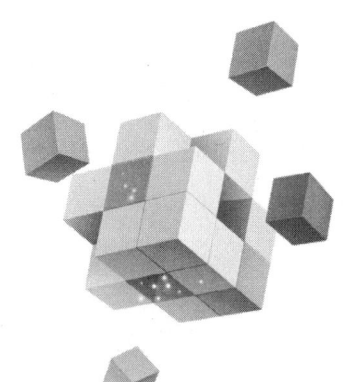

주차관련법규 & 운영

제5장 | 안전관리와 예방

01 직장과 근로자의 건강관리
02 주차장 비상상황 시 대응 매뉴얼
03 상황 발생 시 보고체계

chapter 01 직장과 근로자의 건강관리

제1절 개인생활과 재해

1. 개인생활과 재해

인간은 어떤 특정한 일에 정신을 빼앗기게 되면 그 외의 다른 일에는 열중할 수 없게 된다. 집에서의 크고 작은 일들이나 회사에 출근시의 일들, 휴일에 있었던 일들은 직장생활의 안전보건과는 전혀 무관하게 생각되나, 사실은 사고의 대부분이 직장 외부의 생활 속에서 가지고 들어와 야기된 원인에 의하여 발생되고 있다.

인간의 두뇌는 사고의 원인이 될 수 있는 불유쾌하고 괴로운 기억들은 깨끗이 지워 버리고 유쾌하고 즐거운 기억만을 간직할 수 있는 능력이 없다.

다시 말해 휴일 동안의 불유쾌한 일들이 근무 도중 자꾸 생각이 나서 근무에 몰두할 수 없게 되며 이렇게 되면 무심코 기계 속에 손을 넣어 버린다든지, 발을 헛디뎌 사고를 유발하게 하는 경우가 많다. 가정불화, 출퇴근길에서의 옥신각신, 불유쾌한 기분 등을 그대로 업무 속에 가지고 들어오게 되면 잘못을 일으키는 원인이 된다. 하루를 안전하게 보내기 위해 회사에 출근하는 아침은 다음과 같이 해야 한다.

2. 여유를 가지고 출근하자

우선 아침에 일어나서 회사에 가기 위해 집을 나올 때까지 시간이 30분인 사람, 45분 또는 60분인 사람 등 여러 가지라고 생각되나 60분 정도의 여유가 있는 것이 좋다.

일어나 세수를 하고 식사, 옷을 입고 출근준비를 하자면 60분 정도의 여유를 갖는 것이 필요하다. 그렇지 않으면 침착성을 잃고 덤비다가 출근 도중에 사고를 일으키기 쉽다.

또한 회사에 도착할 때까지의 시간도 여유가 있도록 계산하여 집을 나오는 것이 중요하다. 걷는 시간, 버스를 기다리는 시간, 버스를 타는 시간 등을 생각하여

10분 정도 빠르게 회사에 도착하도록 집을 나오는 것이 중요하다. 한번쯤 회사까지 출근 소요시간을 확인해 보고 출근에 무리가 없는지 생각해 보자. 시간의 여유가 있더라도 가지고 가야 할 물건이 없다든가, 신발이 이상하다든가, 누구와 입씨름을 하는 등으로 기분을 상한 채 집을 나오거나, 기분이 언짢은 일이 있어 그것을 생각하면서 출근하게 되면 작업 중에도 신경이 쓰여 다른 사람과의 대화가 부드럽지 못하거나 주의력이 둔해져 사고를 일으키기 쉽다. 그러나 사고를 방지한다는 의미로 모든 일을 체념하고 생각하지도 않는다는 것은 인간에게는 불가능한 일이다.

그렇다면 어떻게 할 것인가. 가정에서도 직장과 같이 주변을 질서 있게 정리하여 어둠 속에서도 물건의 위치를 확인할 수 있도록 하여 두는 것이 바람직하다.

제2절 근로자의 건강관리

1. 교대 작업이 생기는 이유

1) 사회적 이유
의료, 방송, 통신, 기간산업 등 국민생활과 이용자의 편의를 위한 공공사업의 증가

2) 기술적 이유
석유정제나 화학공업, 금속제련 등 공정상 조업중단이 어려운 산업의 증가

3) 경제적 이유
생산설비를 완전 가동함으로써 시설투자비용을 조기에 상환

2. 교대 근무자가 주의해야할 신체적 변화

1) 위장 장애

  ◦ 주야 변칙근무로 식사시간 및 횟수의 불규칙, 근무 중 짧은 시간에 식사를 해야 하는 경우 등으로 위장장애 발생
  ◦ 근무시간 중 커피(카페인)나 흡연도 위장장애 유발

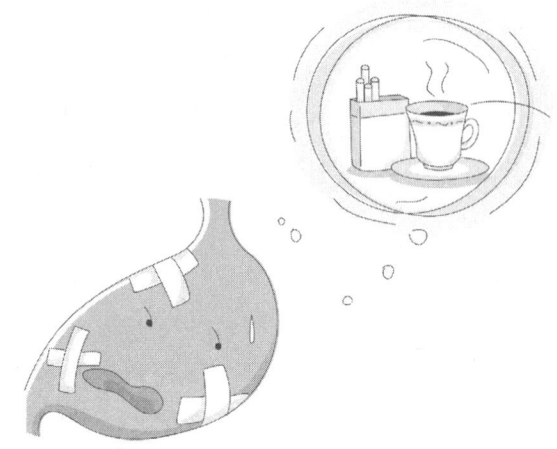

2) 수면 장애

야간근무 동안 수면시간이 짧은 경향이 있고, 수면주기의 변화 및 수면의 질에 영향을 미쳐 수면장애 유발

3) 체중 감소

젊은 층은 체중변화가 뚜렷한 반면 회복이 빠르나, 중년층은 변화가 적은 반면 회복도 늦음

3. 야간 근무자의 적절한 수면방법

- 침실은 가능한 한 어둡게 하고, 취침 전 목욕
- 수면에 방해되지 않도록 전화선 및 초인종 연결 끊음
- 다른 사람에게 방해 받지 않도록 "취침 중" 표시

- 잠자리 들기 5시간 전에 카페인 든 음료 삼가
- 잠을 이루기 위해 술을 마시는 것은 좋지 않음
- 졸거나 겉잠을 취하는 것은 모자라는 수면을 보충하는 응급상황에서만 해야 함
- 잠자리에 들기 전에 과식은 좋지 않으나 적당량의 따뜻한 우유는 수면에 도움이 됨
- 식사시간과 같이 반복되는 일상적인 것은 가능한 한 정기적으로 맞춤
- 아침에 퇴근할 때는 색안경을 착용하는 것이 좋음

4. 야간 근무자의 주의사항

- 교대근무가 종결되기 전 몇 시간 동안 활동적인 상태를 유지
- 교대근무 종료 한 시간 전이나 종료 시 싱싱한 과일주스나 카페인이 없는 음료 섭취
- 귀가 시 철저히 방어 운전
- 졸음을 피하기 위해 음악을 듣거나 동승자와 대화
- 귀가 중 음주 삼가
- 음주보다 가벼운 스낵이나 우유를 마시는 것이 좋음
- 밤 근무 중 새벽시간대가 가장 취약시간임에 유의
- 새벽 3시 이후 카페인이 든 음료 섭취 금지

5. 야간 근무자의 건강 생활 지침

- 정기적으로 체중, 피로, 수면, 위장증상 확인(한달 사이 체중 3kg이상 감소 시 정밀검사)
- 위장장해 예방을 위해 규칙적인 식사습관과 영양섭취(야간 근로자는 과식 금지)
- 담배와 카페인의 과다 복용 금지(불면증 극복 위해 술 마시는 행위는 건강 악화 초래)
- 중년자에게 수분부족 현상이 발생하기 쉬우므로 야근 중 음료수와 영양제 공급 권장
- 교대제는 생활패턴의 변화로 가족 및 친구들 간의 관계가 적어지고, 소외 되거나 정신적 스트레스가 커지므로 적당한 대인관계 유지와 레크레이션을 통한 정신 및 신체건강 유지

chapter 02 주차장 비상상황 시 대응 매뉴얼

제1절 안전관리 추진방향 및 추진목표

1. 프로세스

재난 유형별 체계적인 상황대처(4단계)로 최우선 시민안전, 무재해 시설물 구현

1단계 발생 억제 예방 대책
- 유형별 맞춤식 예방대책 수립, 시행으로 재난 발생 원천적 억제

2단계 철저한 대비 대책
- 상황별 응급 대비계획 수립 시행, 테마별 주기적인 교육 및 훈련 실시

3단계 적극적 대응 대책
- 24시간 종합상황관리 및 상황보고 체계(비상연락)확립

4단계 신속한 복구대책
- 사고대책반 설치운영 및 긴급 재난 복구업체 지정운영

2. 단계별 세부 추진 내용

1) 【제1단계】 발생억제 예방대책

   가. 시설물(소방, 전기, 기계) 사전예방시스템 구축

   ① 계절별(해빙기, 하절기, 동절기) 점검 및 재난위험요소 지속적 추적관리

② 유관기관(교통, 전기, 화재 등) 공조체계 강화

나. 시설물(소방, 전기, 기계) 사전 예방시스템 구축
① 일일점검(1회/1일) : 각 시설별 이상유무 육안점검
② 정기점검(1회/1월) : 점검장비 활용 기술직원 자체점검
③ 정밀점검(1회/1년) : 긴급상황 발생 징후 시 외부전문가 참여 합동점검
④ 수시점검(필요 시) : 재난발생 예견 및 기타사항 발생시

다. 계절별 테마점검 및 재난위험요소 지속적 추적관리
① 해빙기 : 낙석, 산사태 대비
- 절개지 토사유출 및 세굴발생 여부 확인 및 뜬돌.풍화토 제거
- 산마루 측구, 지하수 유도배수시설, 작석 방지망 및 낙석방지책 정비

② 하절기 : 태풍. 폭우 대비
- 수구 통수, 도로. 사면 및 측구 준설 및 배수 원활 조치
- 강풍 피해 예상시설물 정비 및 긴급복구용 예비자재 확보

③ 동절기 : 폭설 대비
- 폭설 시 신속한 제설작업을 위한 인원, 장비, 자재 사전확보
- 결빙 예상지역에 대한 사전점검 및 교통소통대책 강구

④ CCTV 이용 24시간 실시간 건물 및 외부 감시
- 방화(방범)순찰 강화 재난 발원지 발췌 및 사전 제거

라. 유관기관 공조체계 강화
유관기관 간 정기 간담회 개최 : 기관별 연 1회 정도

담당기관	주요역할
각 지역 경찰청 및 관할 경찰서	긴급 교통 통제
관할 소방서	화재진압 및 인명구조
교통방송, 방송사 및 언론기관	안내방송 등 시민계도
한국전력, 한국통신, 긴급복구 업체	시설물 긴급복구
군부대, 복구지정업체	복구인력 및 장비 지원

2) 【제2단계】 철저한 대비 대책

① 비상대처계획 수립 및 재난발생 예견 시 신속한 상황대처
② 상황별 실전모의 훈련 정례화
③ 긴급복구용 장비 및 자재 비치
④ 재난유형분류 및 단계별 대응체계 구축
⑤ 상황별 대응체계 : 24시간 상황관리 체계 구축

구분	사고유형	수습체계
예측 가능	기상관련 재난사고 (태풍, 지진, 폭설, 결빙 등)	[초기단계] 종합상황실(현장지휘소) 설치. 운영 - 상황전차 및 전직원 비상근무소집 인명구호 및 2차사고 예방 [수습단계] 재난유형별 사고수습 활동전개 (인명구조, 화재진압 및 시설물 복구 등) - 비상발전기 가동 등 응급복구 - 소방 설비 가동(s/p.소화전 등) 구조 활동, 중간보고 및 언론보도 [복구 단계] 피해시설 임시복구 및 항구복구대책 수립 종료보고 및 언론보도
	건물 내/외부 화재사고	
	전기시설관련 정전사고	
	옥벽, 절개지 등 붕괴사고	
	도로 구간 내 대형교통사고	
예측 불가	주요시설물 테러사고	
	원전사고로 인한 방사능피해	
	낙뢰로 인한 전기시설 파손	

⑥ 상황별 실전모의 훈련 정례화
- 합동모의훈련 실시로 유관기관 간 종합적 협조체계 구축
- 개인별 부여임무 및 행동요령 숙지로 위기 대처능력 강화
- 훈련 후 예상되는 문제점에 대한 개선 및 보완대책 반영
- 소방종합훈련 등 필수 실전 훈련 실시(1회/연) 이상

⑦ 긴급복구용 장비 및 자재 비치

제설 자재 및 장비 비치완료

구분	제설장비	제설 자재					
	지원차량	염화칼슘	빗자루	넉가래	삽	차량용 스노우 체인	적사함
수량	4대	163포(25kg)	84개	33	63	4세트	21개

3) 【제3단계】 적극적 대응대책

   ① 재난유형별 단계적 대응체계 구축 (준비 → 경계 → 비상)
   ② 내.외부기관 신속한 상황 보고체계 확립
   ③ 비상대처계획 수립 및 재난발생 예견 시 신속한 상황대처
   ④ 유형별 비상대처계획
      ● 평상시 : 중앙제어실 내 종합상황실 운영 24시간 실시간 관리
      ● 비상시 : 상황발생(기상특보) 시 단계적 비상근무 실시

비상상황(기상특보) 발생시 단계적 비상근무

구분	상황	근무요령	비고
1단계 (준비체계)	• 기상예보발효 적설량 3cm 예상시 • 피해정도가 경미한 사고	• 상황실 및 순찰 • 전직원1/3비상근무	• 취약지 집중 순찰 확행 • 비상연락망 정비
2단계 (경계체계)	• 기상특보 중 경보발령 • 대설주의보(적설량 5cm 이상 예상) • 호우주의보 • 태풍주의보	• 경계체제 상황실 운영 • 전 직원 1/2비상근무 • 재난조치사항 보고	• 장비 및 인력투입 • 대시민 홍보실시
3단계 (비상체계)	• 안전사고 발생시 • 호우, 태풍, 지전경보 등 발령시 • 대설경보(적설량 20cm이상예상)	• 비상체제 상황실 운영 • 전직원 비상근무(용역 포함) • 유관기관 협조 요청	• 담당구역별 투입 • 유관기관 지원요청

설해 취약 주차장

연번	주차장명	위치	취약내용	비고

4) [4단계] 신속한 복구대책
   ① 신속한 복구를 위한 사고대책반 설치 운영
   ② 긴급복구를 위한 재난 복구업체 지정 운영
   ③ 사고대책반 설치
   ④ 상황별 대응체계 : 24시간 상황관리체계 구축

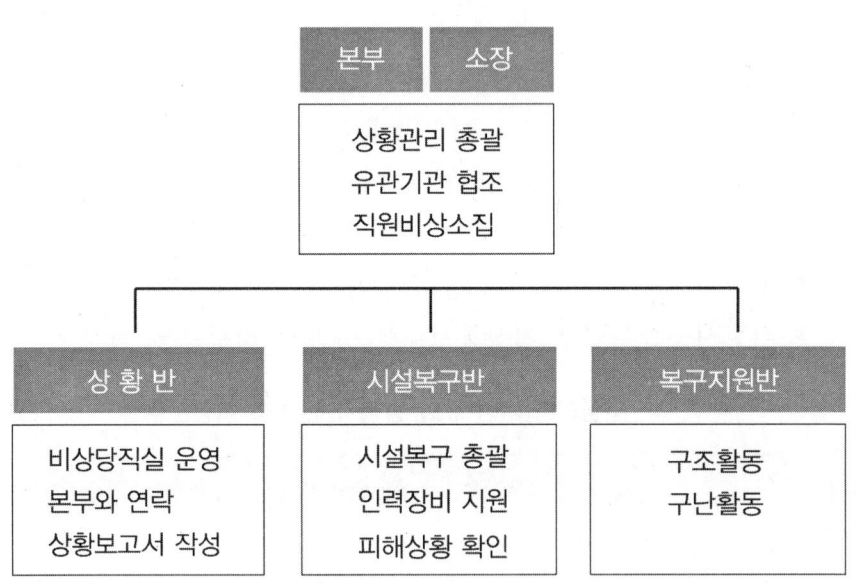

   ⑤ 분야별 피해시설 긴급 임시복구 및 항구 복구대책 수립
      • 필요 시 시설물 안전드림닥터 및 항구 복구대책 수립
      • 긴급점검, 사고원인 분석 및 응급 복구방안 강구
      • 우선순위에 의한 복구비 확보(자체 예비비 및 시비 지원요청)
   ⑥ 긴급 재난 복구업체 지정운영
      • 토목, 건축, 기계, 전기, 통신 시설물
      • 각 시공사 비상연락 구축 및 예비업체 지정 운영
   ⑦ 제설작업 : 제설장비 및 자재업체 지정운영
   ※ 재난. 재해 수습 및 복구 세부 대책 수립 운영

재난·재해 유형별 수습 복구   제2절

1. 화재 사고

1단계   초기 소화 및 화재 발생 전차, 대피 유도

- 화재발생이 감지(감지기 작동 및 신고)되면 즉시 방송을 통하여 화재발생을 전파하고 비상대기조 현장 출동
- 현장에 있는 직원은 소화기로 화재를 신속히 초기소화, 화재 확대방지
- 기타 현장에 출동한 비상대기조 및 자위소방대원은 고객을 안전하게 비상구나 출입문을 통하여 질서 있고 안전하게 대피 유도
- 폭발물이나 위험 물질 등을 충분히 조사하여 상황에 적절한 조치

2단계   진화 및 대피

- 인근 소화기, 소화전을 사용. 자체적으로 화재진압(자위 소방활동)
- 자위소방대장 및 방화관리자는 인근 소방서(119신고) 지원 요청
- 방송실에서는 계속해서 대피 방법을 안내방송하고 사람들을 안정시킴
- 잔류자(고객 및 직원)를 안전하게 대피 유도
- 테러에 의한 화재 및 방화(放火)일 경우 유관기관에 즉시신고

3단계   복구 및 수습 - 소방서 현장 조사팀과 협조

- 화재진압이 완료되면 화재 조사팀을 구성 화재 현장조사 실시
- 방화관리자 등은 모든 상황을 긴급대책 상황실에 보고
- 화재진압완료 상황을 방송하여 정상적인 업무를 할 수 있도록 조치
- 2차 화재발생 방지를 위해 추가적인 화재요인을 제거하고 각종 소방시설 및 진압, 구조장비를 점검

상시 준비사항   긴급구조 및 화재 진압장비 비치 및 활용

- 신속 대응조나 비상대기조는 비상구조 진압장비를 개인별로 비치하여 사용법을 숙지하고 점검. 정비 철저

주차관련법규 & 운영

1) 화재 신고
   가. 자위 소방대 조직
   나. 임무

반(소) 별	책임자	임무
대장	소장(방화관리자)	자위소방대를 총괄. 지휘, 운용
지휘반		• 대장을 보좌하고, 대장이 부득이한 사유로 임무를 수행할 수 없을 때에는 그 임무를 대행 • 대장의 지취를 받아 다른 반의 임무를 조정 • 화재진압 등에 관한 훈련계획을 수립·시행 • 119신고, 건물 내 화재발생 통보 • 관계 기관 및 관계자에게 통보연락
진압반		• 대장과 지휘반의 지휘를 받아 화재를 진압 • 소화기, 옥내소화전을 사용 화재진압
구조구급반		대장과 지휘반의 지휘를 받아 인명구조 및 부상자 응급처치를 수행
대피유도반		대장과 지휘반의 지휘를 받아 근무자 등을 안전한 장소로 대피하도록 유도

2) 화재 사고(소화기 사용, 관리법)
   가. 소화기 사용법
   안전핀을 뽑고→호스를 불이 난 쪽으로 향한 후→손잡이(레버)를 힘껏 움켜쥔다.→바람을 등지고 낮은 자세로 비로 쓸 듯이 진화한다.
   나. 소화기 관리법
   ① 분말 소화기, 이산화탄소 소화기, 하론 소화기 모두 소화약제를 사용하며 분말 가루가 응고되거나 가스의 누설 등으로 사용 불능 상태 초래
   ② 소화기는 보기 쉬운 곳의 통행에 지장이 없는 장소에 비치한다.
   ③ 습기나 직사광선은 피하는 것이 좋다.
   ④ 분말 소화기는 주기적으로 약제를 흔들어 주면 좋다.
   ⑤ 분말 소화기는 가압식의 경우 가압가스가 새는 경우가 있다.
   ⑥ 수시 점검하고 특히, 용기의 부식을 방지하여야 한다.
   ⑦ 축압식 분말 소화기는 압력게이지를 살펴보고 이상 여부를 판단한다.

3) 화재시 행동 요령

① 그 건물 구조에 익숙한 사람이 적절한 피난 유도를 하여야 한다.
② 평소 피난통로의 확보와 피난 유도훈련을 철저히 하여야 한다.
③ 건물 내부에는 두 개 이상의 비상구를 설치하여 유사시에 충분히 활용할 수 있도록 한다.
④ 화재시 방안에 고립되어 있을 경우 다음 사항을 유념하도록 한다.
⑤ 함부로 문을 열어서는 안 되며, 연기나 화기가 느껴질 경우 즉시 문을 닫아야 한다.
⑥ 실내에 고립되어 있을 경우 크게 소리를 친다든가, 물건을 창 밖으로 던져 갇혀 있다는 사실을 사람들에게 알린다.
⑦ 구조반이 올 때까지 연기가 새어들어 오는 곳을 담요나 시트, 양말 등으로 막아야 한다.
⑧ 연기가 많이 차면 포복자세로 바닥에 바짝 엎드려 가능한 한 짧게 숨을 쉰다.
⑨ 타월이나 손수건이 있으면 물을 축여 마스크를 한다.
⑩ 두꺼운 천이나 담요로 다리나 손과 같이 노출된 부분을 잘 싸두는 것을 잊지 않는다.

4) 화재 사고 응급 대처 요령

가. 화재시 응급 대처 요령

① 화재 발생시 제일 먼저 해야 할 일은 화재가 발생한 곳으로부터 즉시 몸을 피하는 것이다.
② 옷에 불이 붙은 경우에는 양팔을 가슴앞에서 교차시켜 양쪽 어깨를 잡고 바닥에 누워서 몸을 굴린다.
③ 달려가면 더 많은 산소가 공급되어 불길이 빠른 속도로 번져 심한 화상을 입게 되므로 달려서는 안 된다.
④ 화재 발생시에는 우선 어린이들부터 밖으로 내보낸다.
⑤ 화재로 인한 사망자의 90% 정도는 유독가스 흡입이 원인이므로, 화재가 나면 최대한 몸을 낮추고 대피한다.
⑥ 손수건이나 타월에 물을 축여 마스크를 한다.
⑦ 119에 전화를 할 때는 일단 탈출한 후 이웃집에서 전화를 건다.

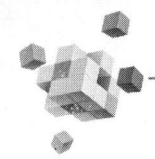

나. 화재 발생시 직원 행동 요령

연번	행동요령
1	발견 즉시 모두에게 큰소리로 알리고 단독으로 소화 작업을 하지 말 것
2	화재경보버튼(소화전 발신기)을 눌러 주위에 알린다.
3	가스밸브를 잠그고 전기를 차단한 후 초기 진화 작업을 한다.
4	초기 진화에 실패 시 당황하지 말고 불길의 반대쪽으로 대피한다.
5	연기 속에서는 젖은 수건을 입에 대고 자세를 낮추고 대피한다.
6	• 소방관서에 신고한다. • 위치, 주소를 정확히 말하고 묻는 말에 당황하여 끊지 않도록 침착하게 답한다.
7	일단 대피하면 물건을 찾으러 들어가지 않는다.

2. 동절기 폭설, 결빙

1) 【1단계】 기상특보 상화주시 및 종합상황실 설치 운영

　① 종합상황실(현장지휘소) 설치, 운영
　② 단계별 비상근무체계에 의한 직원비상소집(sms 등 활용)
　③ 공단, 시, 유관기관 상황전파 및 언론사 시민홍보 요청
　④ 공영 주차장 이용객 사전안내로 시민불편 최소화

2) 【2단계】 주차장 제설작업 실시

　① 제설 상황반 운영

구분	조장	반원	업무내용	지원차량
반장	소장		총괄지휘	
상황반			관계기관 상황 연락 전파 등	
제설지원반	1조			
	2조			
	3조			

② 주차장 제설 요령

단계	2명 이상 근무지역	1명 근무지역
설해대비 1단계 (예상적설량 3cm 이상)	• 상황보고 • 주차장 시설물 점검 • 주차장 입.출구지역 눈 쓸어 내기리 작업	• 상황보고 • 주차장이용고객에게 주의 운전 권유
설해대비 2단계 (예상적설량 5cm 이상)	• 상황보고 주차장 시설물 점검 • 주차장 입, 출구지역 눈 쓸어 내리기 작업 • 염화칼슘 및 모래 살포 작업 • 철골구조 2층 주차장입구 통제	• 상황보고 • 주차장 이용고객 주의 운전 권유
설해대비 3단계 (예상적설량 10cm 이상)	• 상황보고 주차장 시설물 점검 • 주차장 입, 출구지역 눈 쓸어 내리기 작업 • 염화칼슘 및 모래 살포 작업 • 철골구조 2층 주차장입구 통제 • 주차장 제설작업 협조 요청	• 상황보고 • 기존 주차차량 운행제한 권유 • 염화칼슘 및 모래 살포 작업 협조 • 주차장 입, 출구지역 제설 작업 협조 • 주차장 입구 통제

3) 【3단계】 피해시설 임시긴급복구 및 항구복구 대책 수립

① 제설작업 종료 여분 및 피해시설 사고 잔재물 정리 확인
② 기전, 통신, 분야 : 기전선임, 각 분야별 담당
 ※ 대규모 시설피해시 시설물 안전관리 자문위원 및 안전드림닥터
  (Dream Doctor) 소집
③ 우선순위에 의한 복구비 확보(자체 예비비 및 시비 지원요청)

3. 하절기 태풍, 폭우

1) 【1단계】 기상특보 상황주시 및 종합상황실 설치 운영

① 종합상황실(현장지휘소) 설치, 운영
② 단계별 비상근무체계에 의한 직원비상소집(sms 등 활용)
③ 공단, 시, 유관기관 상황전파 및 언론사 시민홍보 요청
④ 주차장 이용객 사전안내로 시민불편 최소화

2) 【2단계】위험요소 사전점검 및 제거

① 자체 순찰조 편성 후 태풍 취약 주차장 순찰

반장	조장	반원	점검대상지	상황반
소장	1조			
	2조			

② 태풍 취약 주차장

연번	주차장명	위치	구조	준공연도	비고

3) 【3단계】피해시설 복구

① 시설물별 현장 순찰반을 활용한 확인. 점검 실시 → 피해시설물 복구
② 필요시 전문기관 안전점검 의뢰 : 사고 원인 분석 및 응급복구방안 강구
③ 분야별 피해시설 임시 및 항구복구 대책 수립
　※ 안전드림닥터(Dream Doctor) 소집
④ 우선순위에 의한 복구비 확보(자체 예비비 및 시비 지원요청)

4. 전기시설관련 정전사고

1) 【1단계】초기단계 - 종합상황실(현장지휘소) 설치. 운영

① 단계별 비상근무체계에 의한 직원비상소집(sms등 활용)
② 공단, 시, 유관기관 상황전파 및 언론사 시민홍보 요청
③ 한국전기안전공사, 한국전력공사, 협력업체 긴급협조요청

2) 【2단계】수습 단계

① 순간정전 시 : 순간정전 원인 파악
② 지속정전시

담당자	임무	비고
소장	상황처리 총괄, 시공사 비상연락	
	비상발전기 가동 및 중요부하 전원공급	해당 주차장
	전원선로 절체 등 긴급복구 요구	〃
	비상발전기 연료 확보	〃
주차장 관리원	이용고객 안전통행 확보	〃
	본사 및 유관기관 상황보고	

3) 【3단계】피해시설 복구 – 피해시설 임시복구 및 항구복구대책 수립

① 응급복구 전원공급 후 이용시민 편의 및 안전 확보
② 유관기관 합동점검 등 사고원인 분석 후 복구 대책 수립
 ※ 안전드림닥터(Dream Doctor) 소집
④ 우선 순위에 의한 복구비 확보(자체 예비비 및 시비 지원요청)

5. 주요 시설물 테러사고

1) 【1단계】 테러 발생 전

① 유관기관 테러관련 첩보 입수 ⇒ 종합상황실(현장지휘소) 설치. 운영
② 공단, 시, 유관기관 상황전파
③ 단계별 비상근무체계에 의한 직원비상 소집(sms등 활용)
④ 자체순찰강화 ⇒ 순찰인원 구성으로 수시순찰 및 CCTV 상황감시
⑤ 테러예방을 위한 순찰강화를 위하여 유관기관 지원 요청

2) 【2단계】 테러발생 후

① 긴급출동 인명구호 및 2차 사고예방
② 공단, 시, 유관기관 상황전파
③ 유관기관(경찰청. 소방본부)과 협력 인명구조 및 교통통제

3) 【3단계】 복구 단계

① 자체 복구팀 지정 임시복구 및 항구복구대책 수립
② 대규모 파손시 유관기관. 복구업체 장비. 인력 지원요청
③ 상황판 비치

위치(구간)	책임자	근무자
반장		
상황반		
복구반		
복구지원반		

※ 대규모 시설 피해시 시설물 안전관리 자문위원 및 안전드림닥터(Dream Doctor) 소집

④ 우선순위에 의한 복구비 확보(자체 예비비 및 시비 지원요청)

6. 지진발생

1) 【1단계】 지진 발생 전

① 기상청 등 언론기관 예보 등 정보 입수
② 공단, 시, 유관기관 상황전파
③ 단계별 비상근무체계에 의한 직원비상소집(sms 등 활용)
④ 안전사고 발생 가능지역 점검 및 사고 예방 조치

2) 【2단계】 지진 발생 후

① 긴급출동 인명구호 및 2차 사고 예방
② 공단, 시, 유관기관 상황전파
③ 유관기관(경찰청. 소방본부)과 협력 인명구조 및 교통통제

3) 【3단계】 복구 단계

① 자체 복구팀 지정 임시복구 및 항구복구 대책 수립
② 대규모 파손시 유관기관. 복구업체 장비. 인력지원요청

③ 상황판 비치

위치(구간)	책임자	근무자
반장		
상황반		
복구반		
복구지원반		

④ 우선순위에 의한 복구비 확보(자체 예비비 및 시비 지원요청)

> **Guide | 지진 발생 시 국민 행동 요령**
>
> - 즉시 가리고, 엎드리고, 붙잡아 몸을 안전하게 보호한다.
> - 절대 당황하지 말고 사용하던 전열기구, 가스렌지 등을 확실하게 끈다.
> - 문이 뒤틀려 열리지 않을 수 있으므로 재빨리 문을 열어 탈출구를 확보한다.
> - 지진은 길어야 1분 이내로 종료되므로, 멀리 대치하려 하지 말고 가급적 있는 장소에서 안전한 위치로 대피한다.
> - 불가피하게 밖으로 피할 때는 유리창, 간판 등 낙하물에 주의한다.
> - 좁은 길, 담 근처로 피신하지 말고 벽, 문기둥, 자판기 등은 넘어지기 쉬우므로 주의한다.
> - 산악지역이나 해안에서 지진을 만나면 산사태의 위험이 없는 평지나 해안에서 떨어져 있는 언덕이나 산으로 신속히 대피한다.
> - 지정된 장소에서 걸어서 대피하고 짐은 최소로 짊어져 양팔을 자유롭게 사용할 수 있도록 한다.
> - 먼저 가족과 이웃의 안전을 확인한 후 많은 사상자가 발생하므로 노인, 장애인, 어린이 등을 먼저 구조, 구급, 구호한다.
> - 라디오, TV, 행정기관 등을 통해 정보를 입수하여 적절한 행동을 취하고 유언비어에 휩쓸리지 않도록 한다.

7. 방사능 유출 발생

1) 【1단계】 원전사고 발생

① 기상청 등 언론기관 예보 등 정보 입수 및 예찰 강화
② 우비, 마스크, 고무장갑 등 방사능 방재 장비 구입/확보
③ 공단, 시, 유관기관 상황전파

2) 【2단계】 방사능 오염 물질 이동경로 파악

① 주차장 이용객 방사능 오염 물질 발생 알림
  - 구내방송시설 및 전광판 활용 홍보
  - 각종 게시대 활용 안내문 게시
② 구내식당 비상 식자재 확보
  - 물, 기타 생필품 등
③ 주차장 직원 우비, 마스크, 고무장갑 등 지급

3) 【3단계】 방사능 오염 발생

① 유관기관(소방서, 군부대 등) 방사능 제독 요청
  ⇒ 자체 직원 소화전 활용 제독 실시
② 주차장 내 이동 및 출입통제
③ 상황판 비치

위치(구간)	책임자	근무자
반장		
상황반		
복구반		
복구지원반		

제5장 안전관리와 예방

chapter 03 비상상황 발생시 보고체계

제1절 유관기관 비상연락

1. 체계도

① 최초발견자 → 재난 발생신고(주차관리사업소 상황반 보고)
② 주차관리사업소 상황반 → 상황접수 후 보고 및 유관기관 전파
  - 보고체계 : 주차관리사업소 ⇒ 본사(총무인사파트) + 유관기관
  - 대상기관 : 市(재난상황실+교통관리과) 및 기타기관

2. 상황별 비상근무 체계

1) 상황별 근무체계 및 비상근무조

구분	상황	근무요령	비고
1단계 (준비체계)	• 기상예보 발효 적설량 3cm 예상 시 • 피해정도가 경미한 사고	• 상황실 및 순찰 • 전직원 1/3비상근무	• 취약지 집중 순찰 확행 • 비상연락망 정비
2단계 (경계체계)	• 기상특보 중 경보발령 • 대설주의보(적설량 5cm 이상 예상) • 호우주의보(강우량 80mm 이상 예상) • 태풍주의보	• 경계체제 상황실 운영 • 전직원 1/2비상근무 • 재난조치사항 보고	• 장비 및 인력투입 • 대시민 홍보실시
3단계 (비상체계)	• 안전사고 발생시 • 호우·태풍·지진경보 등 발령시 • 대설경보(적설량 20cm이상 예상)	• 비상체제 상황실 운영 • 전 직원 비상근무 • 유관기관 협조 요청	• 담당구역별 투입 • 유관기관 지원요청

2) 비상근무조

① 1단계 근무인원

구분	지휘	비상 근무조 (A⇒B⇒C)			비고
		A조	B조	C조	
성명					

② 2단계 근무인원

구분	지휘	비상 근무조 (A⇒B⇒C)		비고
		A조	B조	
성명				

【붙임】 매뉴얼 업데이트 및 비상 발효 이력

1. 안전관리 매뉴얼 관리 이력

연번	일자	변경내용	사유	비고

2. 비상 발효 이력

연번	일자	변경내용	사유	비고

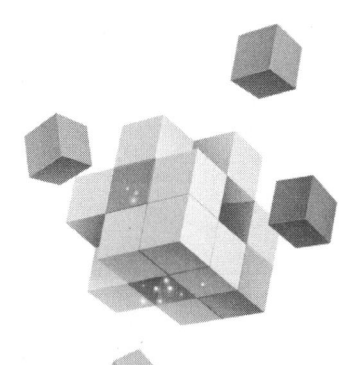

주차관련법규 & 운영

제6장 | 주차장의 운영

01 고객만족 서비스
02 고객응대 요령

chapter 01 고객만족 서비스

제1절 고객의 이해

1. 역사적 배경

① 고대 : 고객, 서비스의 개념 없음 → 주로 국가적 전매의 형태
② 중세 : 길드(Guild)조직 형성
③ 근세 : 르네상스, 종교개혁, 지리상 발견 이후 산업혁명으로 급격한 생산량 증가 → 마케팅 전략, 고객을 중심으로 하는 시대

2. 고객 서비스 경쟁시대

1) 고객만족

① 고객의 욕구(Needs)와 기대(Expect)에 최대한 부응 → 서비스의 재구입이 이루어지고 아울러 고객의 신뢰감이 연속적으로 이어지는 상태
② 고객을 만족시켜 주는 사원이 최상의 영업 사원이고 만족한 고객을 늘려 나가는 것이 최상의 서비스 전략
③ 고객만족은 고객이 기대하는 바와 고객이 지각한 것의 차이를 반영한다.
④ 만족감은 즉각 일어날 수도 있고 일정 기간 동안 서서히 커나갈 수도 있다.
⑤ 고객들의 관심사는 아주 다양하다
⑥ 우리가 할 일은 고객에게 정보를 제공하고 문제를 해결하도록 도와주면서 한편으로는 가능한 한 고객의 스트레스를 줄이고 고객이 유쾌한 경험을 하게 해주는 것이다. 만족은 고객의 사후 결론에 해당한다.

2) 고객이 바라는 것

생활수준이 높아질수록 문화적, 정신적 측면을 중시하고 시간 및 서비스 가치를 중시한다.

고객의 기본적 욕구

- 기억되기를 바란다.
- 환영받고 싶어 한다.
- 관심을 바란다.
- 중요한 사람으로 인식되기를 바란다.
- 편안해지고 싶어 한다.
- 존경 받고 싶어 한다.
- 칭찬받고 싶어 한다.
- 기대와 요구를 수용해 주기를 바란다.

3) 고객 서비스가 중요한 이유

① 사업을 시작할 때 가장 효과적이고 최소의 비용을 들이는 방법은 최고의 고객 서비스를 제공하는 것 → 사업을 하기 위해서는 고객이 필요하고 따라서 고객 서비스가 중요하기 때문
② 고객 서비스는 일종의 유행 → 사람들은 여기 저기에서 고객 서비스의 중요성에 대해 이야기하고 있으며 시장에서 최고의 고객 서비스를 기대하고 있음
③ 고객 서비스는 사업 사이클의 중요한 한 요소를 차지한다. 많은 경우 고객 서비스는 현재의 사업을 살아나게 만드는 긍정적인 요소이다.
④ 예) 미국의 유통업체 노드스트롬사는 현장직원에 대하여 권한을 대폭 넓혀 고객이 원하는 것이 정당하기만 하면 무엇이든 들어주었음 → 이러한 타의 추종을 불허하는 '서비스'로 고성장할 수 있었음

4) 고객 서비스의 개념

① 고객 서비스란 우리가 고객을 위해 고객의 경험을 고양시켜 주는 모든 일을 포함하는 것.

② 고객들이 기업과의 상호작용에서 기대하는 바는 매우 다양하다 → 고객 서비스 담당자는 고객이 원하는 것을 알기 위해 고객에게 다가가서 그들이 원하는 바를 충족시키도록 해야 한다.
③ 고객 서비스를 어떻게 정의하든 우리는 고객이 고객 서비스라고 생각하는 것에 따라 행동해야 한다. → 우리가 얻고자 하는 궁극적인 목적은 고객만족이기 때문

3. 고객 서비스의 품질

1) 고객만족도 향상을 위한 품질의 3요인

① 상품 품질
② 영업 품질
③ 서비스 품질

2) 서비스 품질을 평가하는 고객의 기준

서비스 품질이란 '고객의 서비스에 대한 기대와 실제 느끼는 것과의 차이'에 의해 결정되는 것이라 할 수 있다.

고객의 기대에 영향을 미치는 요인

- 구전에 의한 의사소통
- 개인적 성격이나 환경적 요인
- 과거의 경험
- 서비스 제공자들의 커뮤니케이션

서비스 품질에 필요한 요소

- 신뢰성
- 정확성
- 태도
- 신용도
- 고객이해도
- 신속한 대응
- 편의성
- 커뮤니케이션

3) 고객에게 가치 있고 질 높은 서비스는?

① Seeds(잠재된 욕구)
② Needs(현재 욕구)
③ Want(Needs 보다 강한 의미)

→ 결론적으로 CS(Customer satisfaction)전략이란 "고객에게 질 높은 서비스를 제공하여 ·만족감, 행복감을 주어 고객을 우리 회사의 신규 고객화함으로써 수익을 높이는 신경영 전략"이다.

4) 현장사원이 서비스 품질을 좌우한다.

고객만족 경영에서는 기업 활동의 처음부터 끝까지가 고객만족이므로 고객이 가장 중요하다고 볼 수 있다. 따라서 고객과 가장 접근이 용이한 현장사원(주차관리사)의 역할이 중요한 것이다.

> ▶ **진실의 순간(Moment of Truth ; M.O.T.)**
> 제일선 사원이 고객과 접하는 최초의 15초로서 고객과의 접점에 있는 현장사원의 서비스가 얼마나 중요한가를 의미하는 말이다.

고객 접점 주차장 상황

⊃ IN
⇓ 주차장 진입 간판을 본다
⇓ 주차공간으로 진입한다
⇓ 주차 안내원의 안내를 받는다
⇓ 주차 티켓을 받는다
⇓ 주차공간을 찾는다
⇓ 주차한다
⇓ 용무를 본다
⇓ 용무 후 주차공간으로 이동한다
⇓ 출구로 이동
⇓ 요금 계산
⇓ 주차장 떠남   ⊃ OUT

4. 고객만족을 위한 서비스의 기본 조건

1) 고객만족을 위한 서비스의 자세

① 친절한 말씨
② 세련된 화술
③ 정직한 매너와 자세
④ 적극적인 마음

아름다운 서비스의 3S

- 스마일(Smile) : 항상 웃는 얼굴로
- 서비스(Service) : 고객의 입장에서 생각
- 스피드(Speed) : 고객이 지루하게 기다리지 않도록 신속한 처리

2) 고객 서비스를 위한 기본자세

① 용모복장 단정
② 적당한 시선처리
③ 표정의 자기관리
④ 부드러운 말씨

3) 고객 서비스의 마음가짐

① 성의를 갖고 응대한다.
② 친절한 마음씨를 잊지 않는다.
③ 올바른 예절로 응대한다.
④ 약속은 반드시 지킨다.
⑤ 회사, 상품, 서비스에 관한 지식을 풍부하게 갖고 확실히 처리한다.
⑥ 적극적인 태도로 고객의 의도를 확실하게 파악한다.
⑦ 고객의 이름과 성격을 재빨리 파악한다.
⑧ 변명은 금물이다.

4) 고객 서비스시의 기본 매너

① 고객에게 무관심한 모습은 보이지 않는다.
② 양해를 구하지 않은 채 기다리게 하지 않는다.

③ 동료와의 사담, 고객에 대한 비평은 하지 않는다.
④ 고객과 논쟁하지 않는다.
⑤ 자신과 관계 없으므로 모르는 것이 당연하다는 얼굴을 하지 않는다.
⑥ 바쁠 때에도 소란스런 모습을 보이지 않는다.
⑦ 몸가짐을 단정히 한다.

5. 고객만족 실천

1) S-top의 의미

① Service top : 고객에 대하여 최상의 서비스를 제공한다.
② Smile top : 고객에 대하여 최고의 웃음(만족, 편안함)을 선사한다.
③ Satisfaction top : 고객만족을 최고로 높인다.

2) S-top을 위한 열 가지 실천과제

① 항상 고객의 입장에서 생각한다.
② 옷차림은 청결하고 산뜻하게 한다.
③ 좋은 느낌의 인사와 감사의 인사를 한다.
④ 밝은 목소리로 활기차게 응대한다.
⑤ 제품을 파는 것이 아니고 고객만족을 창조한다는 자세로 임한다.
⑥ 질문사항은 고객이 알아듣기 쉽도록 설명한다.
⑦ 고객과의 약속은 철저히 지켜라.
⑧ 경쟁업체 보다 조금만 더 친절하라.
⑨ 프로의식을 가져라.
⑩ 자기 발전을 위하여 투자하라.

3) 서비스란 무엇인가

① 정의 : 서비스는 하나의 상품으로서, 고객에게 계속적으로 서비스 품질의 만족을 위하여 제공하는 모든 활동이다.
② 서비스 자세
  • 성의, 속도, 미소가 있어야 한다.
  • 생생한 힘이 넘쳐야 한다.

- 신선하고 혁명적이어야 한다.
- 의사소통이 잘 되어야 한다.
- 겉치레가 아닌 진실한 배려를 해주어야 한다.

6. 고객만족 서비스를 위한 4단계

1단계   긍정적인 태도를 갖는다.

1. 단정한 용모(첫인상을 좋게 한다)
2. 신체 언어인 행동을 자연스럽게 한다.
3. 편안한 목소리를 유지한다.(테이프나 자동 응답기를 이용하여 실습해 본다)
4. 전화할 때의 톤은 평소보다 올라가야 한다.

2단계   고객의 니즈를 파악한다.

1. 적절한 타이밍을 맞추어야 한다.(고객의 니즈 예측)
2. 고객보다 한발 앞서 생각을 한다.
3. 주의를 집중한다.
4. 고객의 기본적인 욕구를 이해한다.

    【인간의 기본적인 4가지 욕구】
      ① 다른 사람이 자신을 이해해주기를 바라는 욕구,
      ② 환영 받기를 원하는 욕구,
      ③ 자신이 특별한 인물로 대우 받고 싶은 욕구,
      ④ 편안함에 대한 욕구

5. 고객이 하는 말을 주의 깊게 듣는다.
6. 고객으로부터의 피드백을 듣는다.

3단계   고객이 필요로 하는 것을 제공한다.

1. 메시지를 분명하게 전달한다.
   (효과적인 메시지 전달은 고객이 필요로 하는 서비스의 기본이다.)
2. 말은 조심스럽게 한다.
3. 제공할 서비스의 내용을 알려준다.
4. 서비스의 특징을 설명한다.
5. 그 서비스로부터 얻을 수 있는 혜택을 알려준다.
6. 항상 새로운 서비스를 제공한다.

주차관련법규 & 운영

4단계   고객이 당신을 다시 찾아오도록 한다.

1. 고객 감소의 원인
   - 1% : 사망한 경우
   - 3% : 이사를 간 경우
   - 4% : 특별히 단골 거래처가 없는 경우
   - 5% : 친구의 권유로 마음이 변한 경우
   - 9% : 다른 곳에서 더 싸게 살 수 있는 경우
   - 10% : 만성적으로 불평을 일삼는 고객들인 경우
   - 68% : 고객에 대한 무관심 때문에 다른 곳을 찾는 경우

2. 불만을 토로하는 고객을 만족시키기 위하여 최선을 다한다.
   (불만이 있는 고객을 만족시킬 때 그 고객은 평생 고객이 된다)

3. 불만 사항의 처리
   - 고객의 불만사항을 신중하게 들어본다.
   - 고객의 불만을 정확하게 이해했는지 다시 한 번 확인한다.
   - 고객에게 불만사항에 대하여 정중히 사과한다.
   - 고객의 심정(분노, 좌절감, 실망)을 충분히 이해할 수 있다고 인정해 준다.
   - 문제를 시정하기 위해 어떤 조치를 취할 것인지 설명해 준다.
   - 그 문제점을 지적해 준데 대해 감사의 표시를 한다.

4. 까다로운 고객을 당신의 편으로 만드는 요령을 배운다.
   - 1단계 : 고객의 불만을 당신 개인에 대한 불만으로 생각하지 말라.
   - 2단계 : 조용히 참고, 주의 깊게 들어라.
   - 3단계 : 사람에게 초점을 맞추지 말고, 문제 자체에 초점을 맞춘다.
   - 4단계 : 까다로운 고객을 만족스러워 하고 즐거워하는 고객으로 바꾸어 놓았다면, 당신 스스로에게 그게 걸맞는 보상을 한다.

5. 고객이 기대하는 것 이상을 제공한다.
   - 다음에 가실 곳은 어디입니까?
     → 제가 알려 드리겠습니다.
   - 약도를 그려 드리겠습니다.
   - 변경은 각 과에서 해야 한다.
     → 어려우면 제가 처리하여 연락을 드리겠습니다.

chapter 02 고객응대 요령

제1절 고객응대의 기본자세

1. 서비스의 마음가짐

1) 성의를 갖고 응대

고객이기 때문이라든가 업무이기 때문에가 아니라 사람을 맞이하는 따뜻한 마음가짐을 생활 속에서 익혀둔다.

2) 친절한 마음씨

다른 사람의 기쁨이 곧 자신의 기쁨이 된다는 생각이 없다면 적극적인 친절은 나올 수 없다.

3) 올바른 예절

따뜻한 마음과 더불어 올바른 매너가 필요하다. 마음은 없고 형식만 갖춘 응대라면 아무리 꾸며도 어쩌지 못하는 냉랭함을 표정이나 말에서 풍기게 된다.

4) 업무에 관한 풍부한 지식을 작고 확실히 처리

회사의 조직 사원의 이름 등은 기억해 두고, 복잡한 내용에 대해서는 필요 서류를 갖추어 고객의 요구사항에 따라 답해주어야 한다.

5) 고객의 이름과 성격을 재빨리 파악

가끔 찾아오는 고객이라면, "선생님 오셨습니까?"나 성명, 성함이 생각나지 않을 경우 "일주일 전에 오셨던 분이시군요" 하면 이름을 불러주는 것과 마찬가지로 호감을 사게 된다.

6) 약속은 반드시

부재 중인 사람을 찾는 고객에게 '들어오는 대로 연락하도록 조치하겠다'는 약속을 했으면 반드시 그 약속을 지켜야 한다. 메모를 부재자의 책상에 올려 놓는 것만으로는 약속을 지켰다고 볼 수 없다. 그가 고객에게 연락을 했는지의 여부를 확인하는 것까지가 자신의 책임이다.

7) 변명은 절대 금물

고객은 변명을 들으러 온 사람이 아니라 자기 기대를 충족시키러 온 사람이다. 따라서 고객이 불만을 말했을 때 변명을 하지 말고 솔직히 수용함으로써 간접적인 만족을 느끼게 해야 한다.

2. 밝은 표정

서비스 제공자로서 밝은 미소를 담은 표정은 서비스의 가장 기본이며, 상대방에게 호감을 주는 표정으로 자신의 표정을 잘 관리하여 외부고객은 물론이고 내부고객에게도 호감을 줄 수 있도록 한다.

1) 호감 주는 표정관리

가. 웃음으로 대하라

평소 모르는 사람과 눈이 마주칠 때는 결코 눈싸움을 하려 들지 말고 가벼운 웃음과 함께 가볍게 목례를 하도록 한다.

나. 밝은 표정과 음성관리 요령

상대방 앞에서 자기 표정에 확신을 심어 주고 자신 있는 표정을 보여주도록 하자.

2) 미소의 효과

가. 상대방에게
- 즐거움과 고마움을 느끼게 한다.
- 부탁할 때 마음의 부담감을 없애준다.
- 편안함을 준다.

- 자신의 이야기를 경청하고 있다는 느낌을 준다.
- 존경과 감사의 마음을 표현할 수 있다.

나. 나에게
- 첫인상을 좋게 한다.
- 원만한 인간 관계를 형성케 한다.
- 나의 서비스에 가치를 높여준다.
- 활력을 주며 건강에 도움을 준다.

3. 인사예절

인사는 상대에게 마음을 열어주는 구체적인 표현이며, 환영, 감사, 반가움 등의 의미를 내포하고 있다. 따라서 인사는 인간관계의 기본이며, 밝고 명랑한 인사의 표현은 사람사이의 윤활유 작용을 한다. 인사에서 무엇보다도 중요한 것은 인사를 하는 사람의 표정과 자세에서 진정한 마음이 실려 있느냐 하는 것이다.

인사의 기본 자세
- 시 선 : 상대의 눈 또는 미간을 응시한다.
- 어 깨 : 힘을 뺀다.
- 가슴.등 : 자연스럽게 곧게 편다.
- 손 : 오른손이 위로 가게 자연스럽게 포갠다(여성).
- 두 손을 가볍게 주먹 쥐고 재봉선에 가볍게 댄다(남성).

4 인사하기

1) 상대를 향해 선다. 상대의 눈을 보며 미소 짓는다.

2) 상체를 굽힌다.
머리, 등, 허리가 일직선이 되도록 한다.
시선은 아래쪽 전방을 향한다.

3) 잠시 멈춘다.
약1초 정도 멈춘다(똑딱)

4) 천천히 고개를 든다.

　　상체를 숙일 때 보다 천천히 든다.

5) 바로 선다.

　　다시 상대를 바라보며 미소 짓는다.

5. 용모와 복장

직원의 복장은 근무복 착용요령에 규정된 사항에 따르는 것을 원칙으로 하되 그 외에는 동 매뉴얼에 따른다.

개요

- 복장은 항상 청결하고 단정하게 착용하여 품위를 유지토록 노력하여야 한다.
- 복장은 검소하게 착용한다.

6. 직장인으로서의 생활예절

1) 대화예절(기본원칙)

가. 시선처리

상대방의 눈을 부드럽게 바라본다. 그러나 상대를 뚫어지게 보거나 눈동자를 이리저리 굴리면 불안해 보이고 불쾌감을 준다. 얼굴 방향과 시선은 같이 움직이도록 한다. 앉은 자리에서 고개를 들지 않고 눈만 치켜뜨는 것은 실례이다. 상대방이 앉아 있는 상태에서의 대화에서는 너무 올려다보지 않도록 눈높이를 맞춰 주는 것이 좋다.

나. 표정

눈의 긴장을 풀어 이맛살을 찌푸리지 않게 하며 눈꼬리에 웃음이 함께하여 상대로 하여금 마음을 열 수 있게 한다. 입꼬리는 긴장시켜 스마일을 유지하도록 한다. 또 대화의 내용에 맞는 표정을 지어 대화에 적극 참여 하고 있음을 표현하고 상대의 기분에 맞춰 준다.

다. 태도

정면에서 약 45도 정도의 위치가 가장 좋다. 성의와 진심을 가지고 대화에 임하며 상대의 마음을 편안하게 해준다. 앉아서 대화 할 때는 손을 가지런히 모아 무릎에 놓고 다리를 모은다.

2) 대화시 유의 사항

- 일방적으로 이야기 하지 않는다.
- T(Time), O(Occasion), P(Place)를 생각하며 말한다.
- 완전한 문장으로 말한다.
- 말을 중간에 끊거나 말참견하지 않는다.

3) 경청

대화에 있어서 주요한 것은 바로 경청이다. 상대의 말을 잘 들어 주는 것은 카운슬링을 해주는 것보다 더 좋은 효과를 볼 수 있다고 한다. 듣지 않으면 올바르게 대화 할 수 없다.

> ▶ 1.2.3 기법
> 즐거운 대화를 나눌 수 있는 중요한 기법의 하나로 '1분 말하고, 2분 듣고, 3번 맞장구 친다'는 의미이다.

4) 호칭

직장인에게는 호칭이 있다. 김대리, 박과장, 최부장 등 정확한 직함을 부르는 것이 예의다. 평사원의 경우는 홍길동씨 이렇게 이름을 불러주는 것이 좋다. 이름만 부르거나 '언니', '형' 등으로 부르는 것은 좋지 않은 호칭법이다.

주차관련법규 & 운영

고객응대 요령 　　제2절

1. 고객응대 준비사항

기본적인 고객 응대를 위한 마음가짐. 기초예절 용모와 복장이 회사의 이미지를 고려하여 보편타당한지 점검, 업무에 임하도록 한다.

- 고객에게 성의를 갖고 응대할 마음가짐이 되어 있는지?
- 용모와 복장(머리, 화장, 복장, 손, 신발 등)이 청결하고 품위에 맞게 착용하고 있는지?
- 책상 및 사무실 등 주변환경이 고객 응대에 적합토록 청결하게 정리되어 있는지?

2. 단계별 고객응대 요령

1) 고객을 맞이할 때

가. 행동요령
- 고객의 주의를 끌만큼 밝고 큰 소리로 인사한다.
- 인사는 해당부서에서 제일 먼저 고객과 눈이 마주친 직원이 인사를 하며 방문목적을 확인토록 한다.
- 인사를 하는 직원은 반드시 기립하여 고객을 맞이한다.

※ **유의사항** : 처음 찾아 온 장소는 누구나 불안감을 느끼기 때문에 고객이 신속히 적응할 수 있도록 적극적인 응대가 필요하다.

2) 고객을 응대할 때

기본 응대로 방문 목적이 확인되었을 경우 행동요령
- 고객의 내방 목적이 확인이 되면 담당자가 자신일 경우 직접 창구 또는 업무가 가능한 장소로 인도한다.
- 내방 목적이 자신이 아닌 타인 또는 타 부서일 경우 해당 층(실)에서는 담당자가 누구라고 알려준 뒤 직접 인도한다.
- 내방 목적이 다른 층이거나 직접 인도가 불가능한 경우 담당자가 몇 층(호실) 무슨 팀 누구라고 정확히 안내한다.

3. 업무처리

1) 행동요령

① 업무는 정확하고 신속히 처리토록 한다.
  → 바로 처리해 드리겠습니다. 죄송하지만 잠시만 기다려 주시겠습니까?
② 서있는 고객은 되도록 의자에 앉게 한다.
③ 날씨와 업무처리 시간에 따라 간단한 음료를 제공한다.
④ 다소 이해하기 어려운 업무는 고객에게 메모를 하면서 자세히 설명한다.
※ 즉시 처리가 불가능한 업무는 처리기한 및 처리방법을 정확히 알려주도록 한다.

※ **유의사항**
- 대기고객이 있는 경우 중간 중간 양해의 말을 한다.
- 시간을 다소 요하는 업무일 경우에는 작업을 하면서 고객에게 사항을 확인하는 질문을 하면서 체감적인 대기시간을 단축시킨다.

2) 고객배웅

가. 행동요령
① 감사합니다. 안녕히 가십시오. 다음에 또 오십시오.
② 최종적으로 고객이 요구한 상담 사항이 처리가(상담내용) 되었음을 간단하게 알려준다.
③ 고객이 돌아서기 전 눈을 맞추고 기립하여 인사한다.
④ 여유가 있으면 출입구까지 배웅하여 문을 직접 열어준다.

주차관련법규 & 운영

　　나. 업무 마치고 돌아가는 경우 배웅인사
　　　① 기립인사
　　　② 감사합니다. 안녕히 가십시오. 다음에 또 오십시오.

　3) 안내자세

　　　① 밝은 표정으로 고객을 바라본다.
　　　② "이쪽으로 오십시오"라고 말한 뒤 몸을 굽혀 두 손으로 천천히 유도한다.
　　　③ 손은 허리와 가슴 높이 사이에서 한다.
　　　④ 고객보다 한걸음 앞서서 안내한다.
　　　⑤ 정중히 인사하고 고객이 시선을 옮긴 후 이동한다.

　4) 걷는 자세

　　　① 밝은 표정으로 시선은 정면에 두고 양손 끝이 재봉선에 스치도록 자연스럽게 흔든다.
　　　② 신발을 끌거나 꺾어 신지 않도록 한다.
　　　③ 이동시에는 고객의 편의를 생각해서 경쾌하고 빠른 걸음으로 이동한다.

　5) 물건 수수(구비서류 등)

　　　① 밝게 웃으며 고객의 시선을 바라본다.
　　　② 모든 물건은 목례와 함께 두 손으로 주고 받는다.
　　　③ 신속한 업무 처리를 핑계로 한 손으로 주고 받지 않는다.
　　　④ 신분 확인시 눈을 올려 뜨지 않는다.

　6) 지시법

　　　① 서류 중 고객이 작성해야 할 부분을 정확히 가리켜 준다.
　　　② 손가락을 모아 손바닥 전체로 가리킨다(손등이 보이지 않도록).
　　　③ 작성해야 할 부분을 볼펜 끝이나 손가락으로 가리키지 않는다.

　7) 업무 중 창구나 책상에서 금지해야 할 행동

　　　① 껌을 씹거나 음식물을 먹는다.
　　　② 발을 떨거나 손장난을 한다.

③ 서랍, 출입문, 캐비닛 문을 큰 소리 나게 열고 닫는다.
④ 업무 중 책상, 의장, 기타 비품을 재배치한다.
⑤ 고객을 앞에 두고 개인 용무의 전화를 한다.
⑥ 의자를 소리 나게 끈다.
⑦ 턱을 괴고 앉는다.
⑧ 곁눈질 또는 치켜뜨거나 내리깔고 고객을 본다.
⑨ 팔짱을 끼거나 다리를 꼬고 앉는다.
⑩ 기지개, 하품, 큰소리로 재채기를 한다.
⑪ 이쑤시고, 귀후비고, 손톱을 깎는다.
⑫ 직원을 큰 소리로 부른다.
⑬ 옆 동료와 잡담을 하거나 장난을 한다.
⑭ 큰소리로 말하거나 웃는다 .
⑮ 휘파람, 콧노래를 부른다.

제3절 전화응대 요령

1. 전화응대의 중요성

언제, 어디서든지 의사를 전달할 수 있다는 장점이 있지만, 음성에만 의존하기 때문에 이미지에 더욱 더 신중해야 한다. 전화 목소리는 자신의 인격을 그대로 나타낸다. 음성의 좋고 나쁨보다 얼마나 건강하고 밝은 목소리로 응대하느냐가 더 중요하다. 목소리에 감정과 기분상태, 분위기, 그 회사의 이미지도 전달되기 때문이다.

전화 응대가 직접 응대와 다른 점
- 전화기라는 기계를 통한 응대
- 목소리만의 응대(얼굴 없는 만남)

- 예고 없이 찾아오는 방문객
- 일정 시간 내에서의 응대
- 거리에 떨어져 있는 곳에서의 1대 1 대화

2. 전화응대 요령

1) 전화응대의 기본 마인드

- 정직, 성실성
- 답변에 대한 책임감
- 솔직함 : 상황 모면을 위한 임기응변이나 과장을 하지 않는다.
- 관심고객의 요구(Needs)에 관심을 집중한다.
- 고객이 느끼는 문제를 고객의 입장에서 이해한다.
- 자신이 수행하는 업무 및 서비스에 대한 확신을 갖는다.
- 고객의 문제를 해결할 수 있는 확신을 갖는다.
- 진실은 통한다.

2) 전화응대 시 기본예절

가. 전화예절의 3대 원칙

- 감사합니다.(Thank you)
- 해주시겠습니까? (Please)
- 죄송합니다만, (Excuse me)

나. 전화응대의 5원칙

- 항상 밝은 목소리로 응대한다.
- 소리가 보인다.
- 소리에 변화를 주자(목소리톤의 변화)
- 명료한 발음, 소리의 음량, 말하는 속도는 정확히
- 용건만 간단히

3. 전화걸 때 매뉴얼

1) 준비사항
- 전화기 상태- 청결하고 줄이 꼬이지 않게 유지한다.
- 준비물 - 메모지, 펜, 전화번호(내선목록 등)

2) 전화 거는 요령
- 용건은 6하원칙으로 정리하여 메모한다.
  예) 언제, 어디서, 누가, 무엇을, 어떻게, 왜?
- 전화번호를 확인 후 왼손으로 수화기를 들고 오른손 인지로 다이얼을 누른다.

3) 전화응대 요령
- 상대방이 나오면 자신을 밝힌 후 상대방을 확인한다.
  예) 안녕하시죠? 00부서 홍길동입니다.
- 상사자 확인
- 간단한 인사말을 한 후 시간, 장소, 상황을 고려하여 용건을 말한다.

4) 전화응대 종료
- 용건이 끝났음을 확인한 후 마무리 인사를 한다.
  예) 감사합니다.
- 상대방이 수화기를 내려놓은 다음 수화기를 조심스럽게 내려놓는다.

4. 전화 받을 때 매뉴얼

구분	시점	응대방법
준비된 응대 (1단계)	벨이 울리기 전	• 전화기는 왼쪽에 펜과 메모지는 오른쪽에 둔다. • 마주보고 있는 것처럼 표정을 밝게 한다. (얼굴근육운동 실시) • 적당한 톤의 목소리로 명랑하고 경쾌하게 받는다.
정중한 응대 (2단계)	벨이 울리면	• 전화 벨이 3번 이상 울리기 전에 받는다. • 감사합니다. 00팀 000입니다. • 늦게 받아 죄송합니다. 00팀 000입니다. • 전화 건 사유를 정중히 청취. • 상대방의 말을 가로막지 않는다.
성의 있는 응대 (3단계)	전화사유가 자신의 업무인 경우	• 네↗000에 관한 내용이시군요. • 밝고 정중한 어투로 받는다. • 000에 관해 말씀 드렸는데 더 궁금한 내용은 없으십니까? • 더 필요하신 사항 있으시면 언제든지 전화 주십시오. • 전화주셔서 감사합니다. • 말끝을 흐리지 않고 경어로 마무리한다.
	전화사유가 자신의 업무가 아닌 경우	• 네 000에 관한 내용이시군요. • 네 000과장 찾으십니까? • 밝고 정중한 얼굴로 받는다. • 상대방이 찾는 사람이 부재 중인 경우 성의 있게 응대하여 메모를 받아 놓는다. • 메모 사항은 복창하여 확인한다. • 말씀하신 내용은 000팀 000과장이 담당하고 계십니다. • 그분께 연결해 드리도록 하겠습니다. • 연결 도중 끊어지면 000번으로 다시 한번 전화해 주시겠습니까? • 잠시만 기다려 주십시오(정확하게 연결) • 벨이 3번 이상 울리기 전에
성실한 응대 (4단계)	모든 응대가 끝남	• 고객이 끊고 난 후 수화기를 살며시 내려놓는다(응대완료).

불만고객 응대요령   제4절

1. 응대자세

1) 눈맞춤

시선을 피하는 것은 상대에게 거부당하고 있다는 불쾌감을 주게 된다. 반대로 시선을 맞추면 상대에게 신뢰감을 주고, 자신에게 유리한 방향으로 유도하고자 할 때 시선을 잘 사용하면 효과를 볼 수 있다. 구체적으로는 상황에 따라 상대의 눈에 시선을 주면서 말을 하거나 역으로 눈을 피하면서 말을 하는 등 시선의 완급조절을 하는 방법으로 상대의 심리를 조절할 수 있다. 물론 주의해야 할 것은 너무 눈동자에 맞추면 우리나라 대부분의 사람들은 불쾌감을 느끼므로 눈언저리나 넥타이 정도로 맞출 필요가 있고 시간도 10초 정도가 적당하다.

2) 적극적인 경청

고객의 불평에 공감, 인정한다는 느낌을 줄 수 있도록 고개를 끄덕거린다든지, '-예, 예', '그렇습니까?', '몰랐습니다' '맞습니다' 등등 맞장구를 쳐주어야 한다.

3) 음성·억양

음성은 음계에 비유하면 '미'정도가 좋다. 너무 낮으면 고압적이거나 우울한 이미지를 줄 수 있고 말의 속도가 너무 빠르면 고객과의 응대를 빨리 끝내 버리겠다는 느낌을 준다. 따라서 적절한 말의 속도 유지와 함께 PAUSE를 주어 성의 있는 느낌을 주도록 한다.

4) 적절한 표정

최대로 부드러운 표정을 유지하여야 한다. 상황에 따라 안타까운 표정을 짓거나 미안해 하는 표정을 지으며 양미간을 찡그리거나 곤란하다는 느낌을 주어서는 안 되며 상황에 맞지 않는 미소로 고객의 불만을 가볍게 생각한다는 인상을 주지 않도록 한다.

2. 응대요령

1) 불만고객의(전화) 응대 방법

① 먼저 사과한다.
② 고객의 감정을 상하지 않도록 불만 내용을 끝까지 참고 듣는다.
③ 진실을 확인하고 변명하지 않으며 불만사항에 대하여 정중히 사과한다.
④ 불만의 원인을 조사한다.
⑤ 최선의 해결책을 제시한다.
⑥ 그래도 설득이 안 될 때는 상황을 바꿔서 처리한다.
 (시간과 장소를 바꾸거나 책임 정도가 높은 사람을 바꿔 처리한다.)
⑦ 책임감을 갖고 전화를 받는 사람(상담하는 사람)의 이름을 밝혀 고객을 안심시킨다.

2) 고객 참여센터(고객의 소리, Q&A, 질문과 답변)를 통한 응대

0000으로부터 정책제안, 제도개선 등의 의견 제안 서비스 이용에 대한 불편 불만사항 등을 수렴·반영함으로써 고객 중심의 서비스 지원체제를 마련하여 온라인상에서 고객의 요구사항을 접수한다.

저자 약력

강순봉_tslove@hanmail.net
　　교통안전공단 경인지역본부장 (현)
　　한세대학교 일반대학원 외래 강사 (현)
　　(사)한국 U-City학회 이사 (현)
　　(사)한국 U-City학회 교통분과위원장 (현)
　　한세대학교 공학박사 (U-City 전공)
　　운수교통안전진단사 (교통안전공단)

오병섭_obs-ok@hamail.net
　　한세대학교 일반대학원 u-city IT융합 도시정책학과 겸임교수(현)
　　(사)한국직업능력평가원 원장 (현)
　　한국안전보건협회기계안전평가원(주)대표이사 (현)

안성희_cplaash@hanmail.net
　　선진노무법인 부대표 (현)
　　HRinsight컨설팅 대표 (현)
　　HR디자인연구소 이사 (현)

박형준_pchyug@hanmail.net
　　노무법인 돌담 대표 (현)
　　동양노무법인 이사 (전)

김세연_rnfmalek@naver.com
　　(사)한국주차협회 교육부장 / 본부장 (현)
　　(사)한국안전보건협회교육위원 (현)
　　나인스에비뉴상가관리단 감사 (현)
　　새누리당정치대학원총동문회사무차장 (현)

주차관련법규 & 운영

초판인쇄 | 2015년 1월 15일
초판발행 | 2015년 1월 20일

지 은 이 | 강순봉·오병섭·안성희·박형준·김세연
발 행 인 | 김길현
발 행 처 | 도서출판 골든벨
등   록 | 제 3-132호(87. 12. 11)   ⓒ 2015 Golden Bell
I S B N | 979-11-85343-82-2
가   격 | 23,000원

이 책을 만든 사람들

본문 디자인 | 김현하	진 행 | 최병석
표지 디자인 | 김현하	온라인 마케팅 | 안재명
공급관리 | 오민석, 김경아, 연주민	오프라인 마케팅 | 우병춘, 강승구

⊕140-100 서울특별시 용산구 백범로 90라길 14(문배동 40-21)
• TEL : 영업부 02-713-4135 / 편집부 02-713-7452
• FAX : 02-718-5510   • http : // www.gbbook.co.kr   • E-mail : 7134135@naver.com

이 책에서 내용의 일부 또는 도해를 다음과 같은 행위자들이 사전 승인 없이 인용할 경우에는
저작권법 제93조 「손해배상청구권」에 적용 받습니다.
① 단순히 공부할 목적으로 부분 또는 전체를 복제하여 사용하는 학생 또는 복사업자
② 공공기관 및 사설교육기관(학원, 인정직업학교), 단체 등에서 영리를 목적으로 복제·배포하는 대표,
   또는 당해 교육자
③ 디스크 복사 및 기타 정보 재생 시스템을 이용하여 사용하는 자

※ 파본은 구입하신 서점에서 교환해 드립니다.